ROBERT JANKER

RÖNTGENBILDER · Atlas der normierten Aufnahmen
Röntgenaufnahmetechnik · Teil II

Robert Janker

Röntgenbilder
Atlas der normierten Aufnahmen

Röntgenaufnahmetechnik · Teil II

Neunte Auflage
Unveränderter Nachdruck der achten Auflage
von
H. Hallerbach und A. Stangen

Mit 222 Abbildungen

Springer-Verlag Berlin Heidelberg GmbH 1976

Mitarbeiter der 9. Auflage:

Dr. H. Hallerbach, apl. Prof. für Röntgenologie u. Strahlenkunde an der Universität Bonn
A. Stangen, ehemals 1. Technische Assistentin an der Strahlenklinik Janker, Bonn,
5330 Königswinter, Königstr. 38
Dr. med. K. F. Weber, Facharzt für Röntgenologie, Dortmund
E. Berger, Graphiker der Röntgenklinik, Bonn

1. Auflage 1947
2. Auflage 1951
3. Auflage 1956
4. Auflage 1959
5. Auflage 1961
6. Auflage 1965
7. Auflage 1971
8. Auflage 1974
9. Auflage 1976

1.–8. Auflage erschienen im Johann Ambrosius Barth-Verlag, Frankfurt
ISBN 978-3-642-66343-7   ISBN 978-3-642-66342-0 (eBook)
DOI 10.1007/978-3-642-66342-0
8. Auflage Verlag Johann Ambrosius Barth
Library of Congress Cataloging in Publication Data. Janker, Robert, 1894–1964. Röntgenaufnahmetechnik.
Bibliography: v. 2, p. Includes index. CONTENTS: T. 2. Röntgenbilder. 1. Radiography, Medical. 2. X-rays.
I. Hallerbach, H., 1923– II. Stangen, Annelies. III. Title. RC78.J24 616.07′572 76-6448

Das Werk ist urheberrechtlich geschützt. Die dadurch begründeten Rechte, insbesondere die
der Übersetzung, des Nachdrucks, der Entnahme von Abbildungen, der Funksendung,
der Wiedergabe auf photomechanischem oder ähnlichem Wege und der Speicherung in
Datenverarbeitungsanlagen, bleiben, auch bei nur auszugsweiser Verwertung, vorbehalten.
Bei Vervielfältigung für gewerbliche Zwecke ist gemäß § 54 UrhG eine Vergütung an den
Verlag zu zahlen, deren Höhe mit dem Verlag zu vereinbaren ist.

© by Springer-Verlag Berlin Heidelberg 1976

Softcover reprint of the hardcover 9th edition 1976

Die Wiedergabe von Gebrauchsnamen, Handelsnamen, Warenbezeichnungen usw. in diesem
Werk berechtigt auch ohne besondere Kennzeichnung nicht zu der Annahme, daß solche
Namen im Sinne der Warenzeichen- und Markenschutz-Gesetzgebung als frei zu betrachten
wären und daher von jedermann benutzt werden dürften.

VORWORT

Das Buch zeigt Röntgenaufnahmen, die entsprechend den Einstellbeschreibungen in der „Röntgenaufnahmetechnik, Allgemeine Grundlagen und Einstellungen"* hergestellt wurden. Ihre Wiedergabe in den Schwarzweißwerten der Originalröntgenaufnahme gestattet den direkten Vergleich mit den in der Praxis angefertigten Aufnahmen. Häufig ist nicht das ganze Format der Aufnahme reproduziert, sondern nur der Abschnitt, auf den es besonders ankommt. Dadurch können viele Aufnahmen in Originalgröße wiedergegeben und Einzelheiten besser erkannt werden. Bei der Anfertigung der Reproduktionen wurde das Log-Etronik-Verfahren verwendet.

Dem Röntgenbild ist eine Zeichnung mit Hinweiszahlen gegenübergestellt. Diese Zeichnung ist einkopiert in ein zweites Röntgenbild, um den Vergleich zwischen Aufnahme und Konturenskizze zu erleichtern. Der Übersichtlichkeit wegen wurde eine Auswahl in der Konturennachzeichnung getroffen. Bei den Wirbelsäulenaufnahmen z. B. sind nur *ein* Wirbelkörper und die benachbarten Abschnitte mit Bezeichnungen versehen; diese gelten entsprechend für die übrigen Wirbel. Die für die Darstellung und Beurteilung eines Körperabschnittes unwesentlichen Bildteile sind im allgemeinen weder konturiert noch mit Hinweiszahlen versehen.

Auswahl und Reihenfolge der Aufnahmeeinstellungen sind beibehalten worden, so daß das Buch – wie bisher – zusammen mit der „Röntgenaufnahmetechnik" verwendet werden kann.

Die anatomischen Zeichnungen entsprechen in der Regel der *Pariser Nomenklatur von 1955*. Begriffe, die in der P.N.A. nicht mehr enthalten sind, wurden der Basler bzw. der Jenaer Nomenklatur entnommen. Wenn es zur besseren Orientierung zweckmäßig erscheint, ist der übergeordnete anatomische Begriff angefügt.

Im Sachregister bezieht sich die Zahl vor dem Schrägstrich auf die Nummer der Aufnahme.

Im Anschluß an das Sachregister findet sich ein kurzgefaßtes Lateinisch-Deutsches Wörterverzeichnis.

Zu danken ist Herrn Prof. Dr. L. B. PSENNER, Wien, für seine wertvollen Hinweise zur Überarbeitung der Schädelaufnahmen, Herrn Dr. H. HOEFER-JANKER für die großzügige Bereitstellung von Hilfskräften und Einrichtungen. Fräulein E. WISCHNER hat, wie für die letzte Auflage, die photographische Arbeit geleistet. Gedankt sei auch Frau I. GRITZ, geb. HAAS für ihre frühere Hilfe, die der Neuauflage zugute kommt.

Möge auch die 7. Auflage, die im Gedenken an ROBERT JANKER und seine Arbeit entstanden ist, sich als Hilfe bei der Röntgenuntersuchung und der Einführung in die Röntgenanatomie bewähren.

Im Sommer 1970   *H. Hallerbach und A. Stangen*

* Verlag Johann Ambrosius Barth, München

INHALT

Schädel	Aufnahme	Seite
I. Übersichtsaufnahmen = Grundeinstellungen		
1. sagittal		
a) von hinten nach vorne	1	14, 15
b) von vorne nach hinten	2	18, 19
2. seitlich		
a) Übersicht	3	20, 21
b) ausgeblendete Aufnahme des Türkensattels	4	23
3. axial		
a) in Bauchlage (vom Scheitel zum Kinn)	5	24, 25
b) in Rückenlage (vom Kinn zum Scheitel)	6	28, 29
II. Felsenbeine		
1. beide Felsenbeine sagittal	7	30, 31
2. nach Schüller	8	33
3. nach Mayer	9	34, 35
4. nach Stenvers	10	36, 37
III. Nebenhöhlen	11	38, 39
IV. Augenhöhlen		
1. Übersicht	12	40, 41
2. Sehnervenkanal nach Rhese	13	42, 43
V. Jochbögen	14	44, 45
VI. Nasenbein	15	46, 47
VII. Unterkiefer		
1. seitlich schräg	16	48, 49
2. axial (gleichzeitig axiale Aufnahme der Keilbeinhöhle)	17	50, 51
3. Kieferköpfchen (Kontaktaufnahme bei geschlossenem und bei offenem Mund)	18	52, 53
VIII. Zähne		
1. obere Schneidezähne	19	54
2. oberer Eckzahn und obere Backenzähne	20	54

	Aufnahme	Seite
3. obere Mahlzähne	21	54
4. untere Schneidezähne	22	55
5. unterer Eckzahn und untere Backenzähne	23	55
6. untere Mahlzähne	24	55
7. Aufbißaufnahme der Zähne beider Oberkieferhälften	25	56, 57
8. Aufbißaufnahme der Zähne einer Oberkieferhälfte	26	56, 57
9. Aufbißaufnahme der Zähne einer Unterkieferhälfte	27	56, 57

BRUSTKORB

I. Rippen
1. obere Rippen (1.–8. Rippe) ... 28 | 58, 59
2. untere Rippen (8.–12. Rippe) ... 29 | 62, 63

II. Brustbein
1. von hinten nach vorne
   a) gewöhnliche Abstandsaufnahme ... 30a | 64, 65
   b) Kontaktaufnahme ... 30b | 66, 67
   c) Schichtaufnahme ... 30c | 68, 69
2. seitlich ... 31 | 70, 71
3. Brustbein-Schlüsselbeingelenk
   a) Kontaktaufnahme ... 32a | 72
   b) Doppelkontaktaufnahme nach Zimmer ... 32b | 73

III. Schlüsselbein ... 33 | 74, 75

IV. Schulterblatt
1. von vorne nach hinten ... 34 | 76, 77
2. seitlich ... 35 | 80, 81

V. Lungen bzw. Herz
1. von hinten nach vorne ... 36 | 82, 83
2. seitlich ... 37 | 84, 85

VI. Speiseröhre schräg
Vollfüllung ... 38a | 86, 87
Schleimhautdarstellung ... 38b | 86, 87

BAUCH

I. Nieren und Harnleiter
1. von vorne nach hinten
   Leeraufnahme ... 39a | 88, 89
   intravenöse Pyelographie ... 39b | 90, 91

	Aufnahme	Seite
2. seitlich	40	92, 93
II. Gallenblase		
1. von hinten nach vorne	41	94, 95
2. seitlich	42	96, 97
III. Magen		
Übersichtsaufnahmen		
Schleimhautdarstellung im Liegen	43a	98, 99
Vollfüllung im Stehen	43b	100, 101
IV. Dickdarm		
Übersicht im Liegen		
Vollfüllung	44a	102, 103
Schleimhautdarstellung	44b	104, 105
V. Harnblase	45	106, 107

WIRBELSÄULE

	Aufnahme	Seite
I. Halswirbelsäule		
1. von vorne nach hinten		
a) 1.–3. Halswirbel durch den Mund	46	108, 109
b) 1.–7. Halswirbel	47	110, 111
2. seitlich	48	112, 113
3. schräg	49	114, 115
II. Brustwirbelsäule		
1. von vorne nach hinten	50	116, 117
2. seitlich	51	120, 121
III. Lendenwirbelsäule		
1. von vorne nach hinten	52	122, 123
2. seitlich	53	126, 127
3. schräg	54	128, 129
4. fünfter Lendenwirbel bei Röhrenkippung und		
5. fünfter Lendenwirbel in „Steinschnittlage"	55/56	132, 133

BECKEN

	Aufnahme	Seite
I. Beckenübersicht		
1. von vorne nach hinten	57	134, 135
2. seitlich	58	138, 139
II. Kreuzbein und Steißbein		
1. von vorne nach hinten	59	140, 141
2. seitlich	60	142, 143

	Aufnahme	Seite

OBERE GLIEDMASSEN

    I. Schultergelenk
        1. von vorne nach hinten 61   144, 145
        2. axial 62   146, 147

    II. Oberarm
        1. von vorne nach hinten
            a) im Liegen 63a   148, 149
            b) im Sitzen 63b   150, 151
        2. seitlich 64   152, 153

    III. Ellenbogengelenk
        1. von vorne nach hinten 65   154, 155
        2. seitlich 66   156, 157

    IV. Unterarm
        1. von vorne nach hinten 67   158, 159
        2. seitlich 68   160, 161

    V. Handgelenk und Handwurzel
        1. sagittal 69   162, 163
        2. seitlich 70   164, 165
        3. besondere Einstellung des Kahnbeins 71   166, 167

    VI. Hand
        1. sagittal 72   168, 169
        2. schräg 73   172, 173

    VII. Finger (außer Daumen)
        1. sagittal 74   174, 175
        2. seitlich 75   174, 175

    VIII. Daumen
        1. sagittal 76   176, 177
        2. seitlich 77   176, 177

UNTERE GLIEDMASSEN

    I. Hüftgelenk
        1. von vorne nach hinten 78   178, 179
        2. Schenkelhals von innen nach außen oder
        3. Schenkelhals seitlich von außen nach innen . . 79/80   180, 181
        4. Hüftgelenk in seitlicher Abspreizung nach Lauenstein 81   182, 183

    II. Oberschenkel
        1. von vorne nach hinten 82   184, 185
        2. seitlich 83   186, 187

	Aufnahme	Seite
III. Kniegelenk		
1. von vorne nach hinten	84	188, 189
2. seitlich	85	190, 191
3. von vorne nach hinten in Beugung nach Frik	86	192, 193
4. Kniescheibe von hinten nach vorne (Kontaktaufnahme)	87	194
5. Kniescheibe axial	88	195
IV. Unterschenkel		
1. von vorne nach hinten	89	196, 197
2. seitlich	90	198, 199
V. Fußgelenk		
1. von vorne nach hinten	91	200, 201
2. seitlich	92	202, 203
VI. Fersenbein		
1. seitlich	93	204, 205
2. axial		
a) im Stehen	94a	206, 207
b) im Liegen	94b	208, 209
VII. Fuß		
1. von oben nach unten	95	210, 211
2. seitlich	96	212, 213
3. schräg von unten nach oben	97	216, 217
VIII. Zehen		
1. von oben nach unten	98	218, 219
2. schräg	99	220, 221
3. Großzehe seitlich		
a) von außen nach innen	100a	222, 223
b) von innen nach außen	100b	222, 223

RÖNTGENBILDER

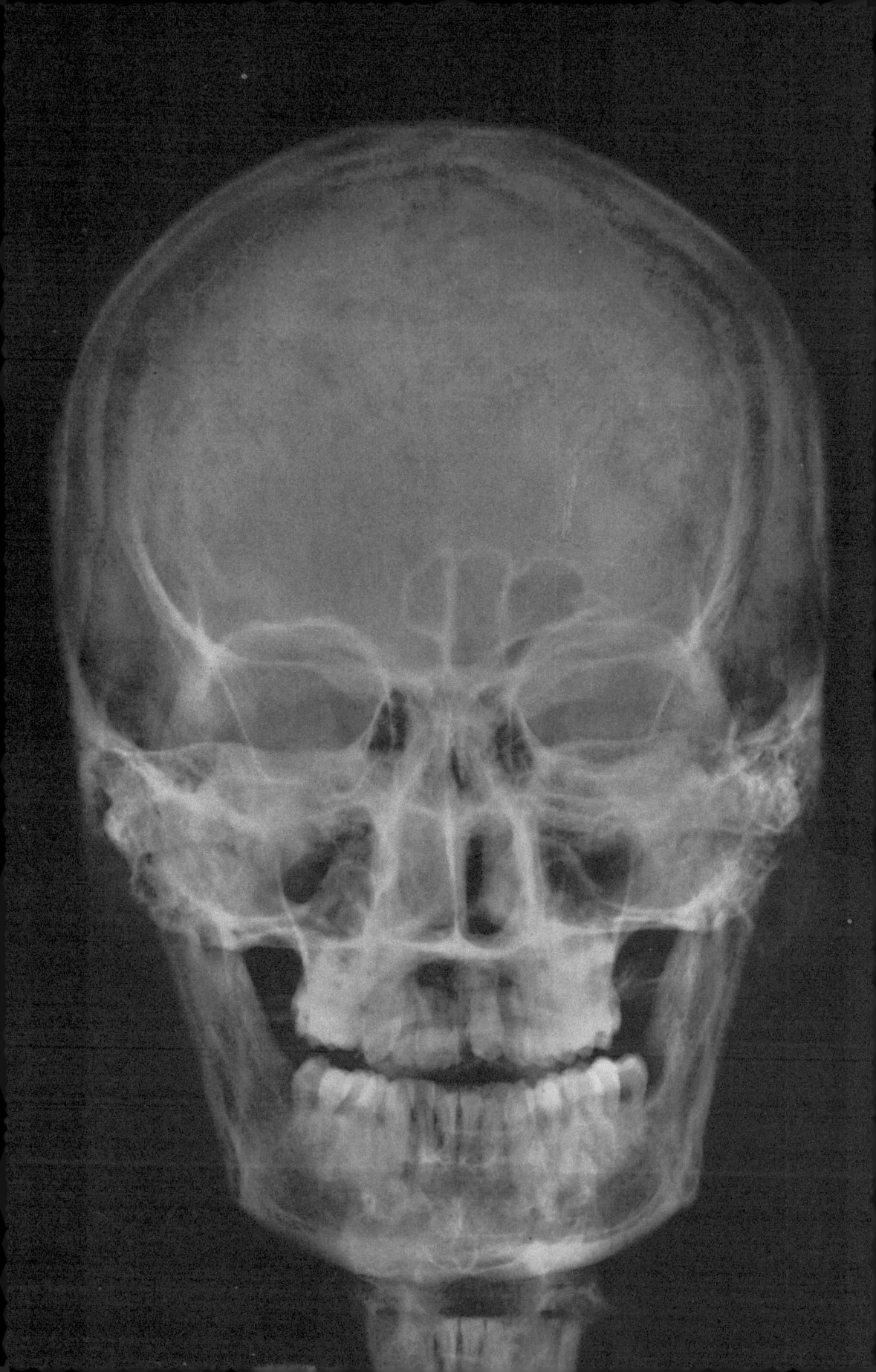

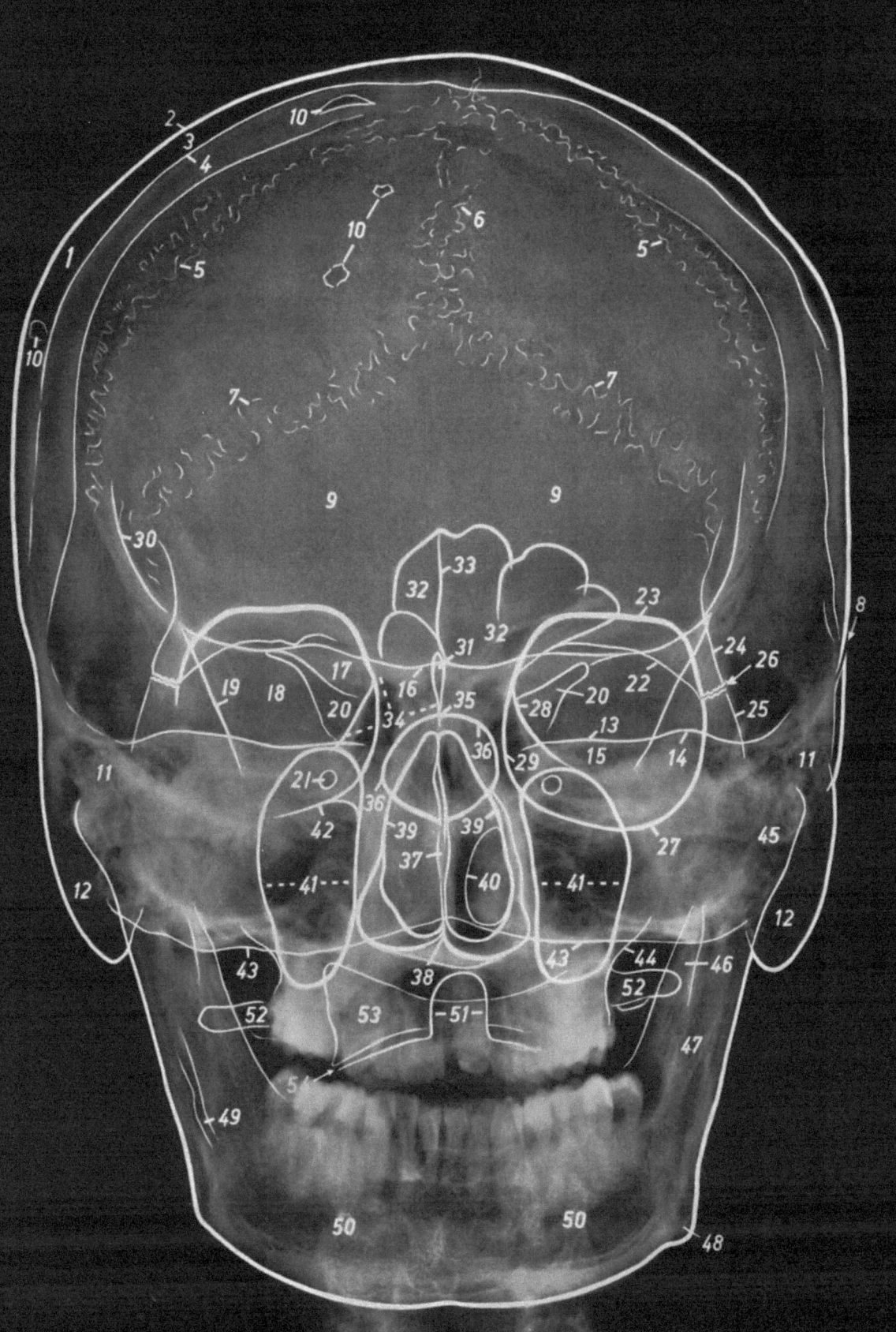

◀ Aufnahme 1
SCHÄDEL VON HINTEN NACH VORNE

1 Os parietale
2 Lamina externa ossis parietalis
3 Diploë ossis parietalis
4 Lamina interna ossis parietalis
5 Sutura coronalis
6 Sutura sagittalis
7 Sutura lambdoides
8 Sutura squamosa
9 Os frontale
10 Foveolae granulares
11 Cellulae mastoideae
12 Processus mastoideus
13 Pars petrosa (ossis temporalis), obere Kante
14 Eminentia arcuata
15 Gegend des Meatus acusticus internus
16 Planum sphenoideum*
17 Ala minor (ossis sphenoidalis)
18 Ala major (ossis sphenoidalis)
19 Linea innominata (orthograd getroffene Compacta der lateralen Orbitawand)
20 Fissura orbitalis superior
21 Foramen rotundum
22 Margo supraorbitalis
23 Dach der Orbita
24 Processus zygomaticus ossis frontalis
25 Processus frontalis ossis zygomatici
26 Sutura frontozygomatica
27 Margo infra-orbitalis
28 Mediale Begrenzung der Orbita durch die Lamina orbitalis (ossis ethmoidalis) [Lamina papyracea*]
29 Os lacrimale, vorderer Anteil der medialen Begrenzung der Orbita
30 Seitenkontur der Squama frontalis
31 Crista galli
32 Sinus frontalis, rechts kleiner angelegt
33 Septum sinuum frontalium
34 Labyrinthus ethmoidalis
35 Gegend des Sellabodens
36 Sinus sphenoidalis
37 Septum nasi osseum
38 Crista nasalis
39 Konturen der Apertura piriformis
40 Concha nasalis inferior
41 Sinus maxillaris
42 Orthograd getroffener Abschnitt des Kieferhöhlendaches (Orbitabodens)
43 Basis cranii externa
44 Lateraler Rand der Maxilla
45 Gegend des Caput mandibulae
46 Processus coronoideus (mandibulae)
47 Ramus mandibulae
48 Angulus mandibulae
49 Canalis mandibulae
50 Corpus mandibulae
51 Dens (axis)
52 Processus transversus atlantis
53 Massa lateralis (atlantis)
54 Articulatio atlanto-axialis lateralis

Aufnahme 2 ▶
SCHÄDEL VON VORNE NACH HINTEN

20 Processus zygomaticus ossis frontalis
21 Foramen rotundum
22 Lamina orbitalis (ossis ethmoidalis) [Lamina papyracea*]
23 Pars petrosa (ossis temporalis), obere Kante
24 Mediale Kontur der Ala major (ossis sphenoidalis)
25 Sinus frontalis
26 Septum sinuum frontalium
27 Recessus supraorbitalis sinuum frontalium
28 Sinus sphenoidalis
29 Sutura squamosa
30 Teil der lateralen Wand der Fossa cranii anterior
31 Processus mastoideus (Cellulae mastoideae hier zur besseren Übersicht nicht eingezeichnet)
32 Sinus maxillaris
33 Septum nasi osseum

1 Os parietale
2 Lamina externa ossis parietalis
3 Diploë ossis parietalis
4 Lamina interna ossis parietalis
5 Foveolae granulares
6 Sutura coronalis
7 Sutura lambdoides
8 Sutura sagittalis
9 Canales diploici
10 Verkalkungen im Corpus pineale (Zirbeldrüse)
11 Crista galli
12 Tuberculum sellae
13 Processus clinoideus anterior
14 Planum sphenoideum*
15 Fissura orbitalis superior
16 Ala minor (ossis sphenoidalis)
17 Linea innominata (orthograd getroffene Compacta der lateralen Orbitawand)
18 Dach der Orbita
19 Margo supraorbitalis

34 Labyrinthus ethmoidalis
35 Concha nasalis inferior
36 Kontur der Apertura piriformis
37 Begrenzung der Fossa cranii posterior
38 Basis cranii externa, Gegend lateral des Condylus occipitalis
39 Arcus zygomaticus
40 Processus coronoideus (mandibulae)
41 Angulus mandibulae
42 Canalis mandibulae
43 Rand der Maxilla
44 Massa lateralis (atlantis)
45 Arcus posterior atlantis
46 Processus transversus atlantis
47 Corpus axis
48 Dens (axis)
49 Processus spinosus (axis)
50 Articulatio atlantooccipitalis
51 Articulatio atlanto-axialis lateralis

17

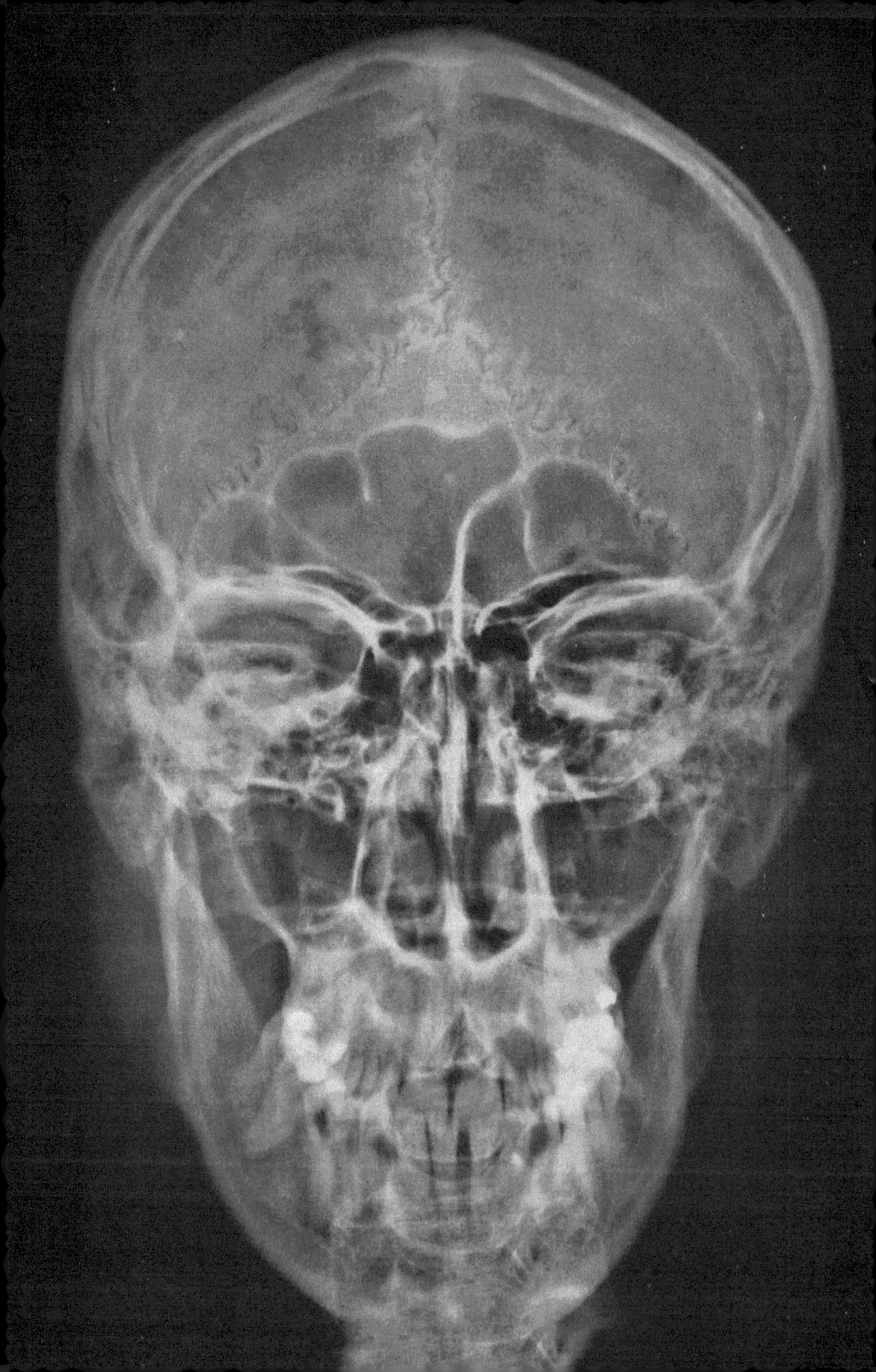

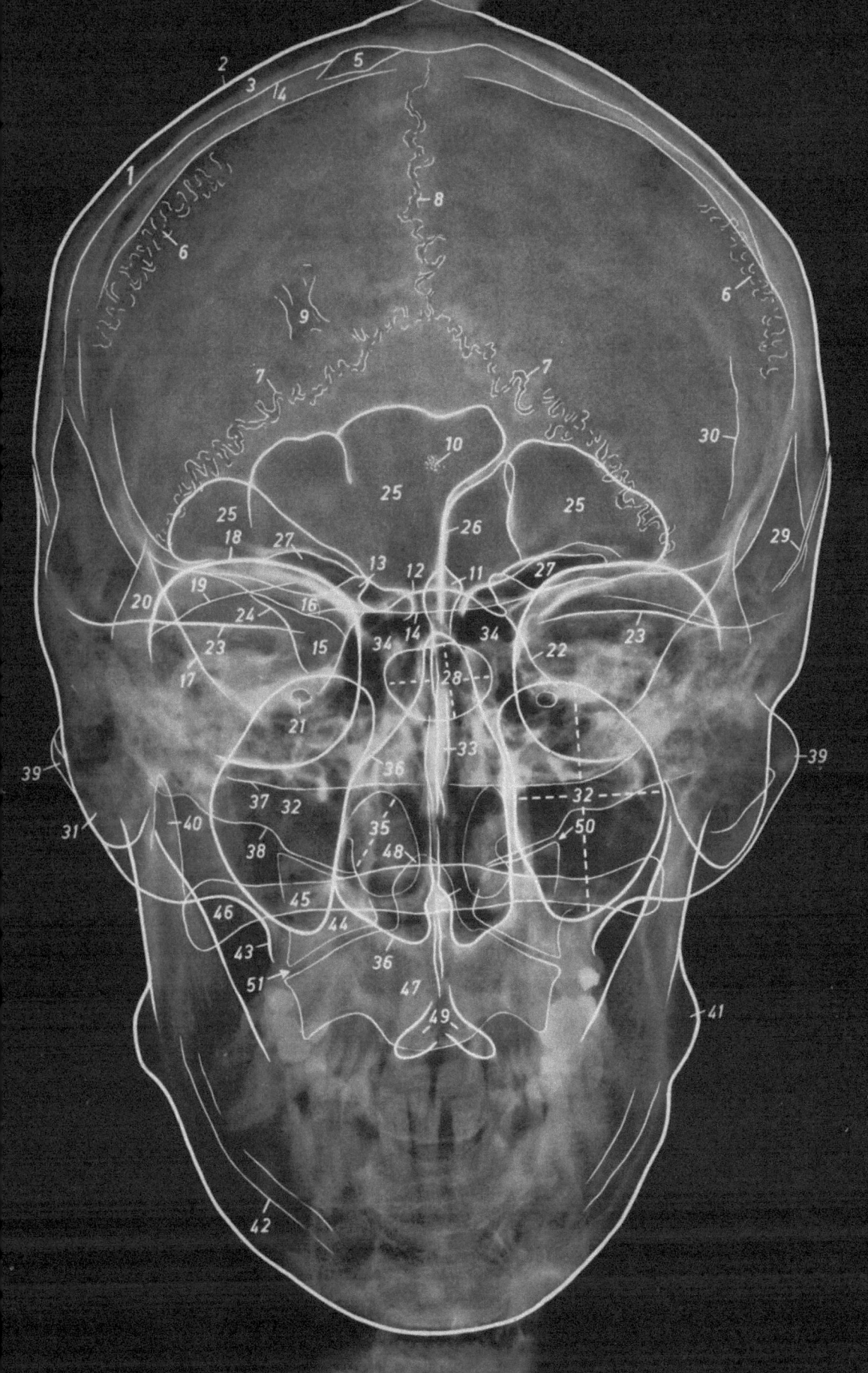

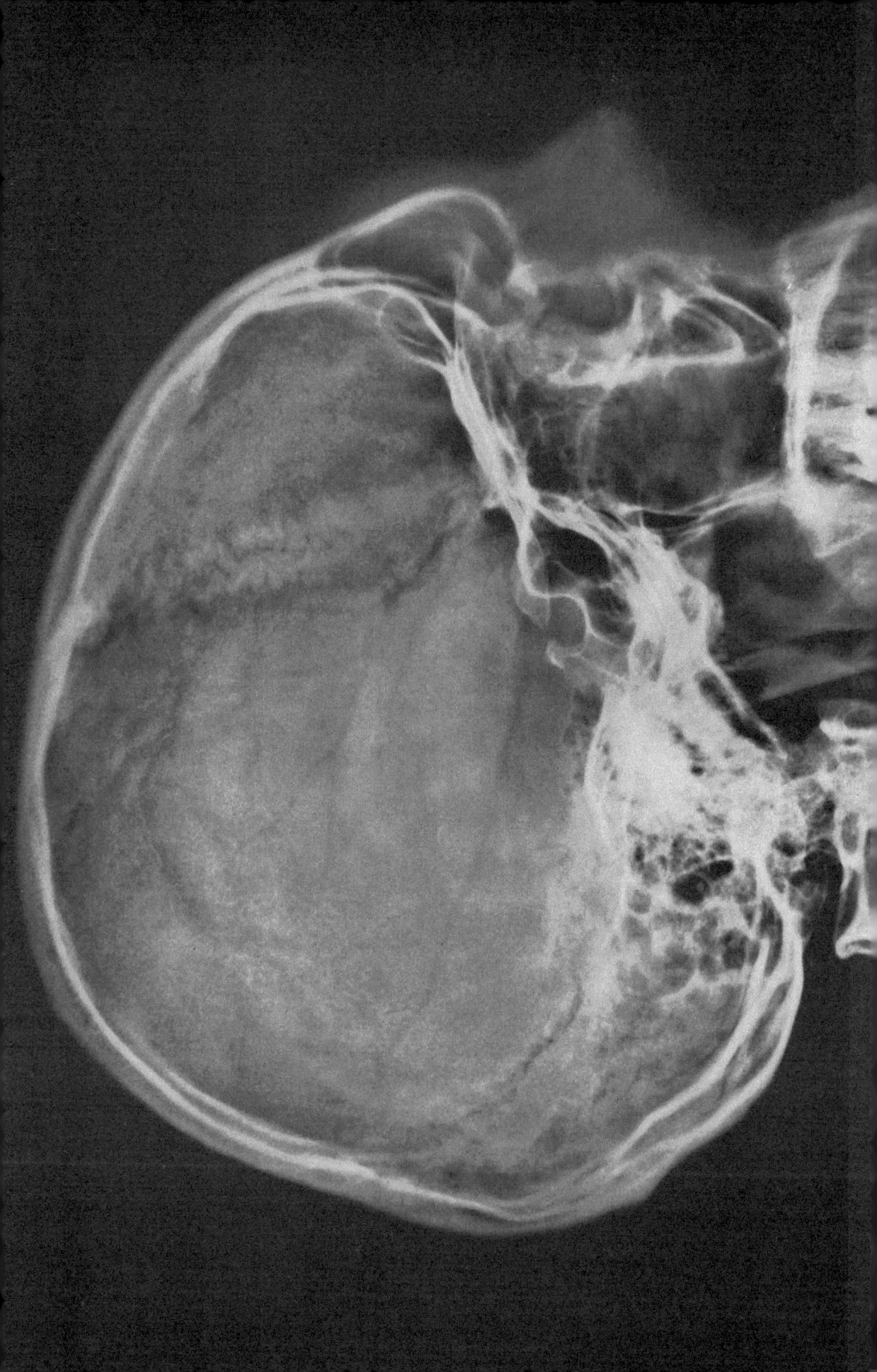

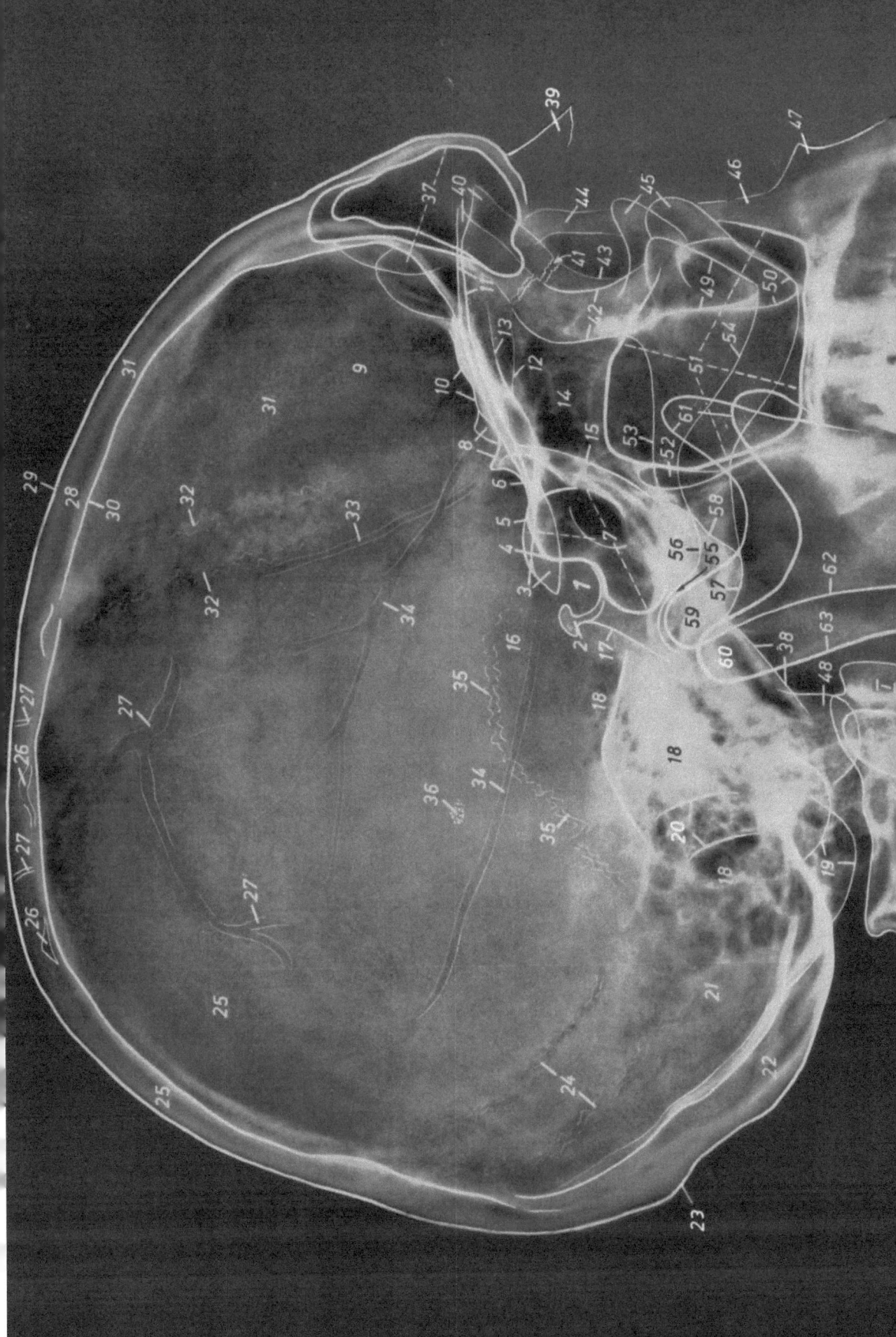

◀ **Aufnahme 3**
SCHÄDEL SEITLICH

1 Sella turcica
2 Dorsum sellae mit ineinanderprojizierten Proc. clinoidei post.
3 Proc. clinoidei ant.
4 Tuberculum sellae
5 Limbus sphenoideus*
6 Planum sphenoideum*
7 Sinus sphenoidalis
8 Knochenleiste am Treffpunkt von Ala major, Ala minor, Os frontale und Os parietale
9 Fossa cranii anterior und
10 Boden der Fossa
11 Orbitadächer
12 Lamina cribrosa
13 Tegmen lab. ethmoid.*
14 Labyrinthus ethmoidalis
15 Boden der Fossa cranii media, vorderer Anteil
16 Fossa cranii media
17 Clivus
18 Pars petrosa mit Cellulae mastoideae (filmnah u. filmfern ineinanderproj.
19 Rand des Proc. mastoid. (filmnah u. filmfern)
20 Sulcus sinus sigmoidei, vordere Konturen bdsts.
21 Fossa cranii posterior
22 Squama occipitalis
23 Protuberantia occipitalis externa (gering ausgeb.)
24 Sutura lambdoides
25 Os parietale
26 Foveolae granulares
27 Canales diploici
28 Diploë ossis frontalis
29 Lam. ext. ossis front.
30 Lam. int. ossis front.
31 Os frontale
32 Sutura coronalis (filmnah u. filmfern)
33 Sulcus venosus des Sinus sphenoparietalis
34 Sulci arteriosi der Arteria meningea media
35 Sutura squamosa
36 Verkalkungen im Corpus pineale (Zirbeldrüse)
37 Sinus frontalis
38 Pars basilaris (ossis occipitalis)
39 Os nasale
40 Processus zygomaticus ossis frontalis (obere Kontur kommt durch orthograde Projektion zustande)
41 Sutura frontozygomatica
42 Processus frontalis ossis zygomatici (filmnah)
43 dasselbe (filmfern)
44 Processus frontalis maxillae mit Crista lacrimalis anterior
(filmnah u. filmfern ineinanderprojiziert)
45 Vord. ob. Anteil von Maxilla und Os zygomaticum (filmnah u. filmfern ineinanderprojiziert)
46 Vord. unt. Anteil der Maxilla
47 Spina nasalis anterior
48 Condylus occipitalis
49 Processus zygomaticus maxillae (filmnah)
50 dasselbe (filmfern)
51 Sinus maxillaris
52 Fossa pterygopalatina
53 Oberer Rand des Arcus zygomaticus (filmnah)
54 Unterer Rand des Os zygomaticum (filmnah)
55 Art. temporomandib.
56 Tub. art. (filmnah)
57 Tub. art. (filmfern)
58 Basis cranii externa im Bereich der Fossa cranii media
59 Caput mandibulae (filmnah)
60 dasselbe (filmfern)
61 Proc. coronoid. mandibulae (filmnah u. filmf.)
62 Ramus mandibulae, hinterer Rand (filmnah)
63 dasselbe (filmfern)

I Arcus anterior atlantis

Erklärung zu nebenstehender Aufnahme ▶

1 Fossa hypophyseos
2 Boden der Sella turcica
3 Dorsum sellae mit ineinanderprojizierten Processus clinoidei posteriores
4 Verkalkung am Tentoriumansatz
5 Clivus
6 Processus clinoidei anteriores, größtent. ineinanderprojiziert
7 Tuberculum sellae
8 Gegend des Sulcus fasciculi optici*
9 Limbus sphenoideus*
10 Planum sphenoideum*
11 Lamina cribrosa
12 Knochenleiste am Treffpunkt von Ala major, Ala minor, Os frontale und Os parietale
13 Boden der Fossa cranii media, vorderer Anteil
14 Sinus sphenoidalis
15 Labyrinthus ethmoidalis
16 Sinus maxillaris
17 Anteile des Orbitadaches (filmnah u. filmfern)
18 Processus styloideus (ossis temporalis) filmnah
19 Pars petrosa (filmnah u. filmfern ineinanderproj.)
20 Cellulae mastoideae
21 Ohrmuschelrand
22 Tuberculum articulare (filmnah u. filmfern)
23 Fossa pterygopalatina
24 Sutura coronalis (filmnah u. filmfern)
25 Sutura squamosa
26 Proc. zyg. max. (filmnah)
27 Processus frontalis ossis zygomatici (filmnah u. filmfern)
28 Caput mandibulae (filmnah u. filmfern ineinanderprojiziert)
29 Processus coronoideus (mandibulae), filmnah u. filmfern

I Atlas

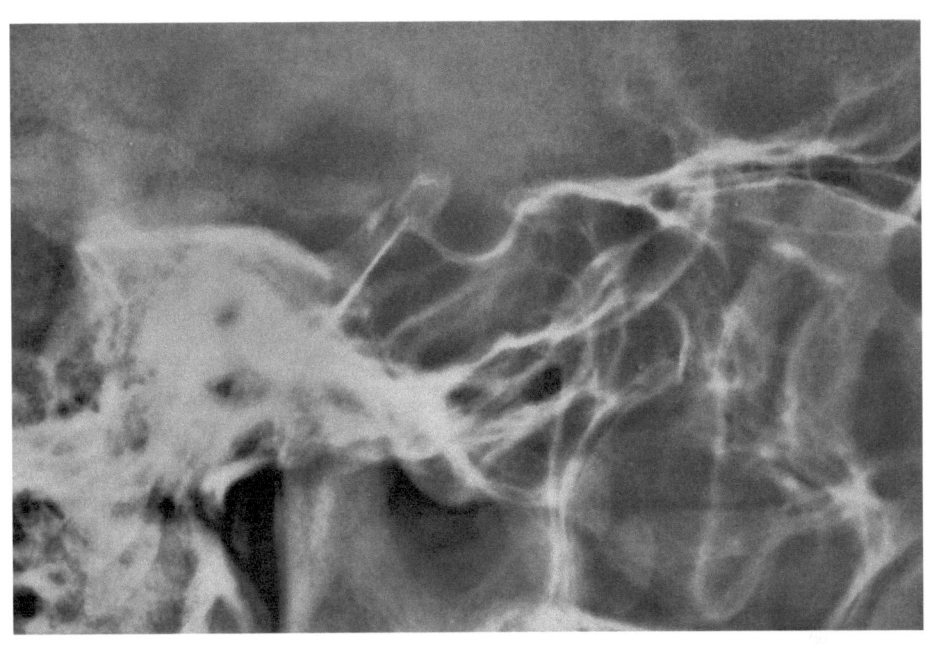

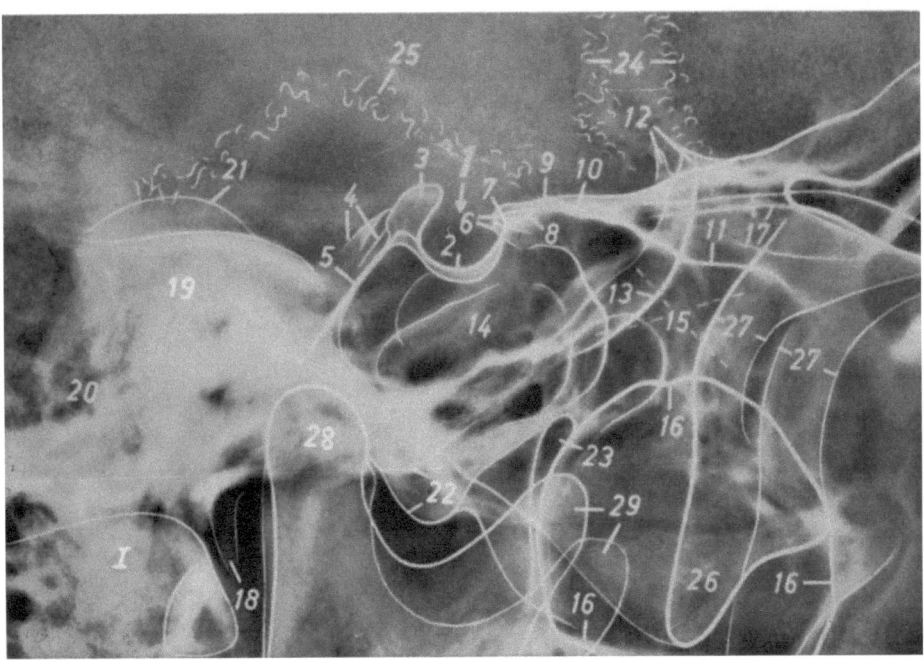

Aufnahme 4
SCHÄDEL SEITLICH (ausgeblendete Aufnahme des Türkensattels)

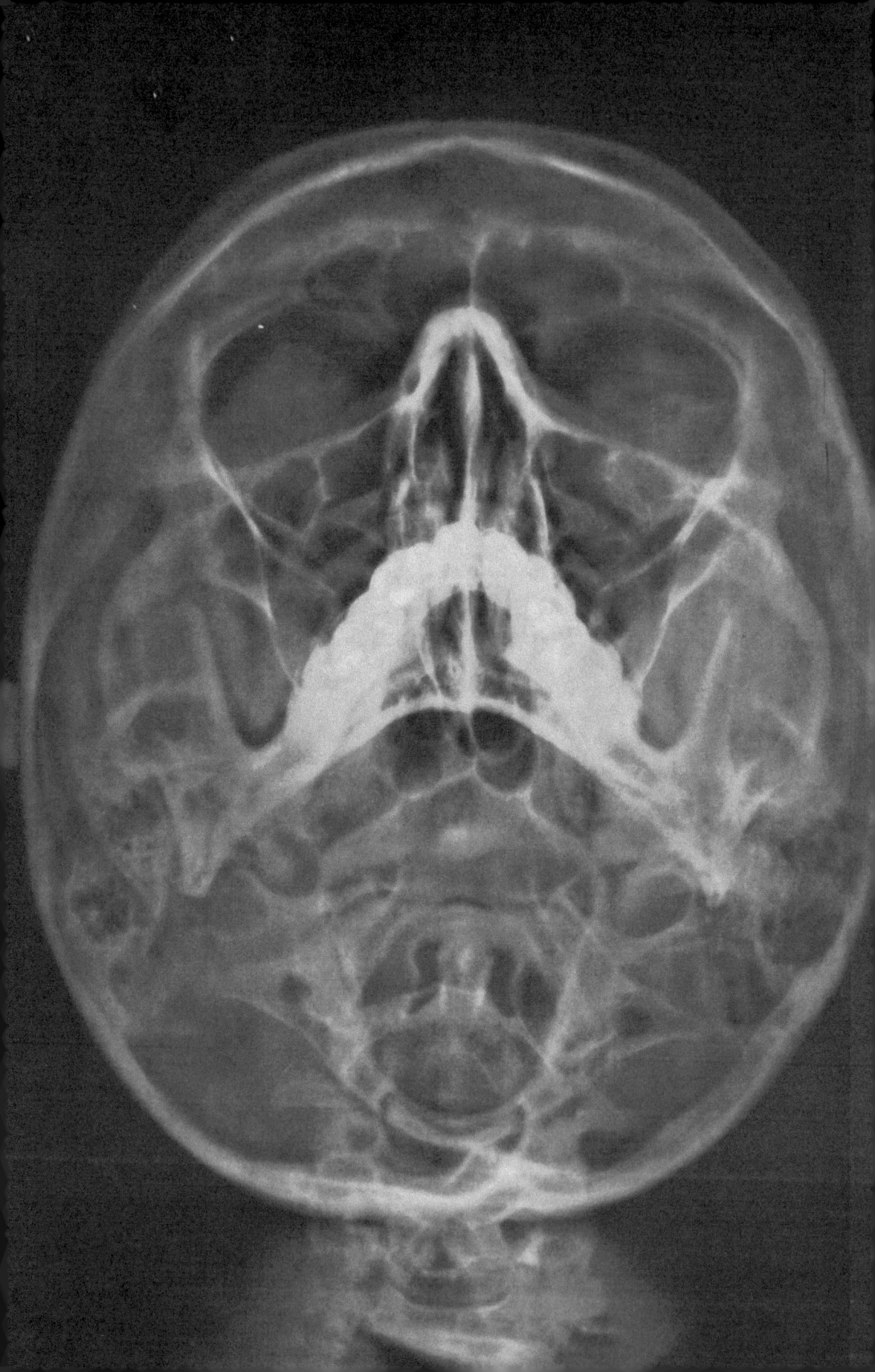

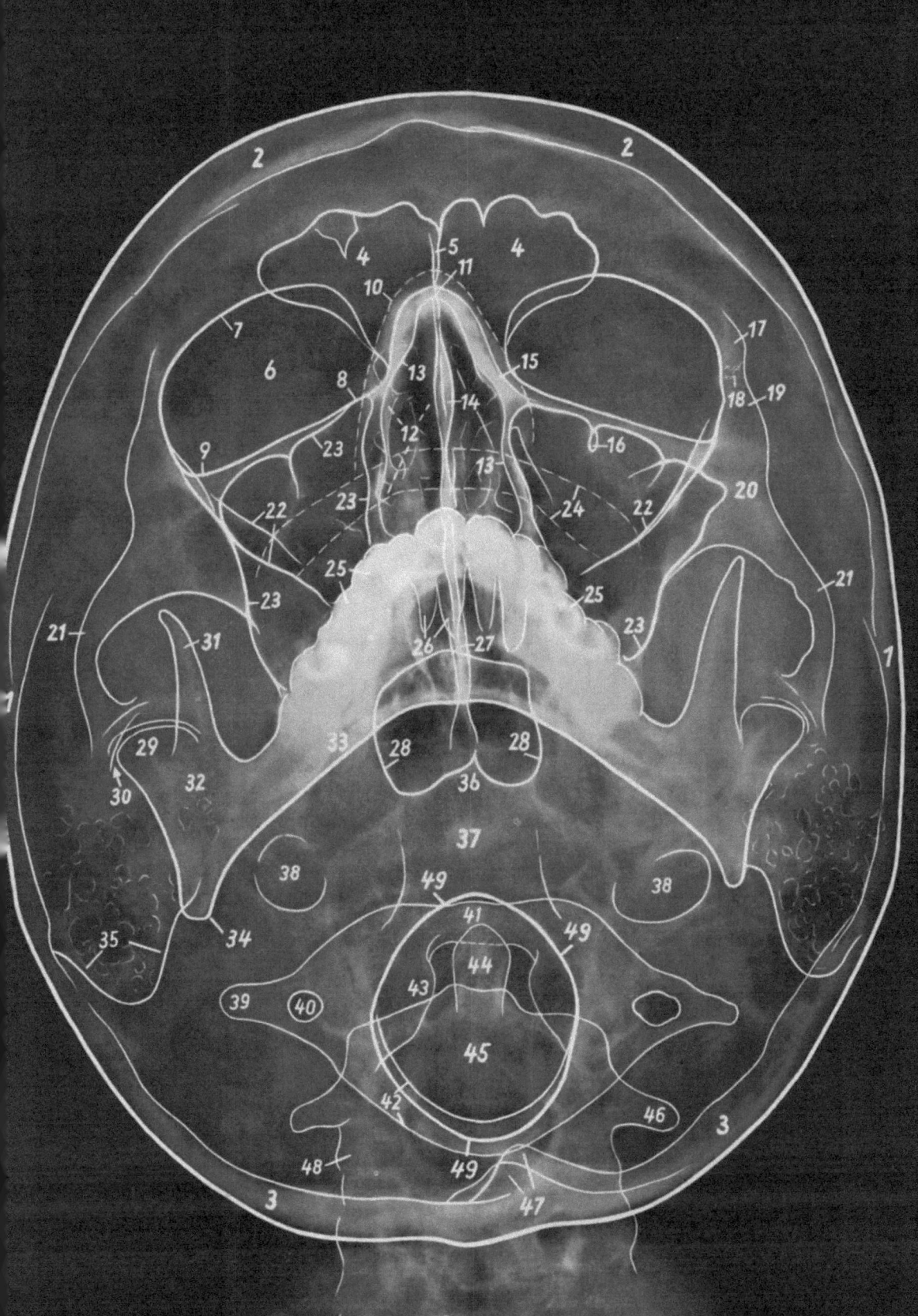

◀ Aufnahme 5
SCHÄDEL AXIAL IN BAUCHLAGE (vom Scheitel zum Kinn)

1 Os parietale
2 Os frontale
3 Os occipitale
4 Sinus frontalis
5 Septum sinuum frontalium
6 Orbita
7 Margo supraorbitalis
8 Margo infra-orbitalis (pars maxillaris)
9 Margo infra-orbitalis (pars zygomatica)
10 Weichteilbegrenzung der Nase
11 Os nasale
12 Labyrinthus ethmoidalis
13 Laterale Begrenzung des Cavum nasi
14 Septum nasi osseum
15 Processus frontalis maxillae
16 Foramen infra-orbitale
17 Processus zygomaticus ossis frontalis
18 Sutura frontozygomatica
19 Processus frontalis ossis zygomatici
20 Os zygomaticum
21 Arcus zygomaticus
22 Orbitawandkontur (Teil der Ala major)
23 Wand des Sinus maxillaris
24 Weichteilbegrenzung der Oberlippe
25 Zähne des Ober- und Unterkiefers ineinanderprojiziert
26 Wurzeln der Schneidezähne des Unterkiefers
27 Vomer
28 Wand des Sinus sphenoidalis
29 Caput mandibulae
30 Articulatio temporomandibularis
31 Processus coronoideus (mandibulae)
32 Ramus mandibulae (durch Projektion stark verkürzt)
33 Corpus mandibulae
34 Angulus mandibulae
35 Processus mastoideus
36 Corpus ossis sphenoidalis
37 Pars basilaris (ossis occipitalis)
38 Gegend des Foramen jugulare
39 Processus transversus atlantis
40 Foramen transversarium atlantis
41 Arcus anterior atlantis
42 Arcus posterior atlantis
43 Massa lateralis (atlantis) und Condylus occipitalis ineinanderprojiziert
44 Dens (axis)
45 Corpus axis
46 Processus transversus axis
47 Protuberantia occipitalis interna
48 Obere, zum Teil in den Schädel projizierte Abschnitte der Halswirbelsäule
49 Rand des Foramen magnum

Aufnahme 6 ▶
SCHÄDEL AXIAL IN RÜCKENLAGE (vom Kinn zum Scheitel)

1. Os frontale
2. Os parietale und Os temporale ineinanderprojiziert
3. Os occipitale
4. Sinus frontalis
5. Weichteilbegrenzung der Nase
6. Orbita, größtenteils von dem Sinus maxillaris überlagert
7. Margo supraorbitalis
8. Margo infra-orbitalis
9. Wand des Sinus maxillaris
10. Ineinanderprojizierte Kronen der Zähne des Ober- und Unterkiefers
11. Wurzeln der Schneidezähne des Oberkiefers
12. Rand des Corpus mandibulae
13. Septum nasi osseum
14. Labyrinthus ethmoidalis
15. Teil der lateralen Wand des Cavum nasi = mediale Wand des Sinus maxillaris
16. Dorsale Kante des Vomer
17. Ala vomeris
18. Os zygomaticum
19. Arcus zygomaticus
20. Rand der Maxilla
21. Processus coronoideus (mandibulae)
22. Caput mandibulae
23. Sutura sphenosquamosa
24. Rand der Ala major ossis sphenoidalis (Grenze zwischen der vorderen und mittleren Schädelgrube)
25. Sutura coronalis
26. Sutura sagittalis
27. Wand des Sinus sphenoidalis
28. Foramen ovale
29. Foramen spinosum
30. Canalis caroticus
31. Foramen lacerum
32. Gegend der Apex (partis petrosae)
33. Pars basilaris (ossis occipitalis)
34. Processus mastoideus mit Cellulae mastoideae
35. Foramen magnum, Begrenzung zum Teil mit dem Atlasbogen ineinanderprojiziert
36. Arcus anterior atlantis
37. Processus transversus atlantis
38. Foramen transversarium atlantis
39. Arcus posterior atlantis
40. Massa lateralis (atlantis) und Condylus occipitalis ineinanderprojiziert
41. Dens (axis)
42. Protuberantia occipitalis interna
43. Obere, zum Teil in den Schädel projizierte Abschnitte der Halswirbelsäule
44. Weichteilbegrenzung des Nackens

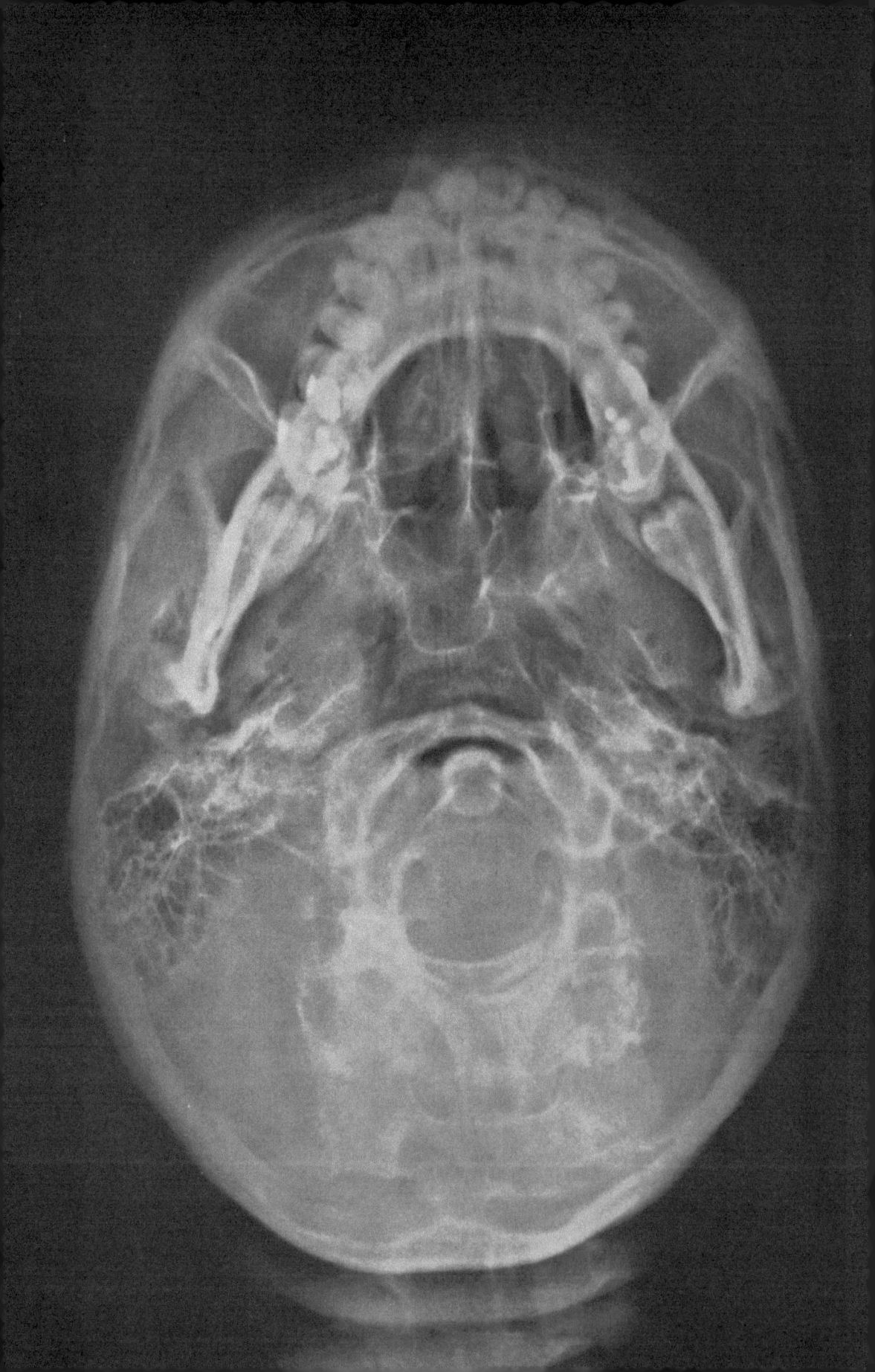

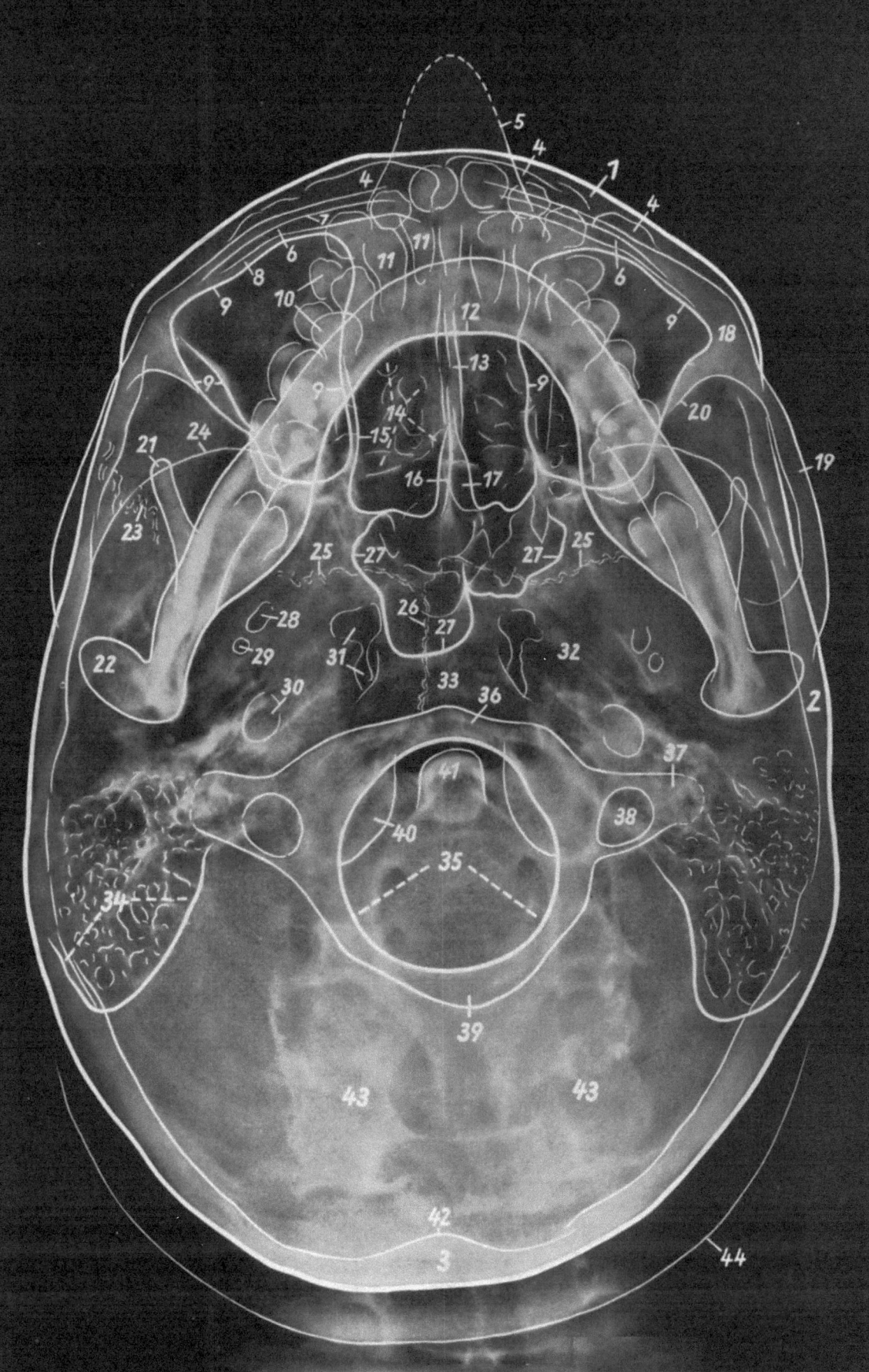

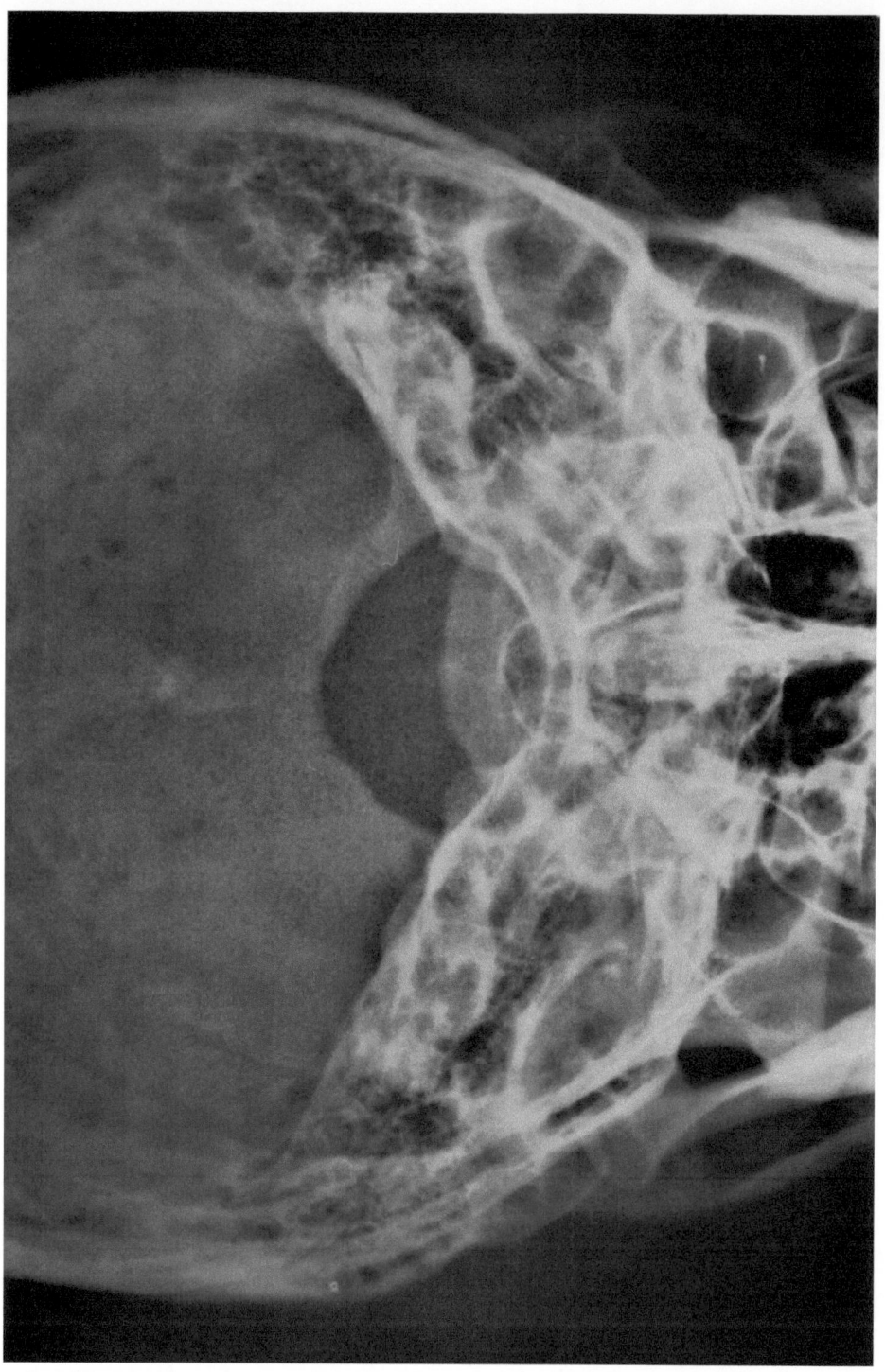

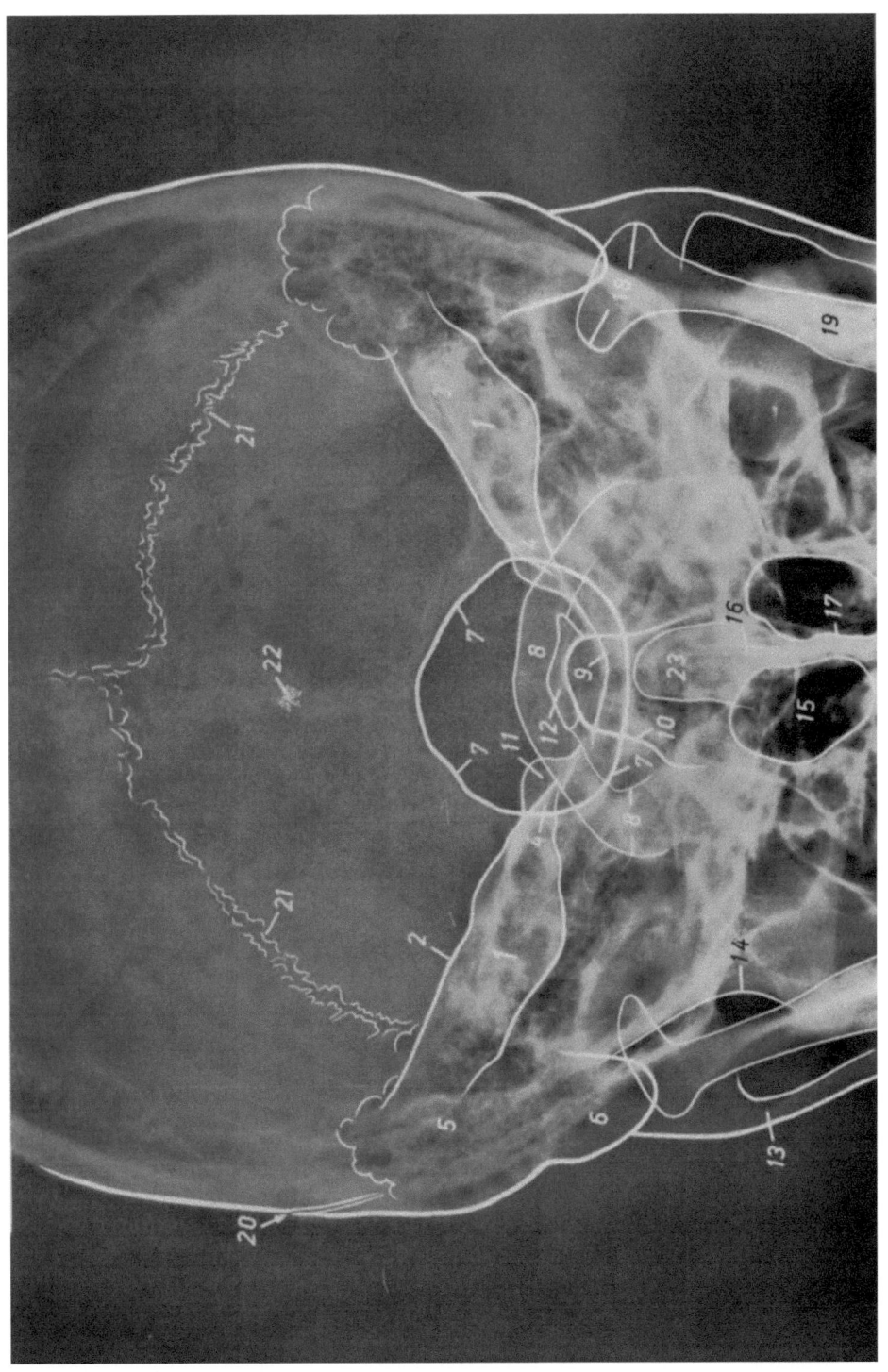

◀ Aufnahme 7
BEIDE FELSENBEINE SAGITTAL

1 Pars petrosa (ossis temporalis)
2 Pyramidenkontur
3 Gegend der Bogengänge
4 Apex (partis petrosae)
5 Cellulae mastoideae
6 Processus mastoideus
7 Rand des Foramen magnum
8 Arcus posterior atlantis
9 Tangential getroffener Teil des Clivus
10 Teil der Wand des Sinus sphenoidalis
11 Tuberculum jugulare
12 Dorsum sellae mit den Processus clinoidei posteriores (verkürzt projiziert)
13 Arcus zygomaticus
14 Laterale Begrenzung des Processus frontalis (ossis zygomatici) und des Processus zygomaticus ossis frontalis
15 Cavum nasi
16 Gegend des Vomer mit Ala vomeris
17 Septum nasi
18 Caput mandibulae
19 Ramus mandibulae
20 Sutura squamosa
21 Sutura lambdoidea
22 Verkalkungen im Corpus pineale
23 Dens (axis)

Erklärung zu nebenstehender Aufnahme 8 ▶

1 Pars petrosa (ossis temporalis), hintere Begrenzung = vorderer Rand des Sulcus sinus sigmoidei
2 Pars petrosa, Verlauf der vorderen Fläche im Bereich des Tegmen tympani
3 Sinus-Durawinkel (sogenannter Citelliwinkel)
4 Gegend der Eminentia arcuata
5 Teil der Oberkante der Pars petrosa
6 Gegend der Apex (partis petrosae)
7 Pars petrosa, innere untere Begrenzung, der Pars basilaris (ossis occipitalis) zugewandt
8 Orthograd getroffener Teil des Clivus
9 Pars basilaris (ossis occipitalis)
10 Fissura petrooccipitalis
11 Meatus acusticus externus
12 Meatus acusticus internus, in den Meatus acusticus externus hineinprojiziert
13 Teil des Cavum tympani
14 Pars tympanica (ossis temporalis)
15 Hintere Begrenzung des Labyrinthkerns
16 Sulcus sinus sigmoidei
17 Sulcus sinus transversi
18 Sutura occipitomastoidea
19 Sutura parietomastoidea
20 Sutura lambdoidea
21 Asterion*
22 Processus mastoideus (filmnaher, hinterer Rand)
23 Spitze des Processus mastoideus
24 Crista occipitalis interna
25 Gegend des Foramen jugulare
26 Gegend des Canalis hypoglossis
27 Processus styloideus (ossis temporalis)
28 Caput mandibulae
29 Articulatio temporomandibularis
30 Processus retroarticularis*
31 Rand des Tuberculum articulare
32 Arcus zygomaticus
33 Dorsum sellae mit den Processus clinoidei posteriores
34 Boden der Sella turcica
35 Processus clinoidei anteriores
36 Ala minor (ossis sphenoidalis)
37 Vordere Kontur der Fossa cranii media
38 Wand des Sinus sphenoidalis
39 Incisura mandibulae*
40 Fossa pterygopalatina
*Gegend des Antrum mastoideum

Die Cellulae mastoideae wurden der besseren Übersicht wegen nicht eingezeichnet

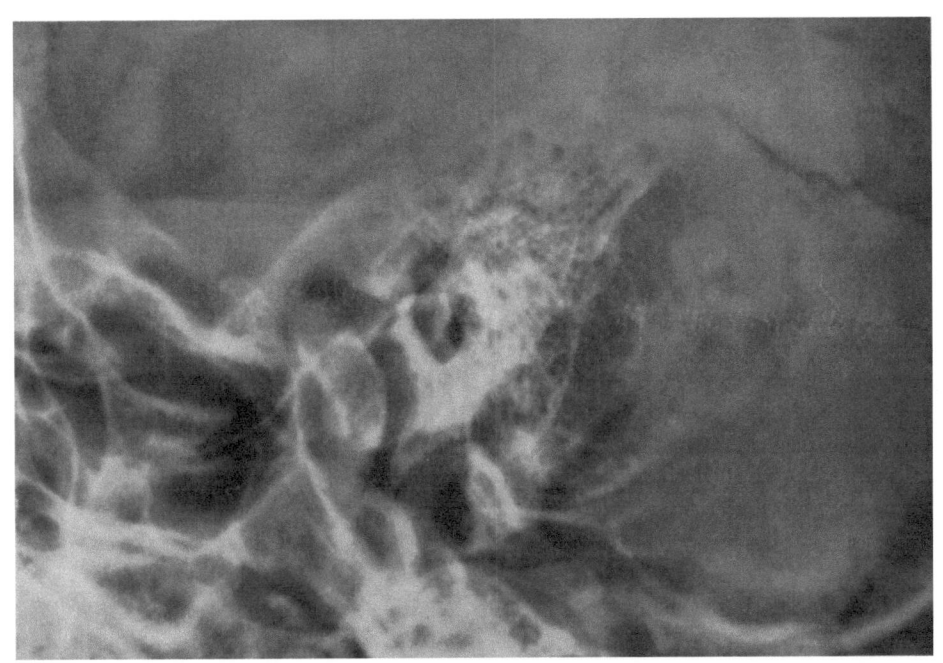
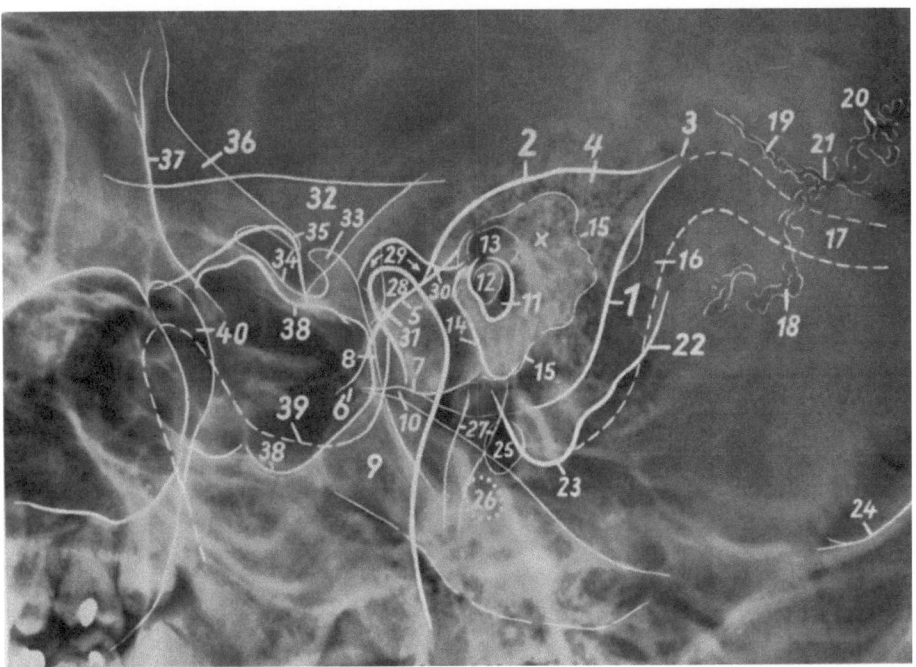

Aufnahme 8
FELSENBEINAUFNAHME NACH SCHÜLLER

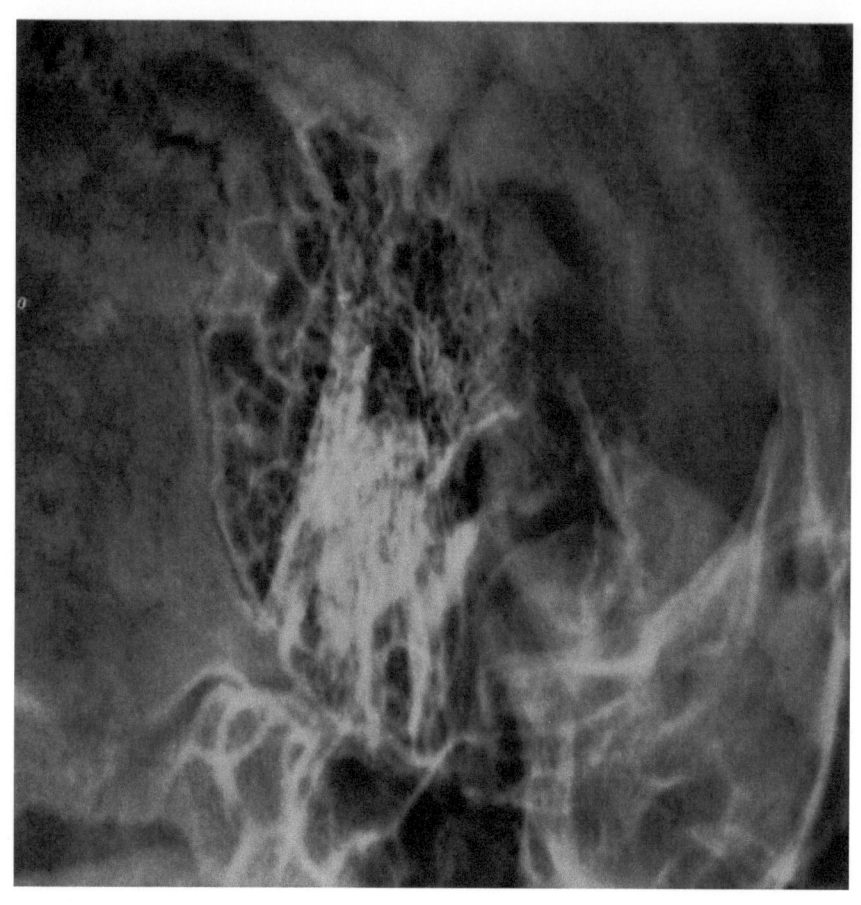

Aufnahme 9
FELSENBEINAUFNAHME NACH MAYER

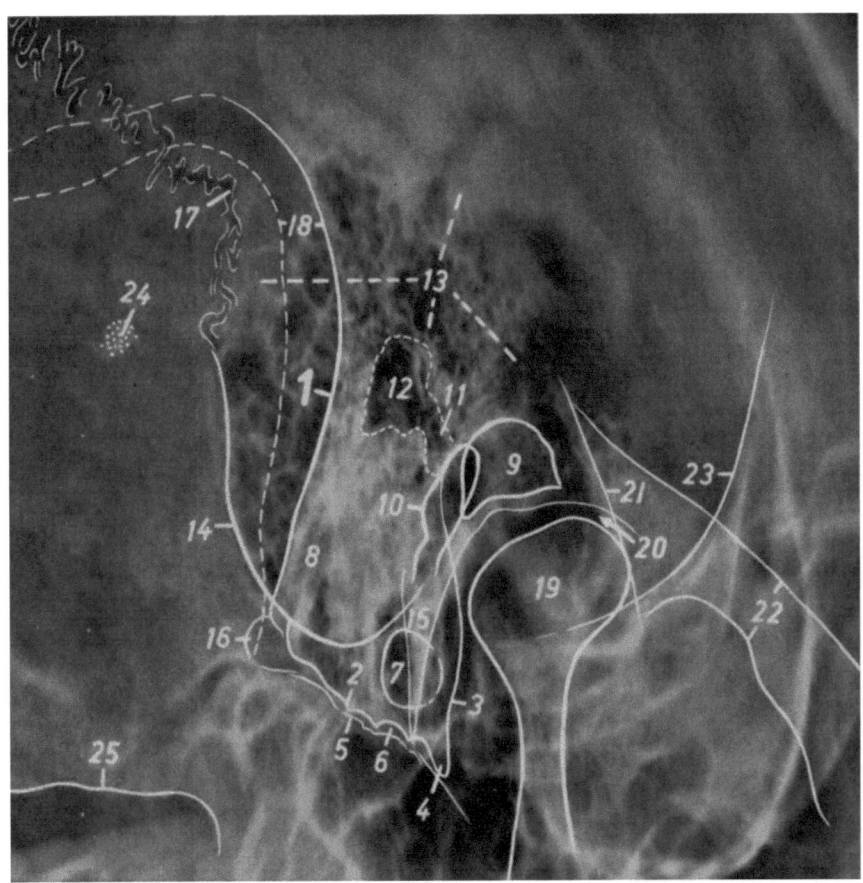

1 Pars petrosa (ossis temporalis), hintere Fläche = vorderer Rand des Sulcus sinus sigmoidei
2 Pars petrosa, innere, der Pars basilaris zugewandte Fläche
3 Pars petrosa, vordere Fläche
4 Apex (partis petrosae)
5 Rand der Pars basilaris
6 Fissura petrooccipitalis
7 Canalis caroticus
8 Gegend des Meatus acusticus internus
9 Meatus acusticus externus, nach dorsal mit dem Cavum tympani übereinanderprojiziert
10 Teil des Cavum tympani
11 Aditus ad antrum
12 Antrum mastoideum
13 Cellulae mastoideae
14 Rand des Processus mastoideus
15 Processus styloideus (ossis temporalis)
16 Foramen jugulare
17 Sutura occipitomastoidea
18 Sulcus sinus sigmoidei
19 Caput mandibulae
20 Articulatio temporomandibularis
21 Processus zygomaticus ossis temporalis
22 Arcus zygomaticus
23 Vorderwand der mittleren Schädelgrube
24 Verkalkungen im Corpus pineale (Zirbeldrüse)
25 Foramen magnum

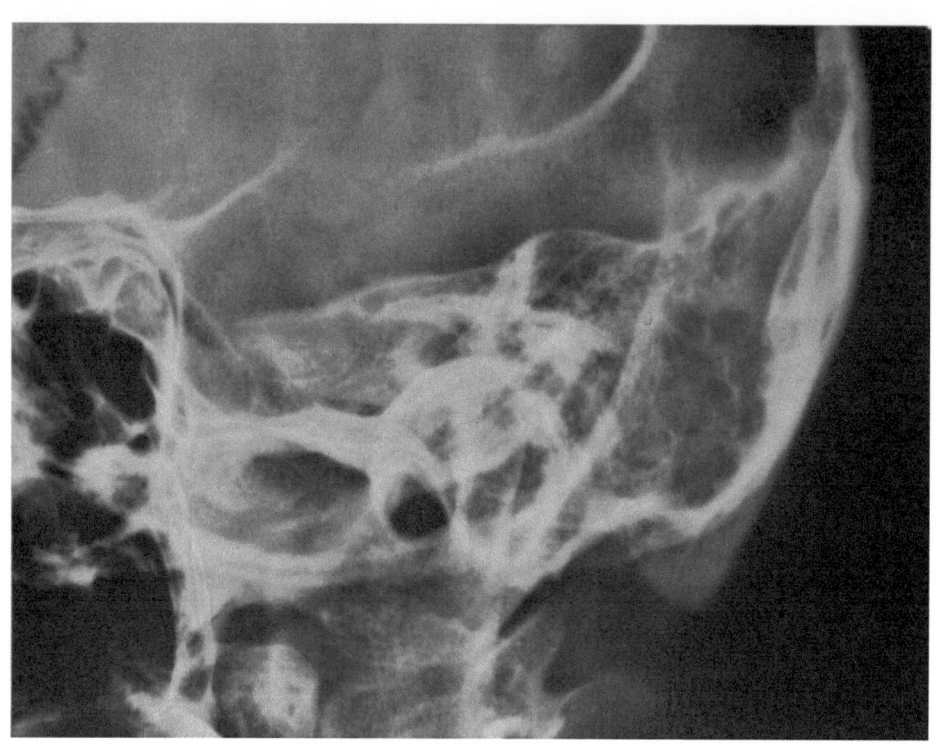

Aufnahme 10
FELSENBEINAUFNAHME NACH STENVERS

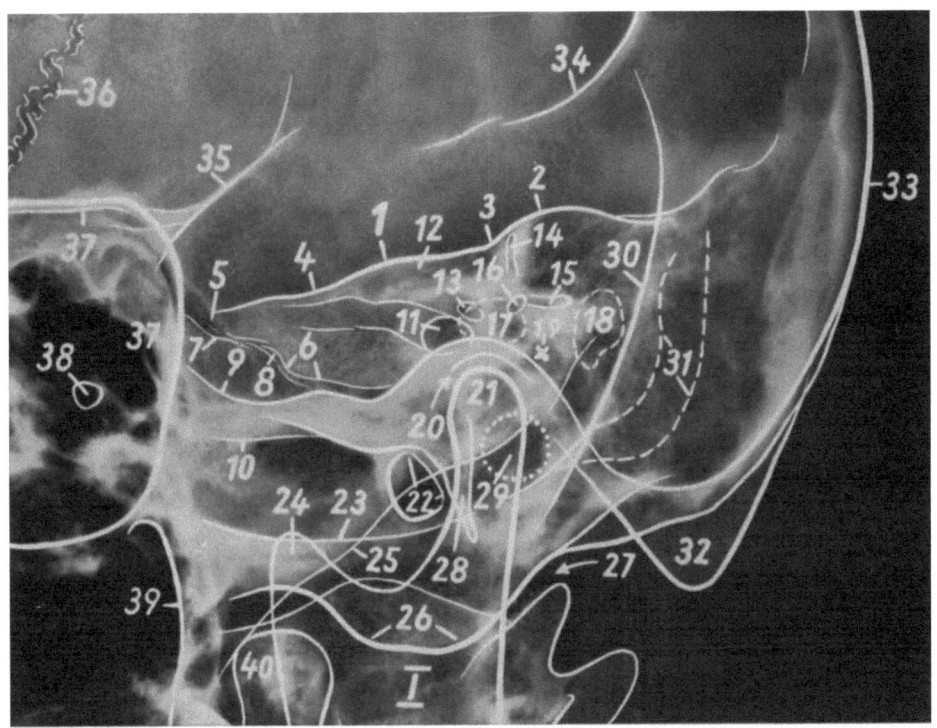

1 Pars petrosa (ossis temporalis), obere Kante
2 Eminentia arcuata
3 Fossa subarcuata
4 Impressio trigemini
5 Apex (partis petrosae)
6 Pars petrosa, innere Fläche (der Pars basilaris zugewandt)
7 Rand der Pars basilaris (Clivus)
8 Fissura petrooccipitalis
9 Basis cranii, innere Begrenzung
10 Boden der Fossa cranii media
11 Porus und Meatus acusticus internus
12 Sulcus sinus petrosi superioris
13 Canalis facialis
14 Canalis semicircularis anterior
15 Canalis semicircularis lateralis
16 Vestibulum
17 Gegend der Cochlea
18 Gegend des Antrum mastoideum
19 Gegend des Cavum tympani mit Ossicula auditus
20 Articulatio temporomandibularis
21 Caput mandibulae
22 Canalis hypoglossi
23 Boden der Fossa cranii posterior
24 Processus coronoideus mandibulae
25 Rand des Arcus zygomaticus
26 Condylus occipitalis (filmnah)
27 Articulatio atlanto-occipitalis
28 Processus styloideus
29 Gegend des Foramen jugulare
30 Crista occipitalis interna
31 Gegend des Sulcus sinus sigmoidei
32 Processus mastoideus (filmnah) mit Cellulae mastoideae (zur besseren Übersicht hier nicht eingezeichnet)
33 Laterale Schädelwand
34 Rand des Sulcus sinus transversi (filmfern)
35 Teil der vorderen Begrenzung der Fossa cranii media
36 Sutura squamosa
37 Orbitadach
38 Canalis opticus
39 Wand des Sinus maxillaris
40 Dens (axis)

I Atlas

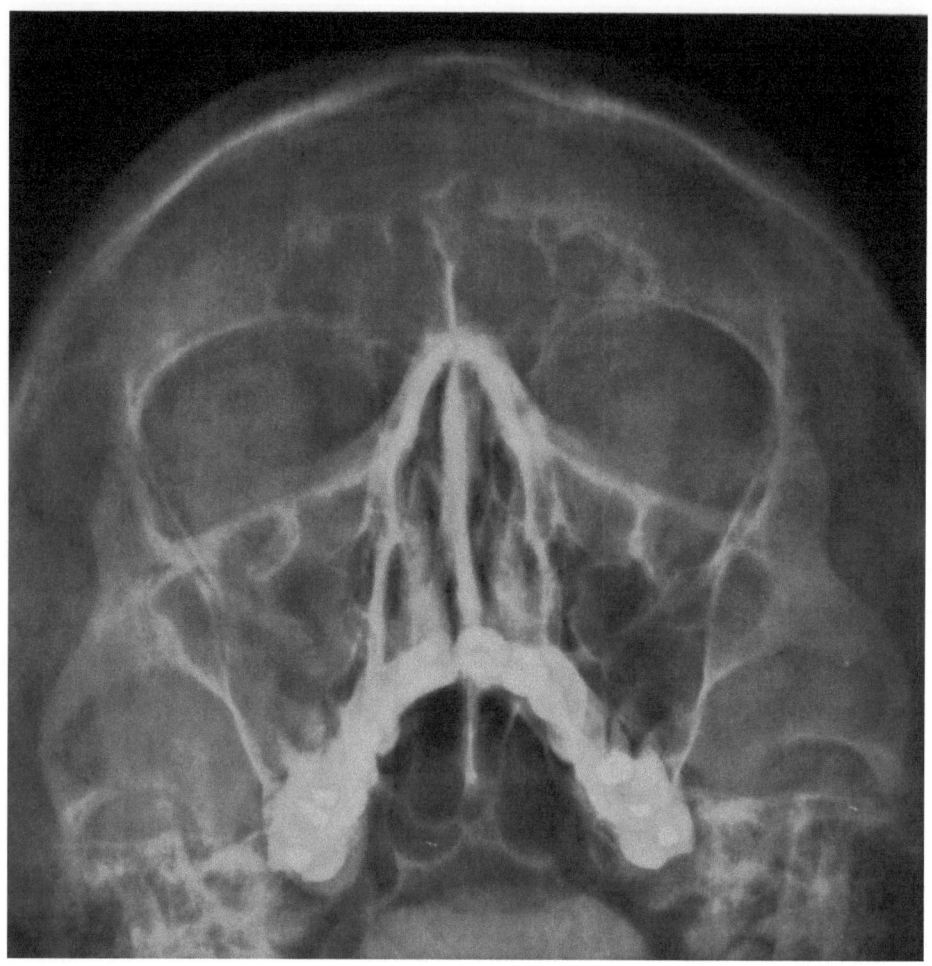

Aufnahme 11
NEBENHÖHLEN

1 Sinus maxillaris dexter
2 Sinus maxillaris sinister (die rechte Oberkieferhöhle ist gegenüber der linken weniger strahlendurchlässig)
3 Sinus frontalis
4 Sinus sphenoidalis
5 Orbita
6 Septum sinuum frontalium
7 Wände des Sinus frontalis
8 Weichteilbegrenzung der Nase
9 Os nasale
10 Margo supraorbitalis
11 Margo infra-orbitalis
12 Foramen infra-orbitale
13 Canalis infra-orbitalis
14 Gegend des Foramen rotundum
15 Labyrinthus ethmoidalis
16 Laterale Wand des Cavum nasi = Teil der medialen Wand des Sinus maxillaris
17 Septum nasi osseum

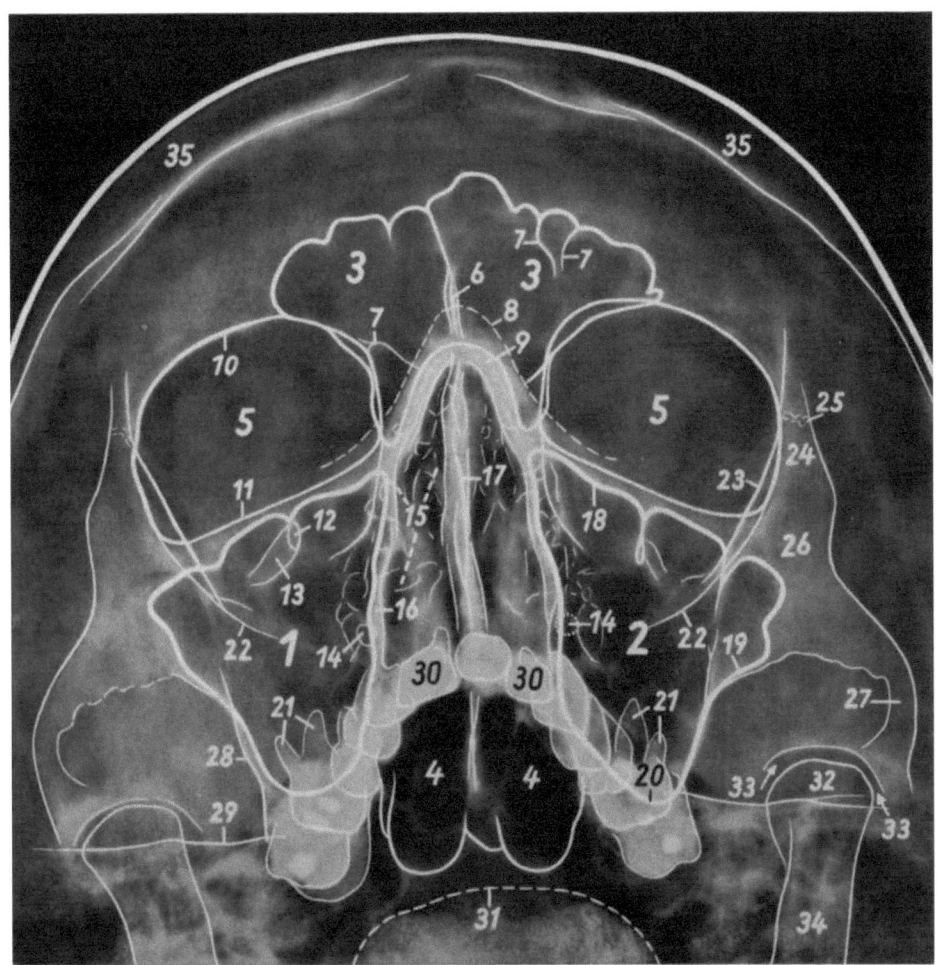

18	Obere Wand des Sinus maxillaris	
19	Seitliche Wand des Sinus maxillaris	
20	Boden des Sinus maxillaris	
21	In die Oberkieferhöhle projizierte Wurzeln der Oberkiefermahlzähne	
22	Orbitawandkontur (die unteren und hinteren Orbitaabschnitte projizieren sich in die Sinus maxillaris)	
23	Linea innominata	
24	Processus frontalis ossis zygomatici	
25	Sutura frontozygomatica	
26	Os zygomaticum	
27	Arcus zygomaticus	
28	Teil der Maxilla	
29	Pars petrosa	
30	Kronen der Oberkieferschneidezähne	
31	Kontur der Zunge	
32	Caput mandibulae	
33	Articulatio temporomandibularis	
34	Ramus mandibulae	
35	Os frontale	

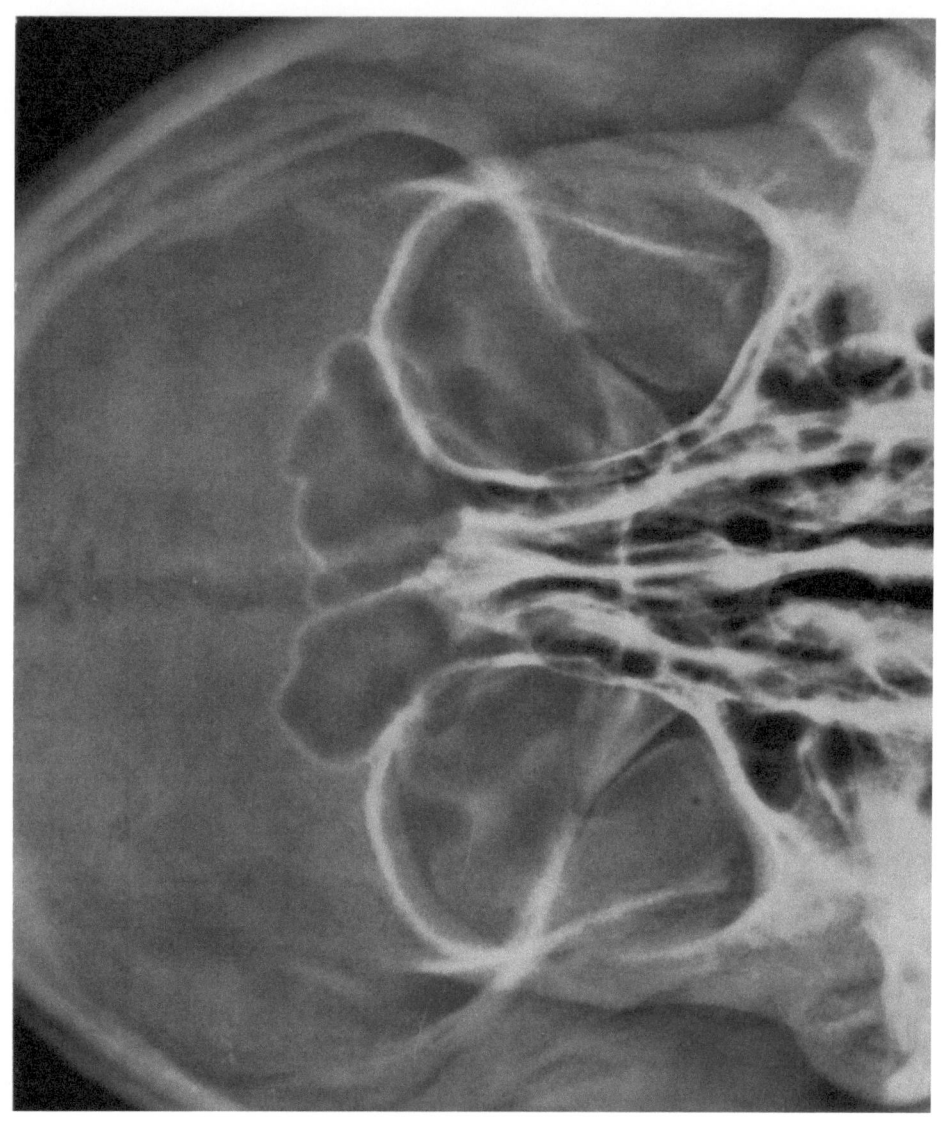

Aufnahme 12
AUGENHÖHLEN
(Übersicht)

1 Orbita
2 Margo supraorbitalis
3 Orthograd getroffener Teil des Orbitadaches
4 Processus frontalis ossis zygomatici
5 Margo infra-orbitalis
6 Orbitaboden
7 Lamina orbitalis (ossis ethmoidalis)
8 Os lacrimale

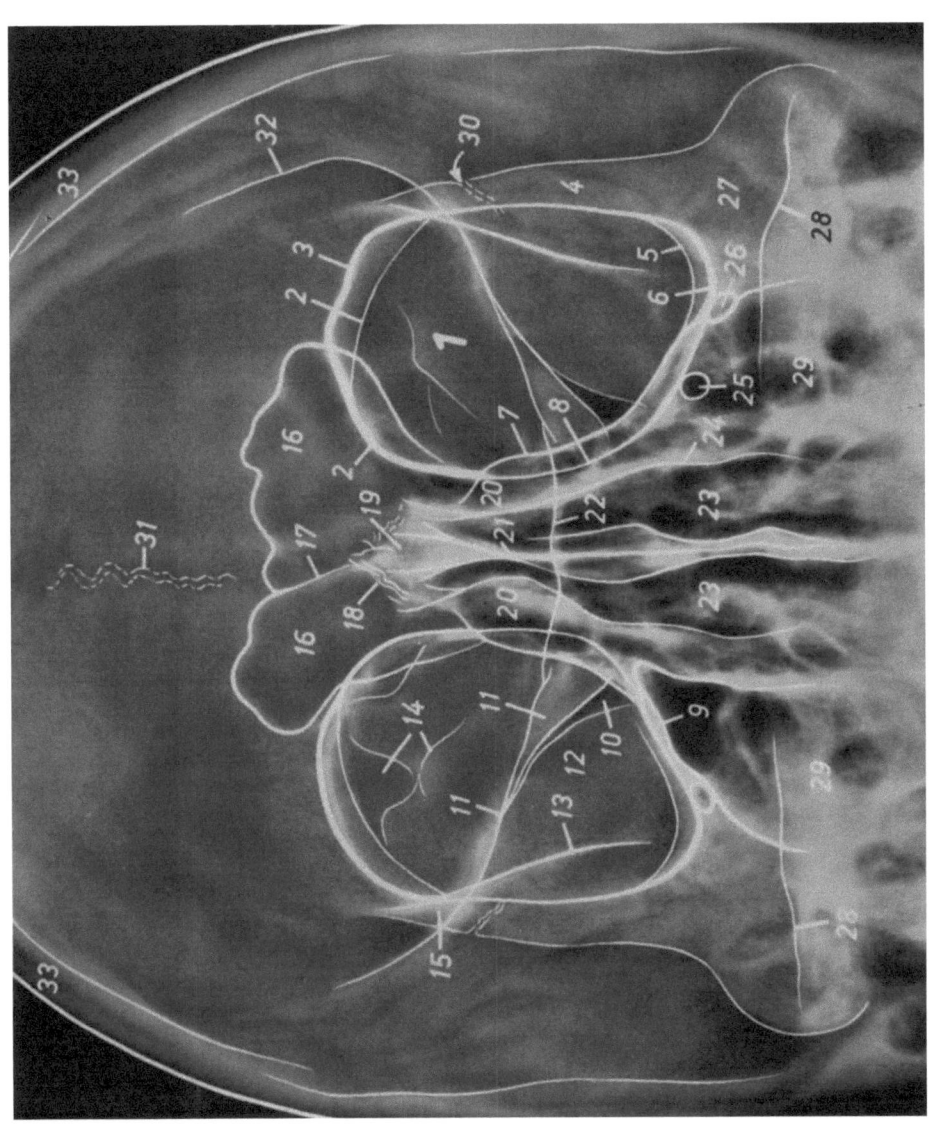

9 Dach des Sinus maxillaris (Teil des Orbitabodens)
10 Fissura orbitalis superior
11 Ala minor (ossis sphenoidalis)
12 Ala major (ossis sphenoidalis)
13 Linea innominata
14 Juga cerebralia* bzw. Impressiones digitatae
15 Processus zygomaticus ossis frontalis
16 Sinus frontalis
17 Septum sinuum frontalium
18 Sutura frontonasalis (Gegend der Nasenwurzel)
19 Os nasale
20 Cellulae ethmoidales
21 Septum nasi osseum
22 Planum sphenoideum*
23 Cavum nasi
24 Rand der Apertura piriformis
25 Foramen rotundum
26 Foramen infra-orbitale
27 Os zygomaticum
28 Pars petrosa (ossis temporalis)
29 Sinus maxillaris
30 Sutura frontozygomatica
31 Sutura sagittalis
32 Orthograd getroffener Abschnitt der Squama frontalis
33 Os parietale

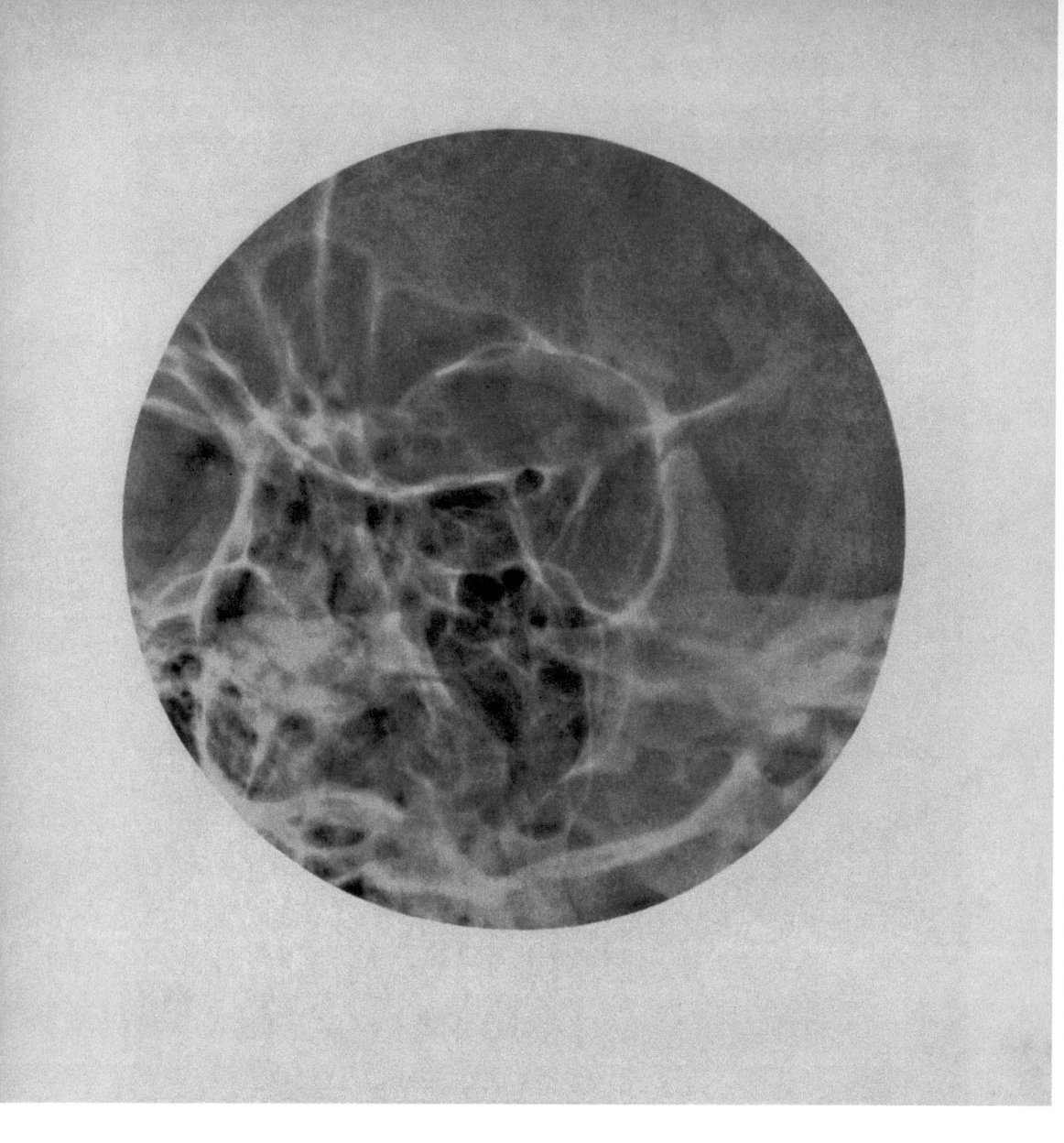

Aufnahme 13
AUGENHÖHLEN (SEHNERVENKANAL NACH RHESE)

1 Canalis opticus
2 Margo supraorbitalis
3 Orbitadach, orthograd getroffener Teil
4 Margo infra-orbitalis
5 Sinus sphenoidalis, lateraler Rand

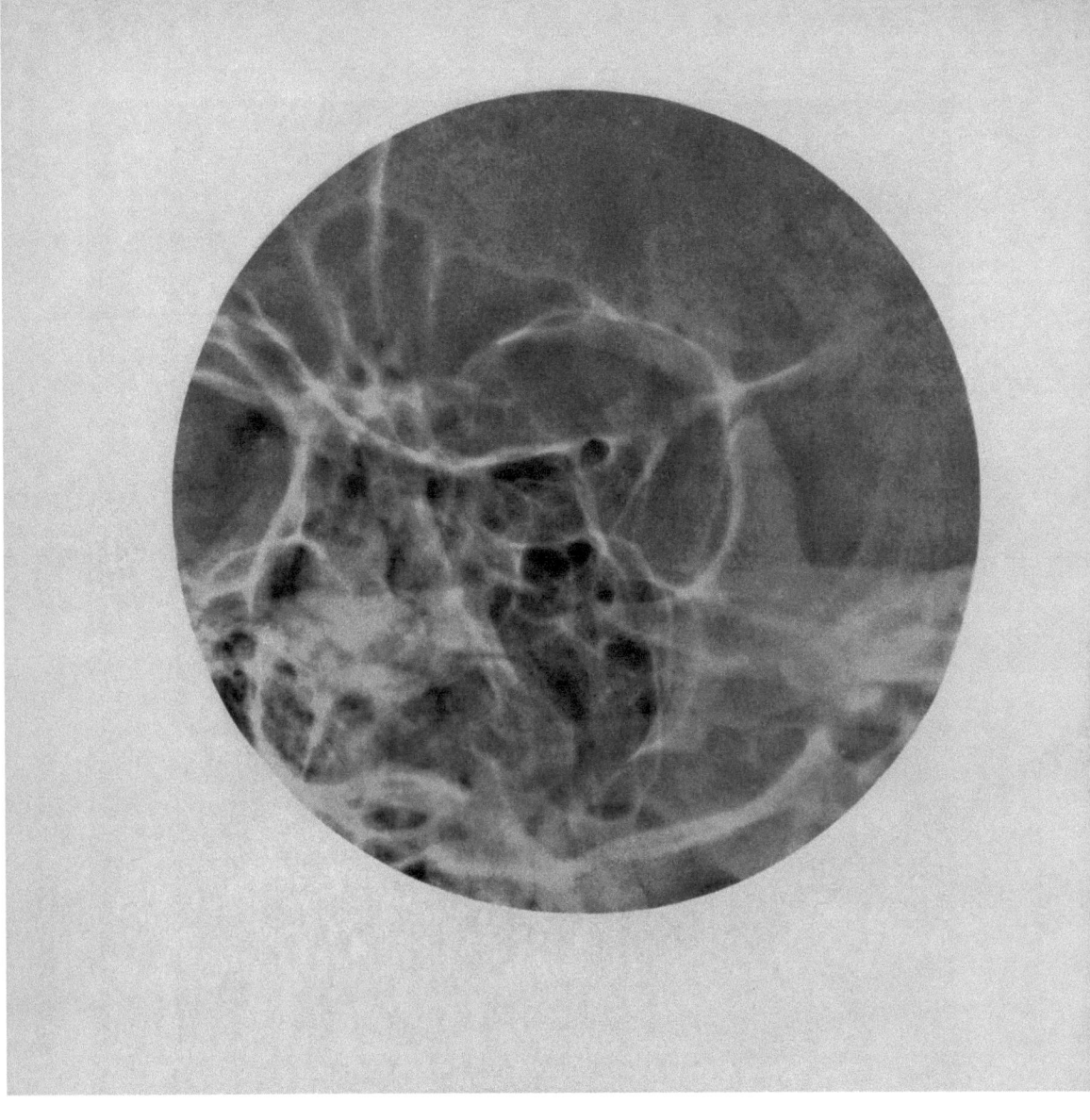

6 Cellulae ethmoidales und Sinus sphenoidalis ineinander projiziert	12 Processus frontalis ossis zygomatici	21 Os temporale
7 Planum sphenoideum*	13 Sutura frontozygomatica	22 Os zygomaticum
8 Gegend der Fissura orbitalis superior	14 Crista galli	23 Pars petrosa (filmnah)
9 Ala minor (ossis sphenoidalis)	15 Ala minor (filmfern)	24 Pars petrosa (filmfern)
10 Ala major (ossis sphenoidalis)	16 Sinus frontalis	25 Vordere Begrenzung der Fossa cranii media
11 Foramen rotundum	17 Crista frontalis	26 Apertura piriformis (filmferner Rand)
	18 Orbita (filmfern)	27 Sinus maxillaris (filmnah)
	19 Processus frontalis maxillae (filmfern)	28 Incisura mandibulae*
	20 Os frontale	

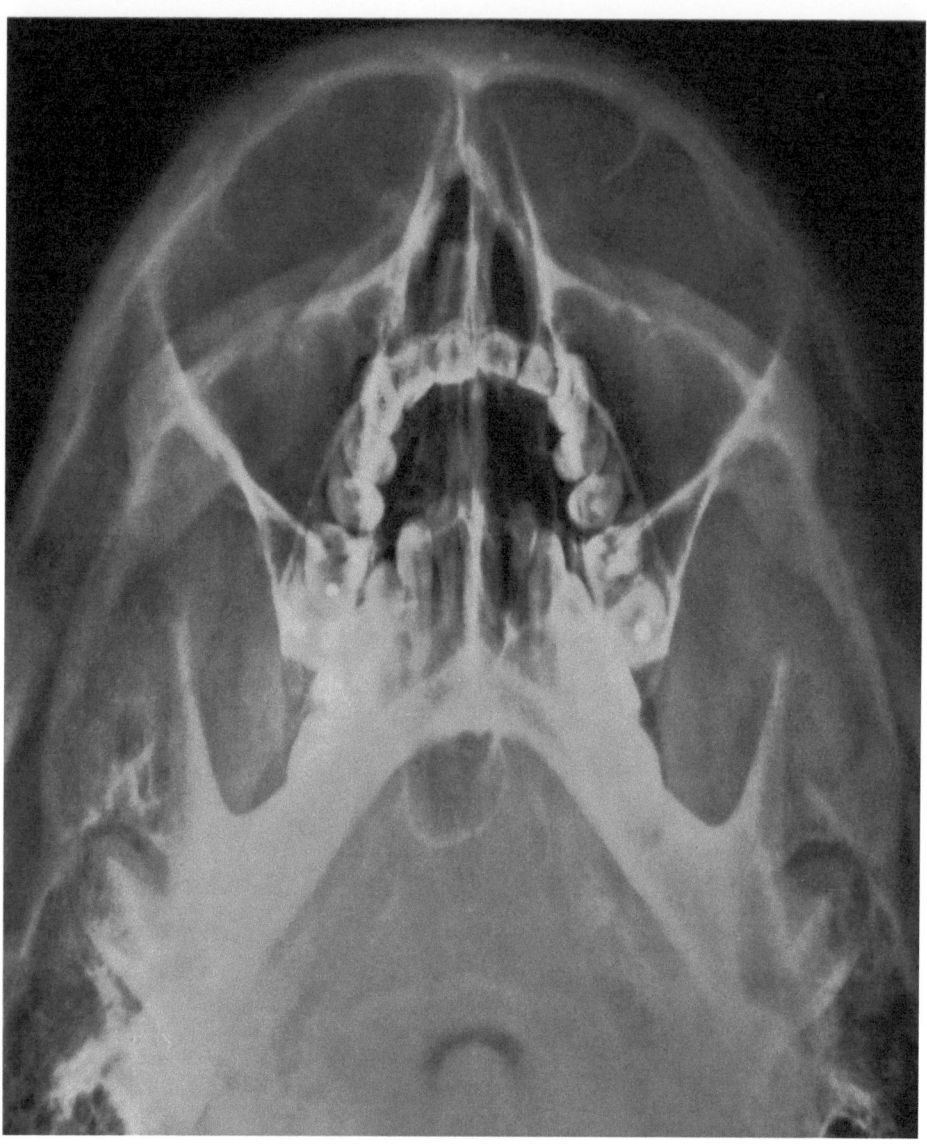

Aufnahme 14

JOCHBÖGEN
(Belichtung für die Jochbögen richtig gewählt, deshalb mittlere Bildabschnitte unterbelichtet)

1 Os zygomaticum
2 Processus frontalis ossis zygomatici
3 Processus temporalis ossis zygomatici
4 Processus zygomaticus ossis temporalis
5 Arcus zygomaticus
6 Gegend der Sutura temporozygomatica
7 Gegend der Sutura frontozygomatica
8 Processus zygomaticus ossis frontalis
9 Os frontale
10 Sinus frontalis
11 Orbita
12 Margo infra-orbitalis
13 Foramen infra-orbitale
14 Os nasale
15 Processus frontalis maxillae
16 Septum nasi osseum

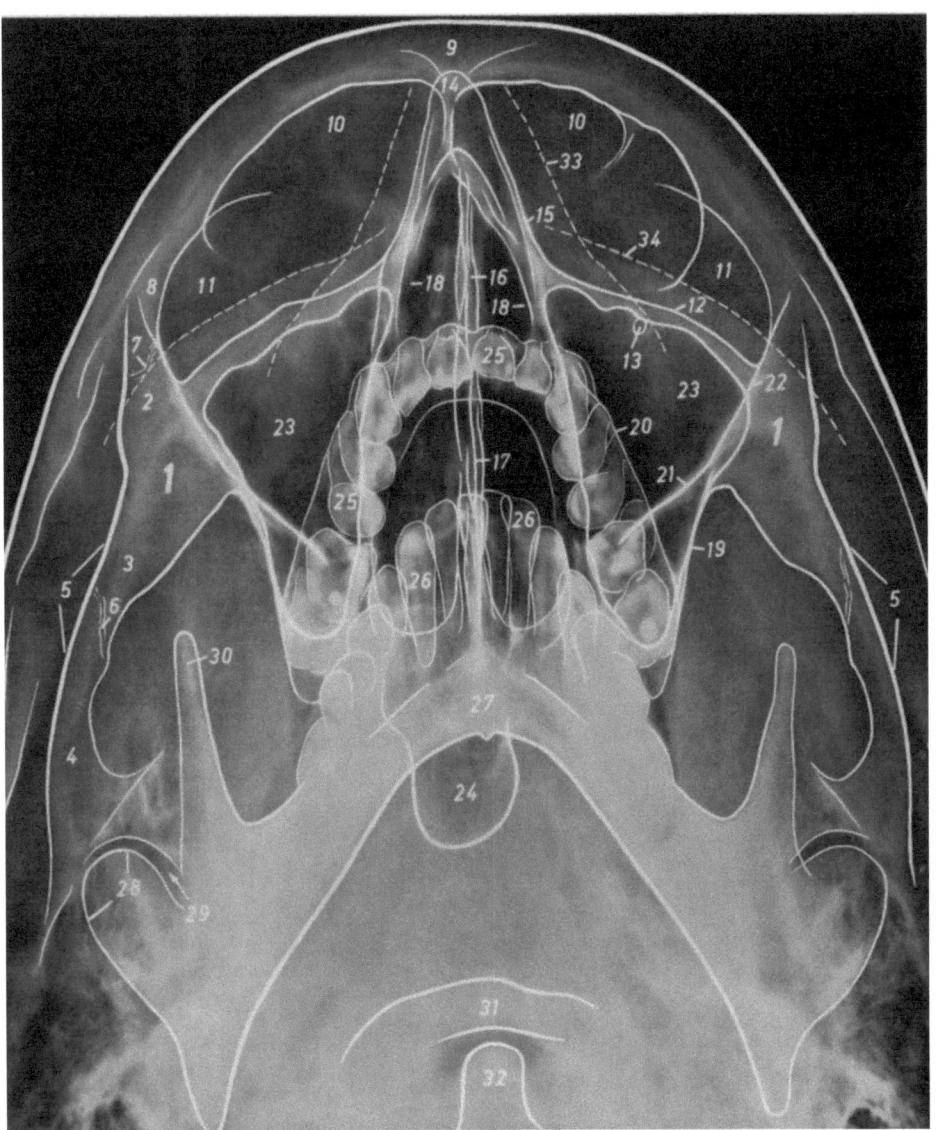

17 Vomer und Sutura palatina mediana ineinanderprojiziert
18 Laterale Begrenzung eines Teils des Cavum nasi
19 Rand der Facies infratemporalis maxillae = dorso-laterale Wand des Sinus maxillaris
20 Processus alveolaris maxillae
21 Orbitawandkontur (Gegend der Fissura orbitalis inferior)
22 Laterale Orbitawand, nach oben übergehend in die Kontur der Fossa temporalis
23 Sinus maxillaris
24 Hinterer Abschnitt des Sinus sphenoidalis
25 Zähne des Oberkiefers
26 Zähne des Unterkiefers
27 Corpus mandibulae
28 Caput mandibulae
29 Articulatio temporomandibularis
30 Processus coronoideus (mandibulae)
31 Arcus anterior atlantis
32 Dens (axis)
33 Weichteile der Nase
34 Weichteile der Wange

45

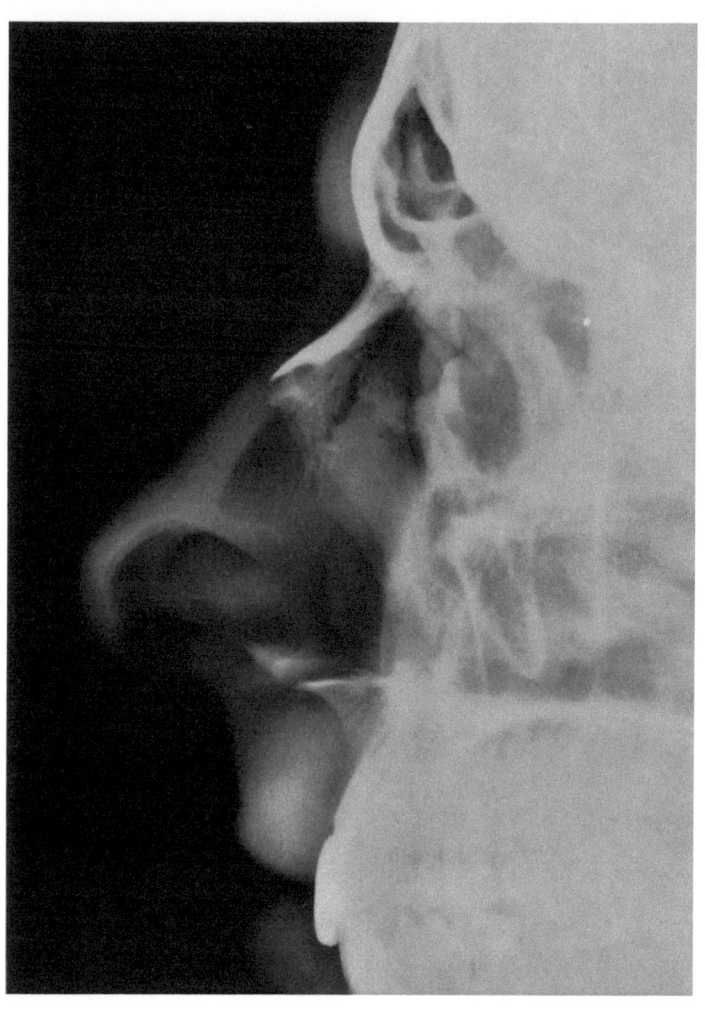

Aufnahme 15
NASENBEIN

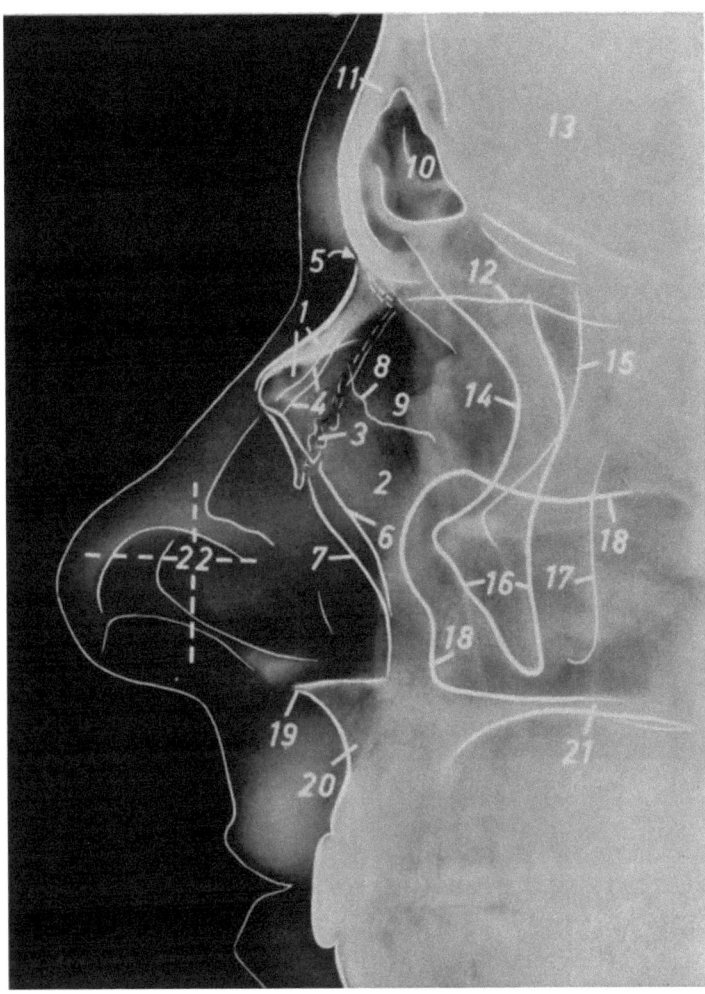

	5 Sutura frontonasalis	14 Laterale Begrenzung der Orbita (filmnah)
	6 Rand der Apertura piriformis (filmnah)	15 Laterale Begrenzung der Orbita (filmfern)
	7 Rand der Apertura piriformis (filmfern)	16 Processus zygomaticus maxillae (filmnah)
1 Os nasale	8 Vorderer Rand des Septum nasi osseum	17 Processus zygomaticus maxillae (filmfern)
2 Processus frontalis maxillae	9 Gegend des Margo lacrimalis	18 Sinus maxillaris
3 Sutura nasomaxillaris	10 Sinus frontalis	19 Spina nasalis anterior
4 Sulcus ethmoidalis (für den Nervus ethmoidalis anterior), filmnah und filmfern nebeneinanderprojiziert	11 Os frontale	20 Processus alveolaris maxillae
	12 Tegmen labyrinthus ethmoidalis	21 Palatum osseum
	13 Fossa cranii anterior	22 Weichteile der Nase

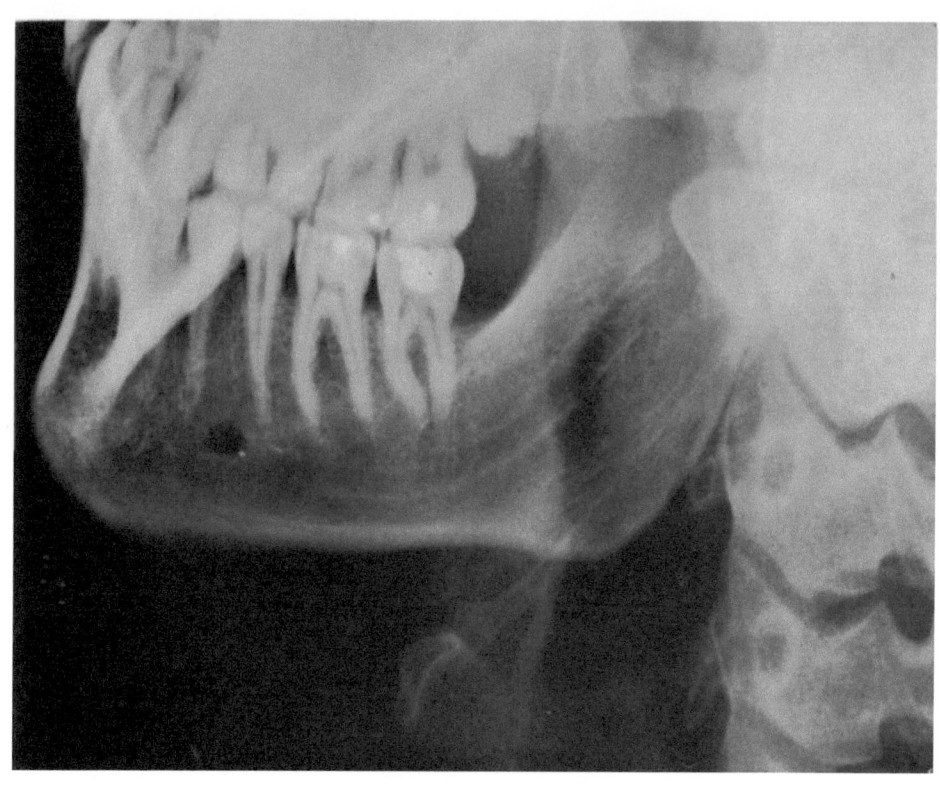

Aufnahme 16
SEITLICH SCHRÄGE AUFNAHME DES UNTERKIEFERS

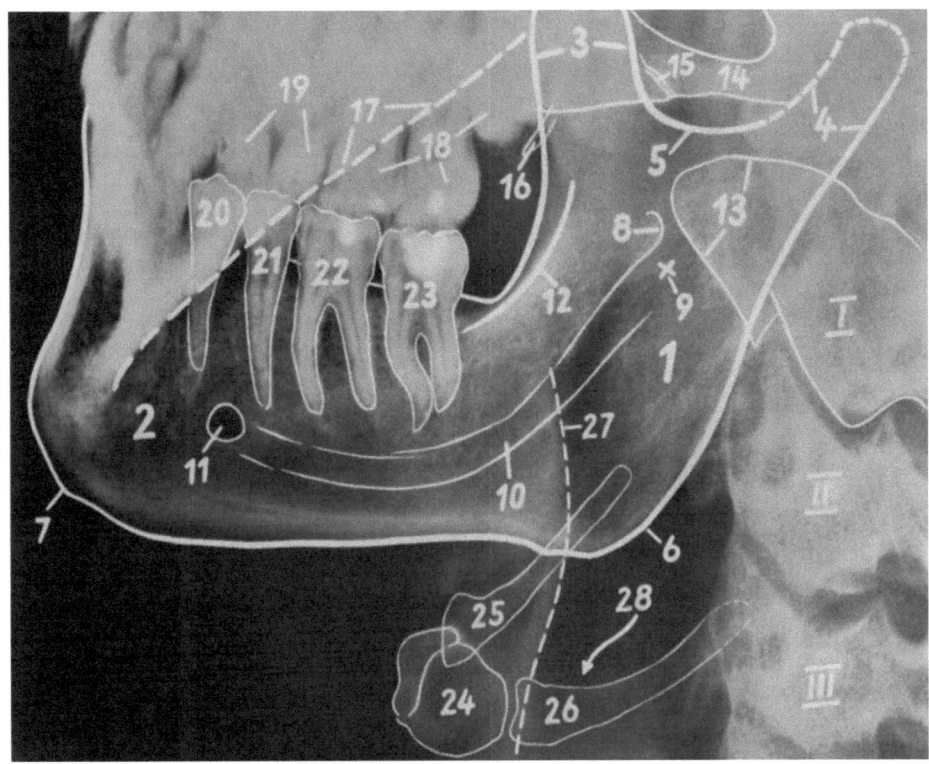

1 Ramus mandibulae	15 Sutura frontozygomatica	22 Dens molaris I der filmnahen Hälfte der Mandibula
2 Corpus mandibulae	16 Hamulus pterygoideus	
3 Processus coronoideus (mandibulae)	17 Unterkante der filmfernen Hälfte der Mandibula	23 Dens molaris II der filmnahen Hälfte der Mandibula
4 Processus condylaris (mandibulae)	18 Dentes molares I–III der filmnahen Hälfte der Maxilla	24 Corpus ossis hyoidei
5 Incisura mandibulae*		25 Cornu majus (ossis hyoidei), filmnah
6 Angulus mandibulae	19 Dentes praemolares I, II der filmnahen Hälfte der Maxilla	
7 Tuberculum mentale		26 Cornu majus (ossis hyoidei), filmfern
8 Lingula mandibulae		
9 Gegend des Foramen mandibulae	20 Dens praemolaris I der filmnahen Hälfte der Mandibula	27 Vordere Begrenzung des Pharynx
10 Canalis mandibulae		28 Vestibulum laryngis
11 Foramen mentale	21 Dens praemolaris II der filmnahen Hälfte der Mandibula	
12 Linea obliqua		I–III Vertebrae cervicales I bis III
13 Arcus anterior atlantis		
14 Arcus zygomaticus		

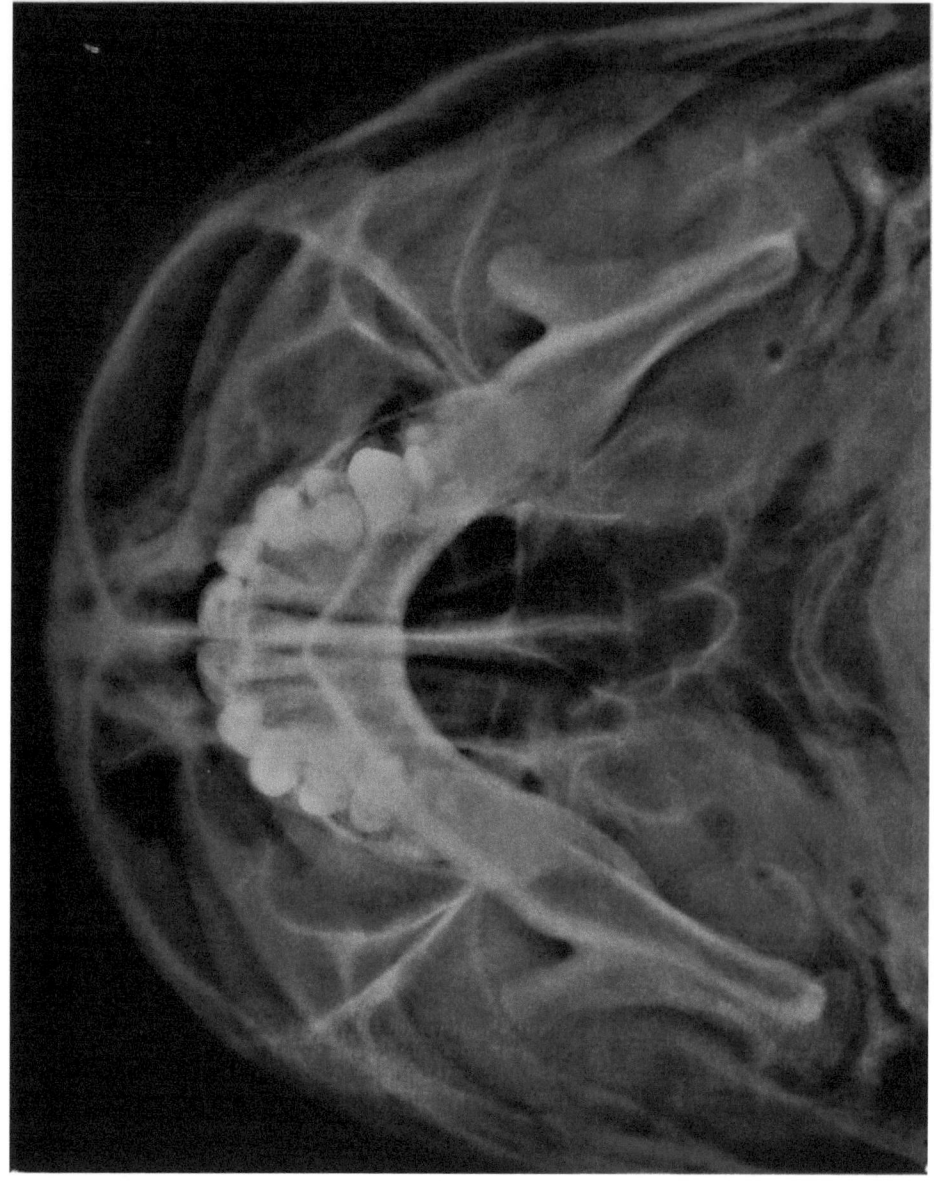

Aufnahme 17
AXIALE AUFNAHME DES UNTERKIEFERS, GLEICHZEITIG AXIALE AUFNAHME DER KEILBEINHÖHLE

1 Corpus mandibulae
2 Spina mentalis
3 Angulus mandibulae
4 Processus coronoideus (mandibulae)
5 Caput mandibulae
6 Articulatio temporomandibularis
7 Wurzeln der Schneidezähne des Unterkiefers
8 Kronen der Zähne des Ober- und Unterkiefers ineinanderprojiziert
9 Margo aditus orbitae*
10 Seitliche hintere Wand der Orbita
11 Ala major, Grenze

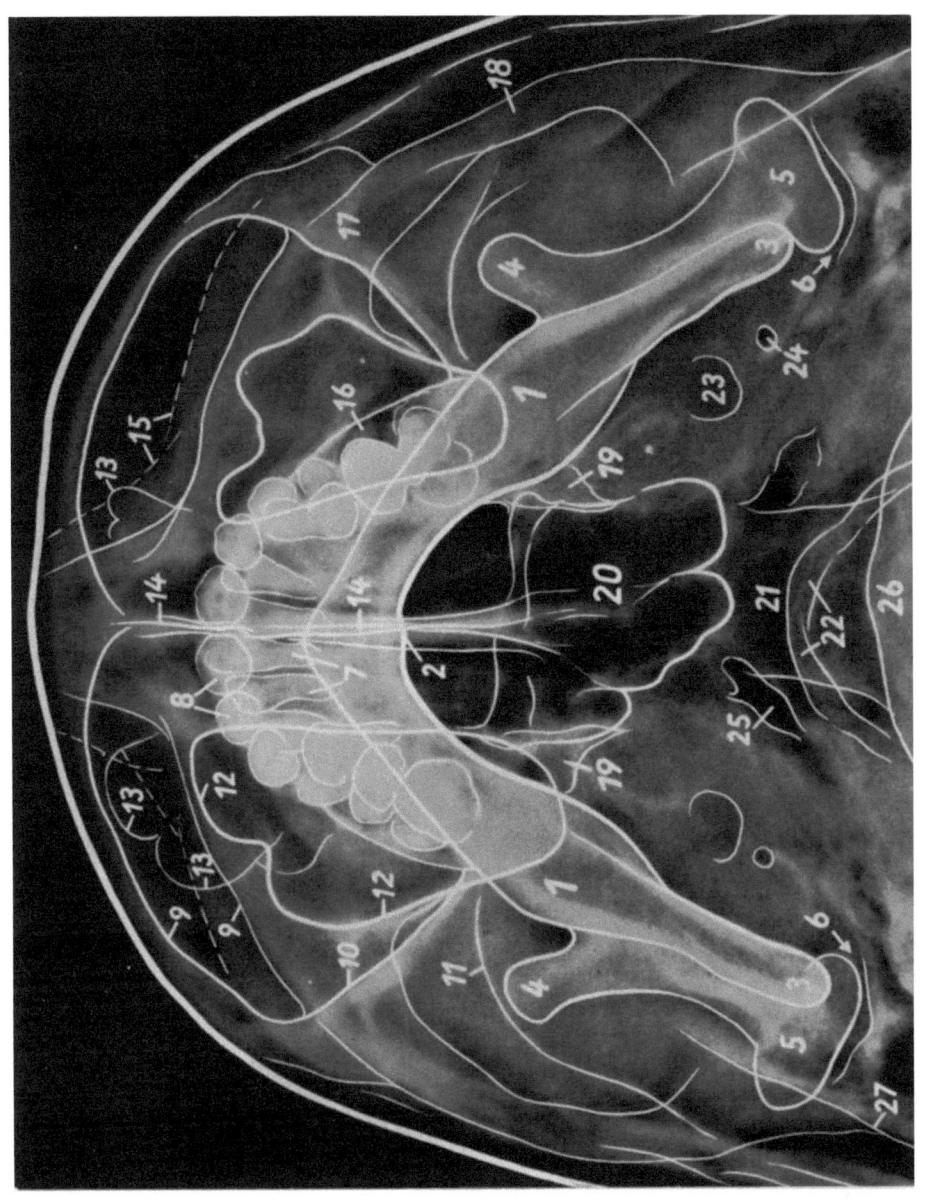

- zwischen der Fossa cranii media und anterior
- 12 Wand des Sinus maxillaris
- 13 Teil der Wand des Sinus frontalis
- 14 Septum nasi osseum
- 15 Weichteilbegrenzung der Nase und der Wange
- 16 Teil der Maxilla
- 17 Os zygomaticum
- 18 Arcus zygomaticus
- 19 Processus pterygoideus (ossis sphenoidalis)
- 20 Sinus sphenoidalis
- 21 Pars basilaris (ossis occipitalis)
- 22 Teil des Os hyoideum
- 23 Foramen ovale
- 24 Foramen spinosum
- 25 Foramen lacerum
- 26 Arcus anterior atlantis
- 27 Orthograd getroffener Abschnitt der seitlichen Begrenzung der Schädelbasis

Bei geschlossenem Mund

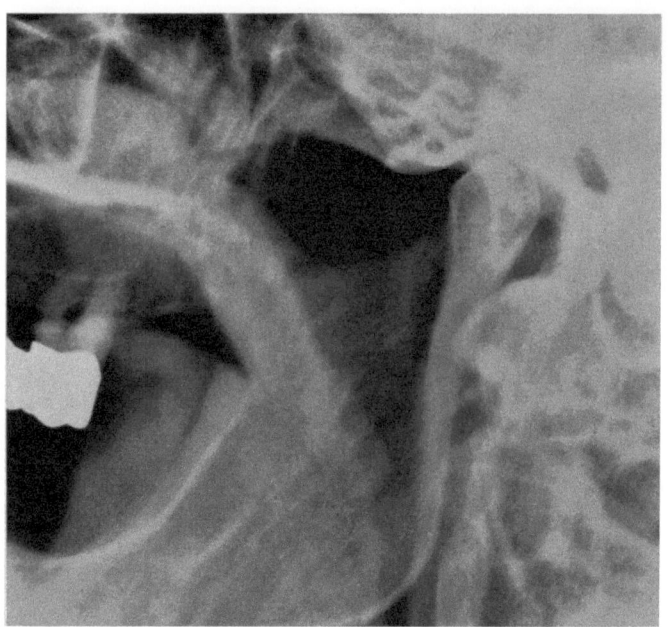

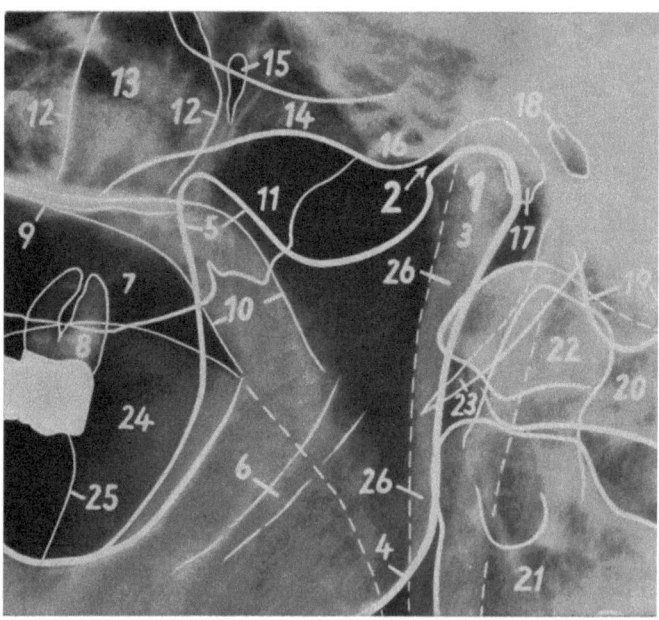

1 Caput mandibulae
2 Articulatio temporo-mandibularis
3 Collum mandibulae
4 Angulus mandibulae
5 Processus coronoideus (mandibulae)
6 Canalis mandibulae
7 Maxilla
8 Dens molaris maxillae
9 Palatum osseum
10 Velum palatinum
11 Lamina medialis et lateralis processus pterygoidei
12 Rand des Sinus maxillaris
13 Os zygomaticum

Aufnahme 18
KONTAKTAUFNAHME DES UNTERKIEFERKÖPFCHENS

Bei offenem Mund

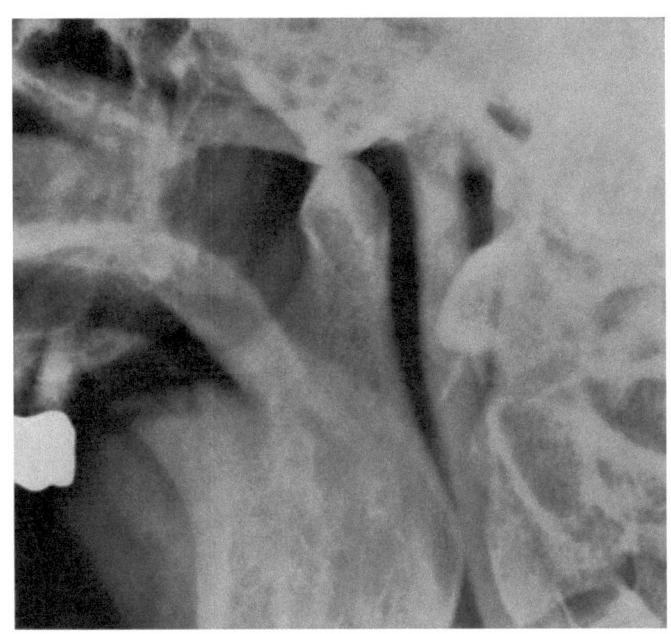

14 Arcus zygomaticus
15 Fossa pterygopalatina
16 Tuberculum articulare
17 Processus retroarticularis (ossis temporalis)*
18 Meatus acusticus internus
19 Processus mastoideus
20 Atlas
21 Axis
22 Dens (axis)
23 Processus styloideus
24 Lingua
25 Rand des Musculus hyoglossus
26 Hinterwand des Pharynx

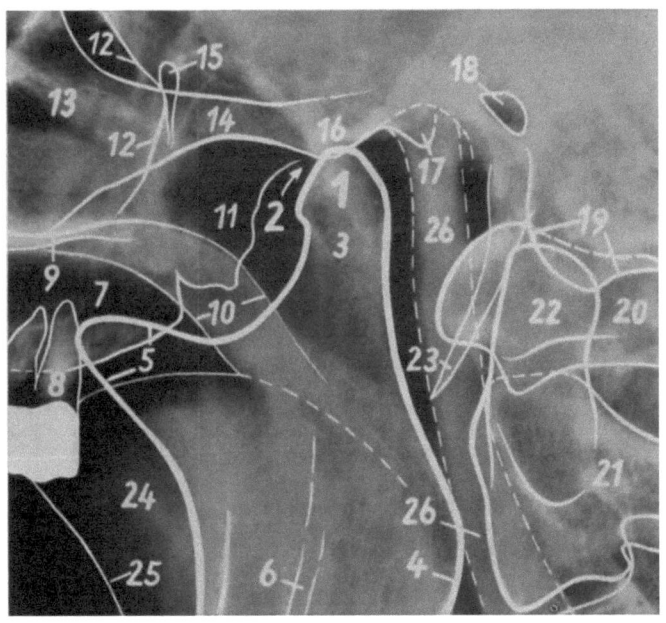

Aufnahme 18
KONTAKTAUFNAHME DES UNTERKIEFERKÖPFCHENS

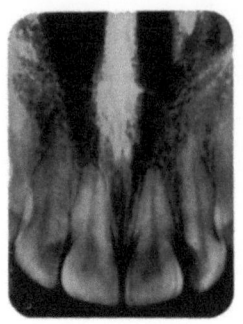 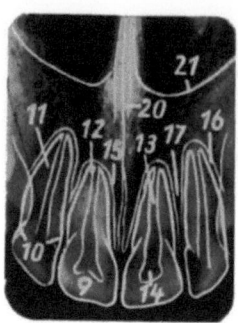

Aufn. 19:
Obere Schneidezähne

1 2

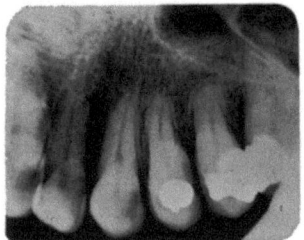 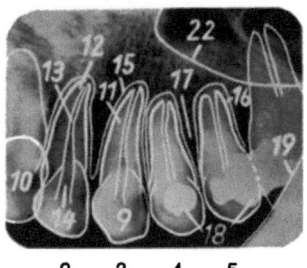

Aufn. 20:
Oberer Eckzahn und
obere Backenzähne

2 3 4 5

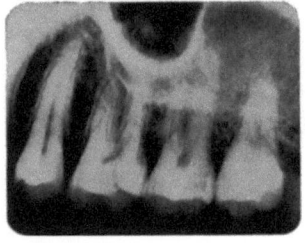 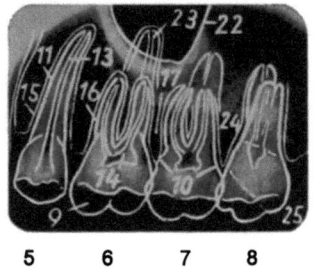

Aufn. 21:
Obere Mahlzähne

5 6 7 8

Aufnahmen 19–24
ZÄHNE DES OBER- UND UNTERKIEFERS

1, 2 Dentes incisivi	9 Corona dentis	13 Canalis radicis dentis
3 Dens caninus	10 Collum dentis	14 Cavum dentis (pulpa)
4, 5 Dentes praemolares	11 Radix dentis	15 Arcus alveolaris
6, 7, 8 Dentes molares	12 Apex radicis dentis	16 Periodontium

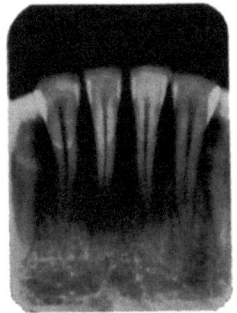 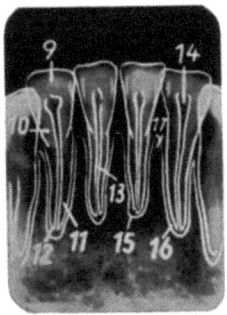

Aufn. 22:
Untere Schneidezähne

1 2 3

 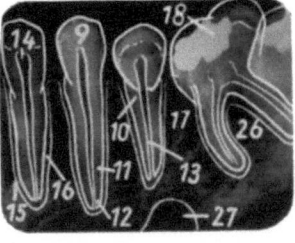

Aufn. 23:
Unterer Eckzahn und
untere Backenzähne

3 4 5 6

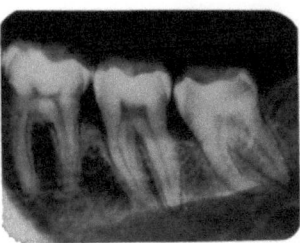 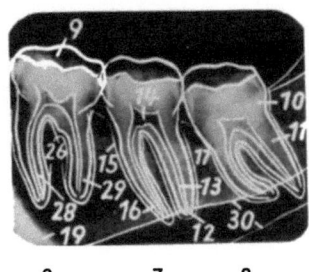

Aufn. 24:
Untere Mahlzähne

6 7 8

17	Septum interalveolarium	22	Rand des Sinus maxillaris	26	Septum interradicularium
18	Metalldichte Füllung	23	Radix palatinalis	27	Foramen mentale
19	Tubusrand	24	Radix buccalis	28	Radix mesialis
20	Sutura intermaxillaris	25	Processus coronoideus mandibulae	29	Radix distalis
21	Rand des Cavum nasi			30	Canalis mandibulae

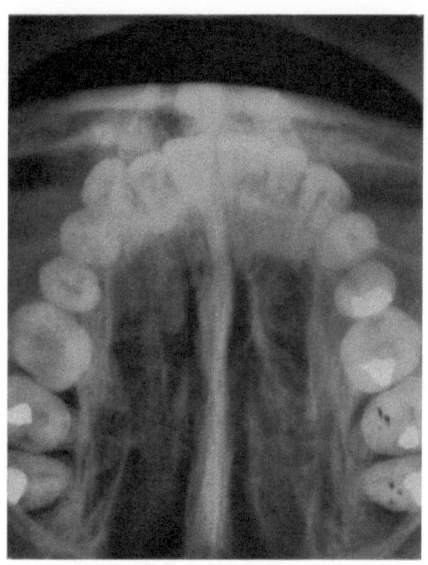

Aufnahme 25
AUFBISSAUFNAHME
DER ZÄHNE BEIDER
OBERKIEFERHÄLFTEN

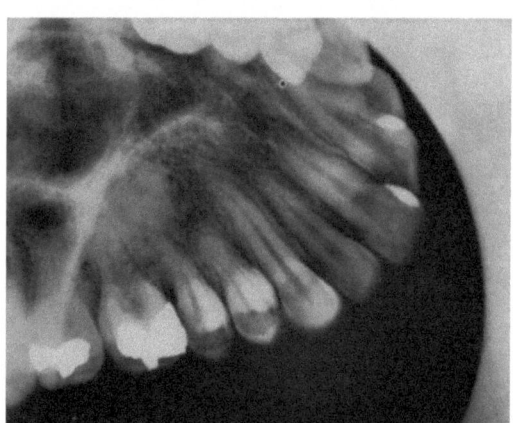

Aufnahme 26
AUFBISSAUFNAHME
DER ZÄHNE EINER
OBERKIEFERHÄLFTE

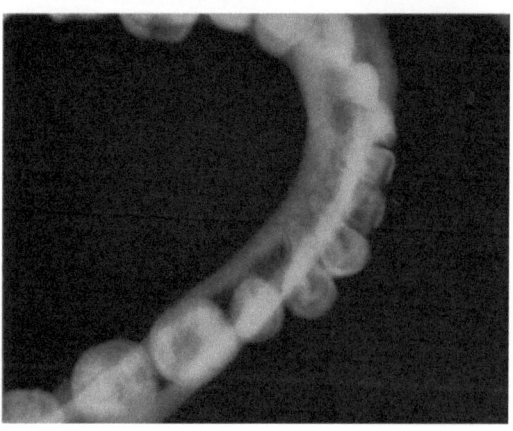

Aufnahme 27
AUFBISSAUFNAHME
DER ZÄHNE EINER
UNTERKIEFERHÄLFTE

1, 2   Dentes incisivi
3   Dens caninus
4, 5   Dentes praemolares
6, 7, 8 Dentes molares
9   Vordere Schädelbegrenzung
10   Wand des Sinus maxillaris
11   Septum nasi (cartilagineum)
12   Ala nasi
13   Septum nasi osseum und Vomer
14   Palatinale Fläche des Processus alveolaris maxillae
15   Rand des Sinus sphenoidalis
16   Metalldichte Füllungen

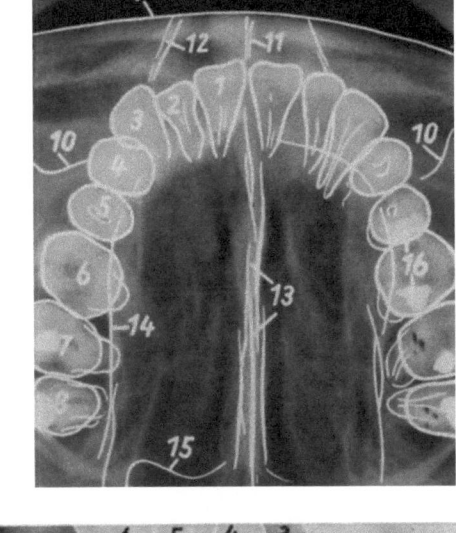

1, 2   Dentes incisivi
3   Dens caninus
4, 5   Dentes praemolares
6, 7, 8 Dentes molares
9   Wand des Sinus maxillaris
10   Cavum nasi
11   Sutura palatina mediana
12   Metalldichte Füllung
13   Tubusrand

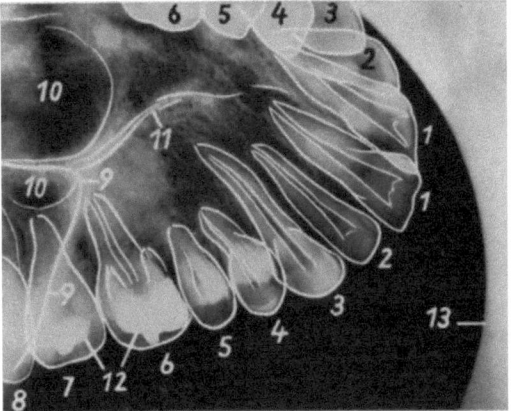

1, 2   Dentes incisivi
3   Dens caninus
4, 5   Dentes praemolares
6, 7, 8 Dentes molares
9   Radix dentis canini (nach innen projiziert)
10   Radix dentis molaris II (nach hinten projiziert)
11   Innerer (lingualer) Rand der Mandibula
12   Äußerer (buccaler) Rand der Mandibula
13   Gegend der Spina mentalis

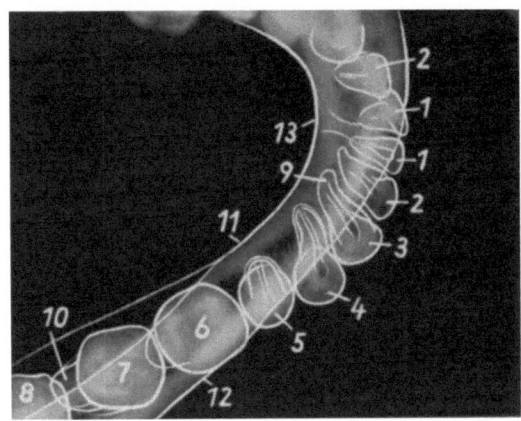

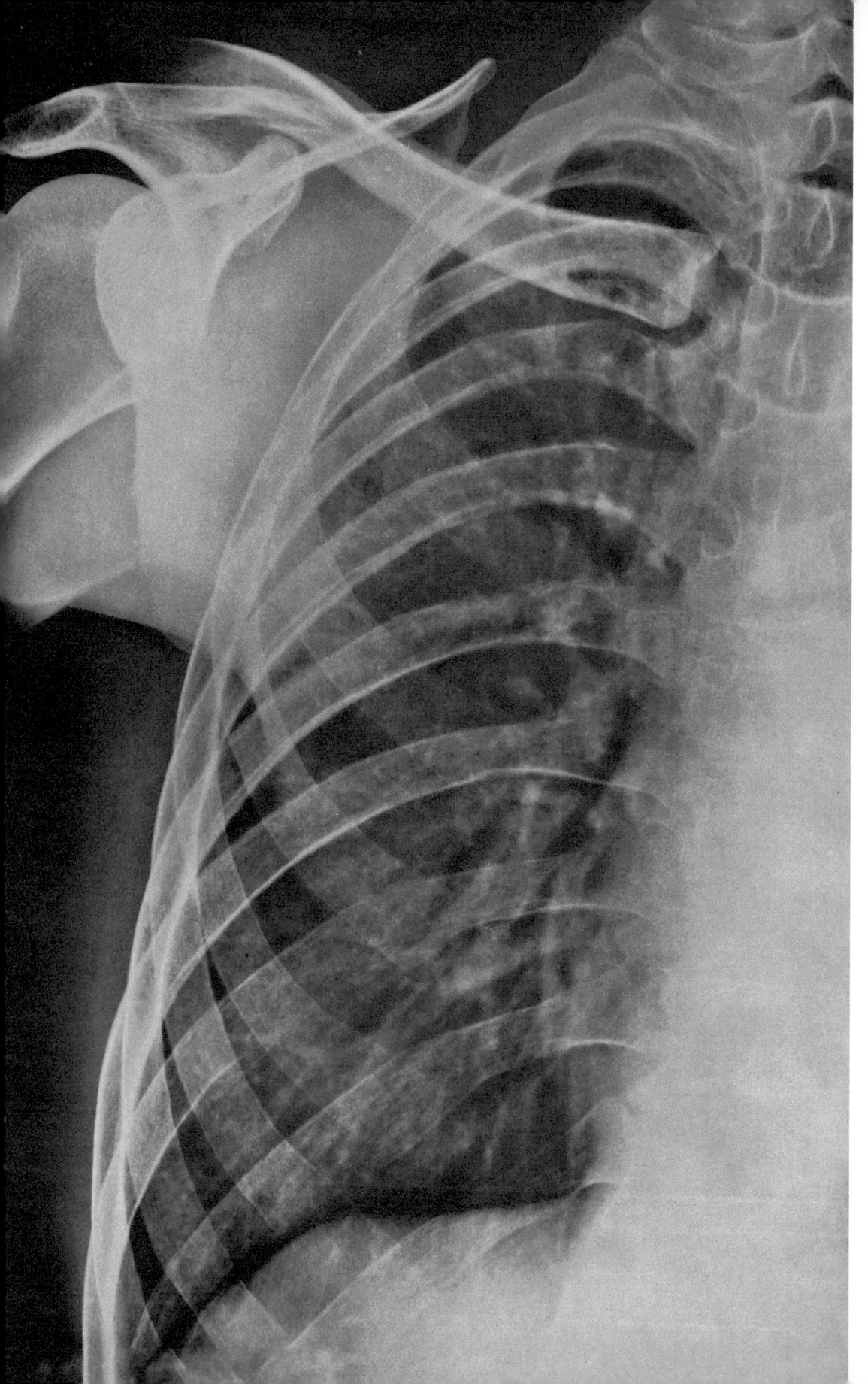

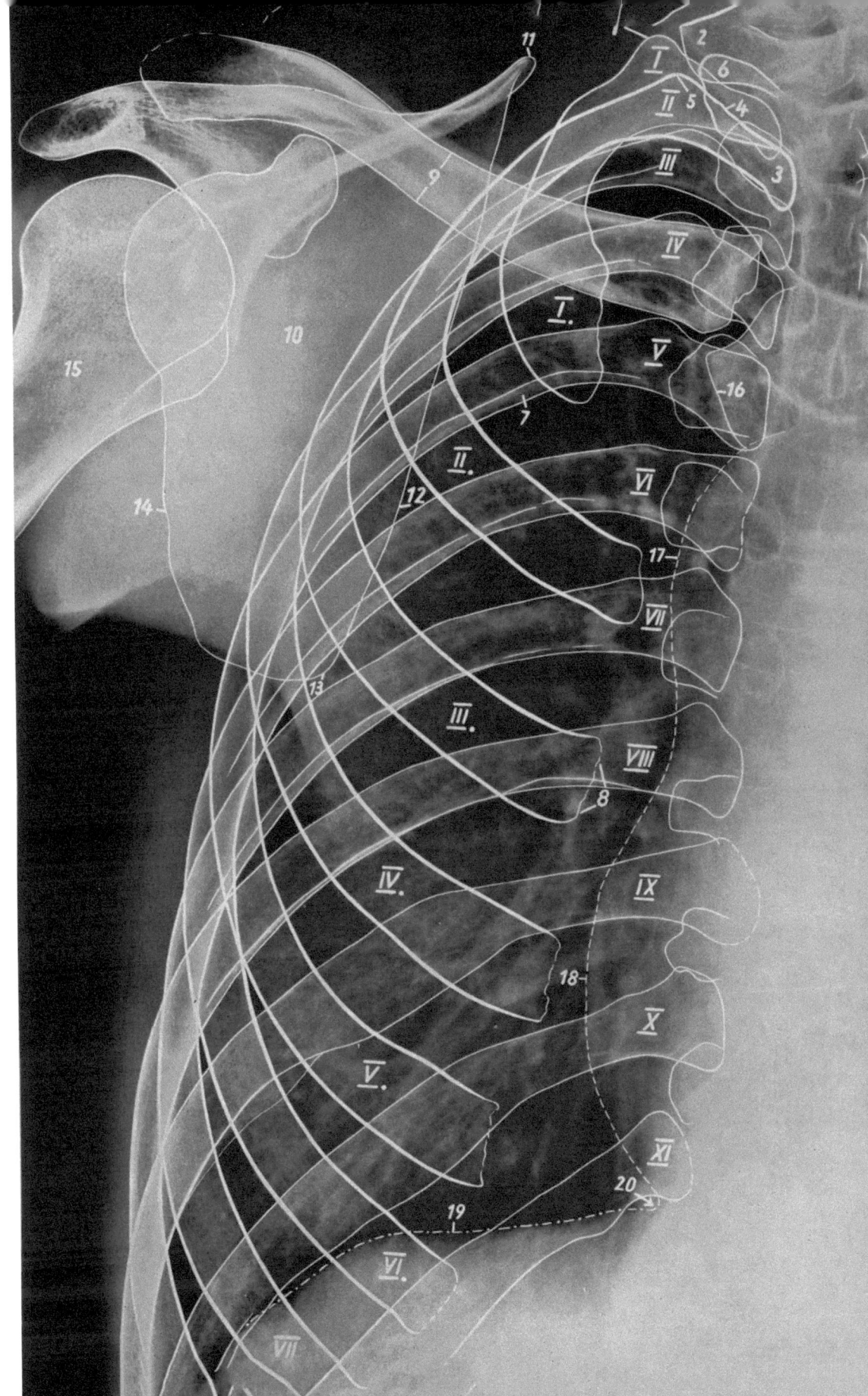

◀ Aufnahme 28
OBERE RIPPEN (1.–8. Rippe)

I–XI Costae dextrae I bis
  XI, hintere Abschnitte
I.–VII. Costae dextrae I bis
  VII, vordere Abschnitte

 1 Tuberculum costae I
 2 Processus transversus vertebrae thoracicae I
 3 Caput costae II
 4 Collum costae II
 5 Tuberculum costae II
 6 Processus transversus vertebrae thoracicae II
 7 Sulcus costae V
 8 Knorpel-Knochen-Grenze der Costa III
 9 Clavicula
10 Scapula
11 Angulus superior scapulae
12 Margo medialis scapulae
13 Angulus inferior scapulae
14 Margo lateralis scapulae
15 Humerus
16 Rand des Manubrium sterni
17 Rand des Gefäßbandes
18 Rechter Herzrand
19 Diaphragma
20 Recessus costomediastinalis

Aufnahme 29 ▶
UNTERE RIPPEN (8.—12. Rippe)

VII–XII   Costae VII bis XII (hintere Abschnitte)
V.–X.   Costae V bis X (vordere Abschnitte)
I–III   Processus costarii der Vertebrae lumbales I bis III

1   Caput costae IX
2   Tuberculum costae IX
3   Collum costae IX
4   Processus transversus vertebrae thoracicae IX
5   Processus transversus vertebrae thoracicae VIII
6   Rand des Sulcus costae IX
7   Knorpel-Knochen-Grenze der Costa VIII
8   Spatium intercostale (Intercostalraum)
9   Articulatio costotransversaria
10   Rechter Herzrand
11   Diaphragma
12   Flexura coli dextra
13   Pars descendens duodeni, mit Luft gefüllt

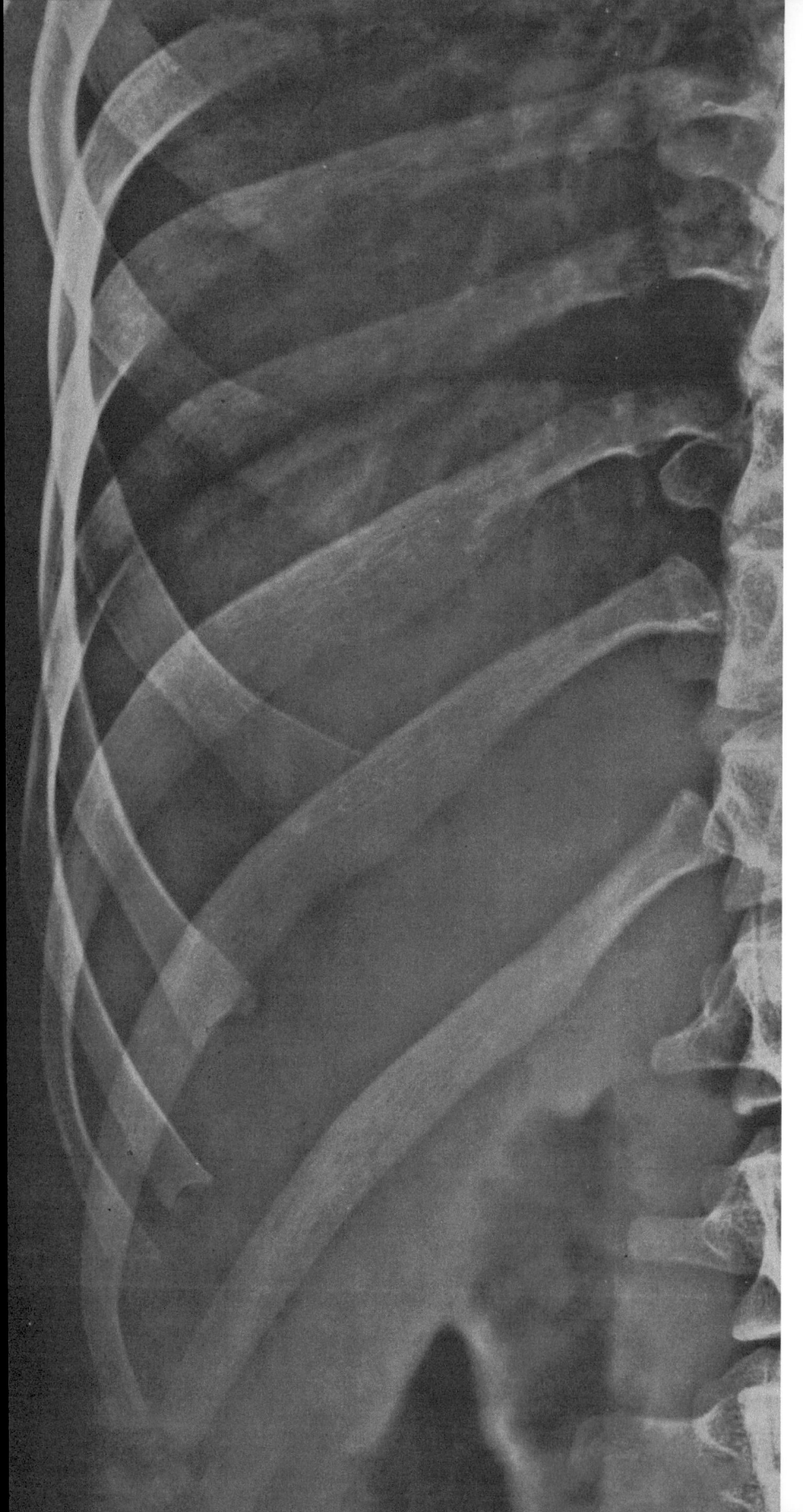

Aufnahme 29

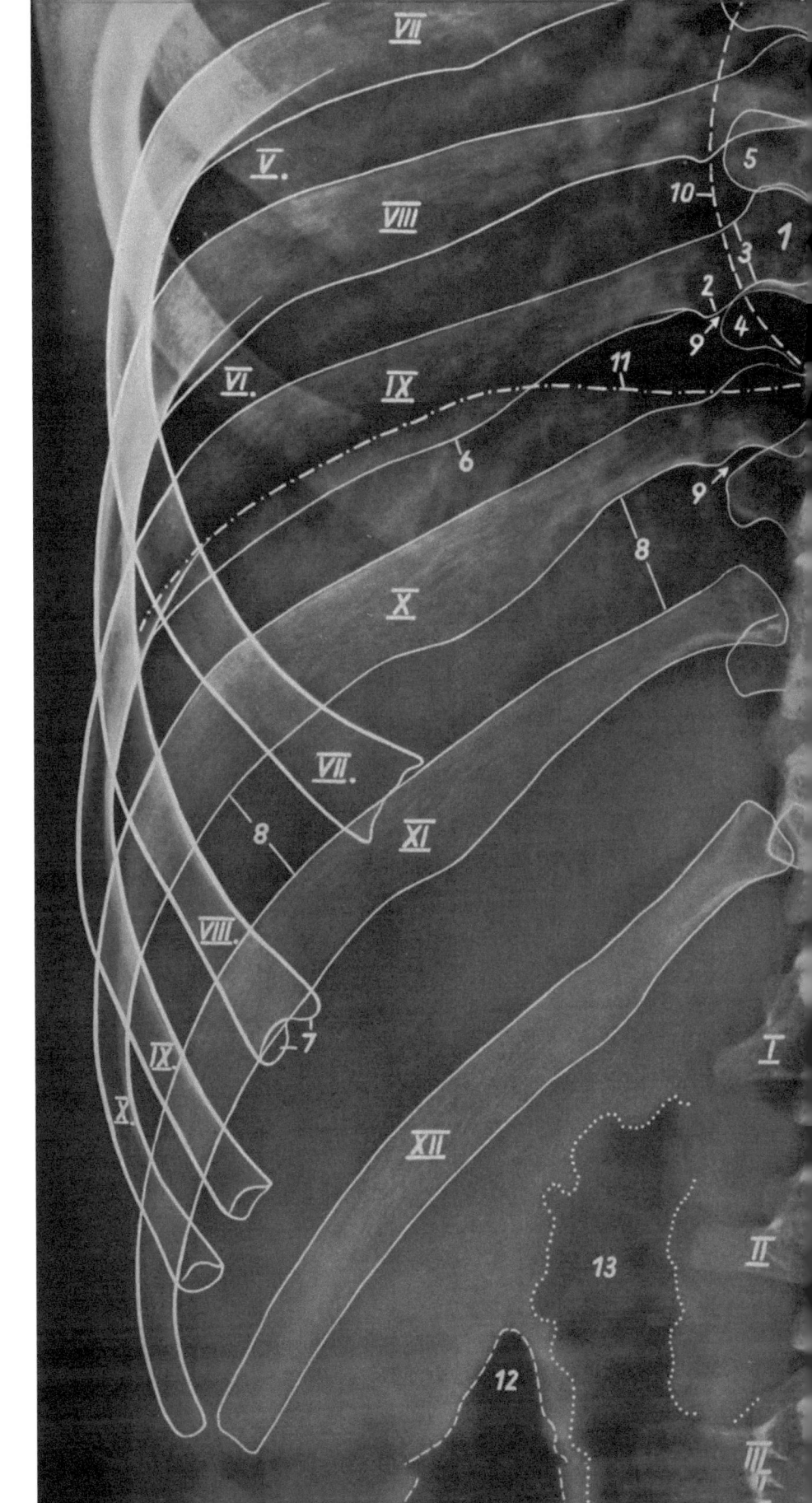

Erklärung
Seite 61

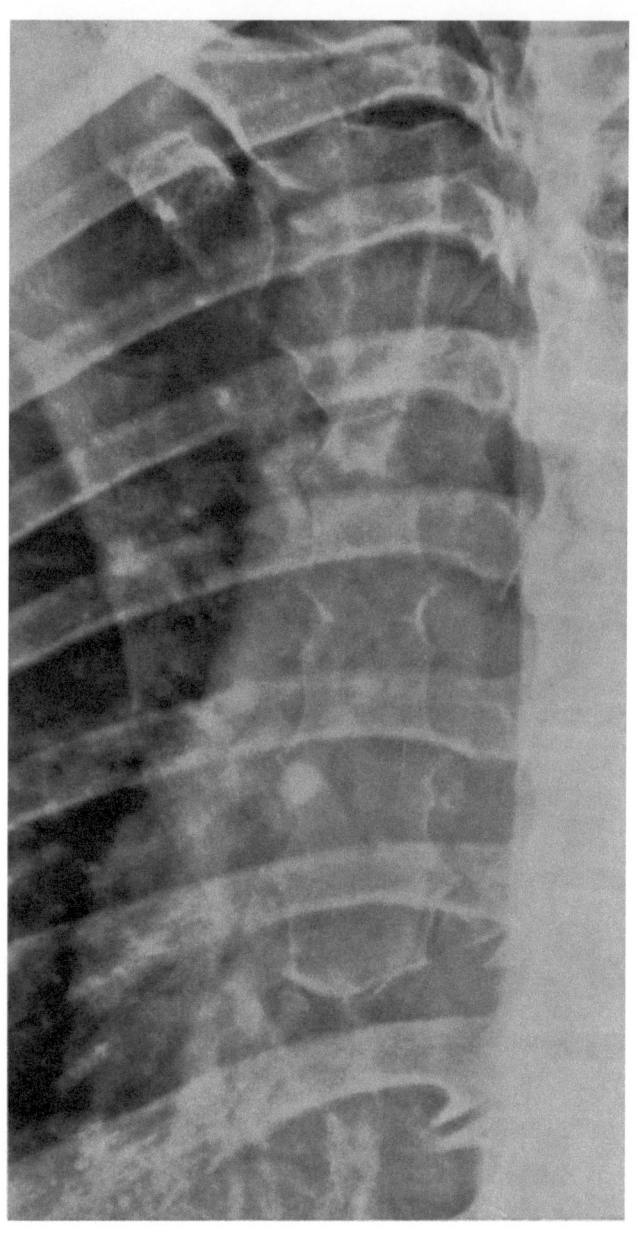

Aufnahme 30a
BRUSTBEIN VON HINTEN NACH VORNE (gewöhnliche Abstandsaufnahme)

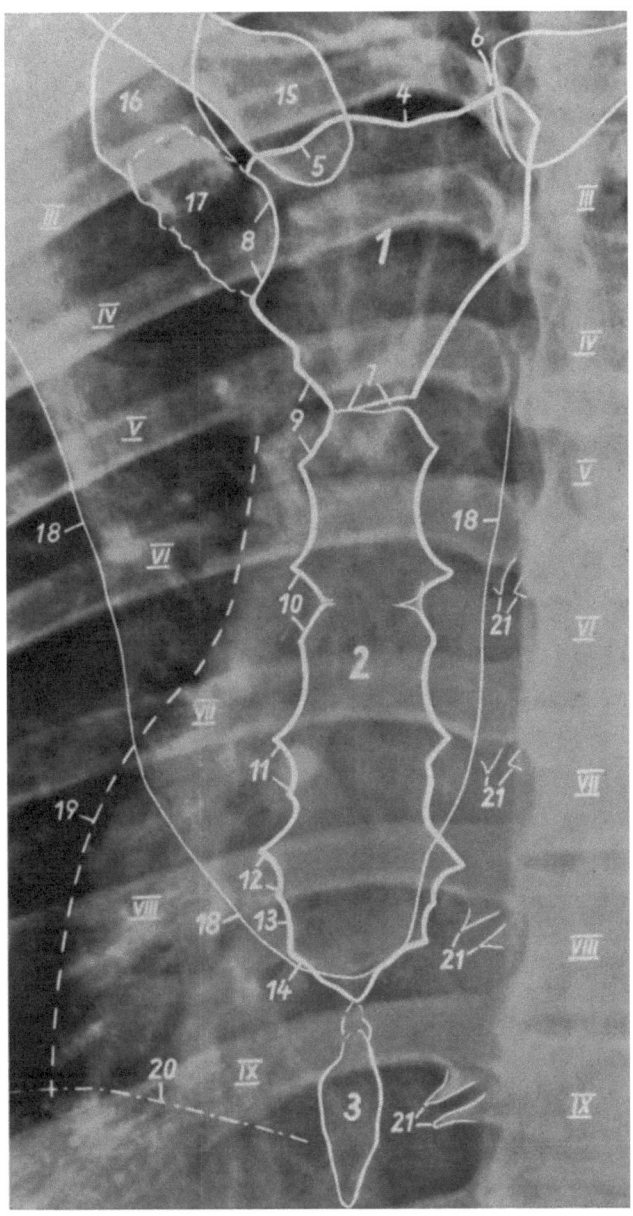

1 Manubrium sterni
2 Corpus sterni
3 Processus xiphoideus
4 Incisura jugularis sterni
5 Incisura clavicularis sterni
6 Articulatio sternoclavicularis
7 Synchondrosis sternalis (Angulus sterni)
8, 9, 10, 11, 12, 13, 14 Incisurae costales sterni für die Costae I bis VII
15 Extremitas sternalis (claviculae)
16 Costa I dextra, vorderer Anteil
17 Zum Teil verkalkter Rippenknorpel der ersten Rippe rechts
18 Rand der Scapula
19 Herzrand
20 Diaphragma
21 Zuspitzungen der Gelenkflächen der Articulationes costotransversariae (Arthrosis deformans)
III–IX Vertebrae thoracicae und Costae dextrae III bis IX

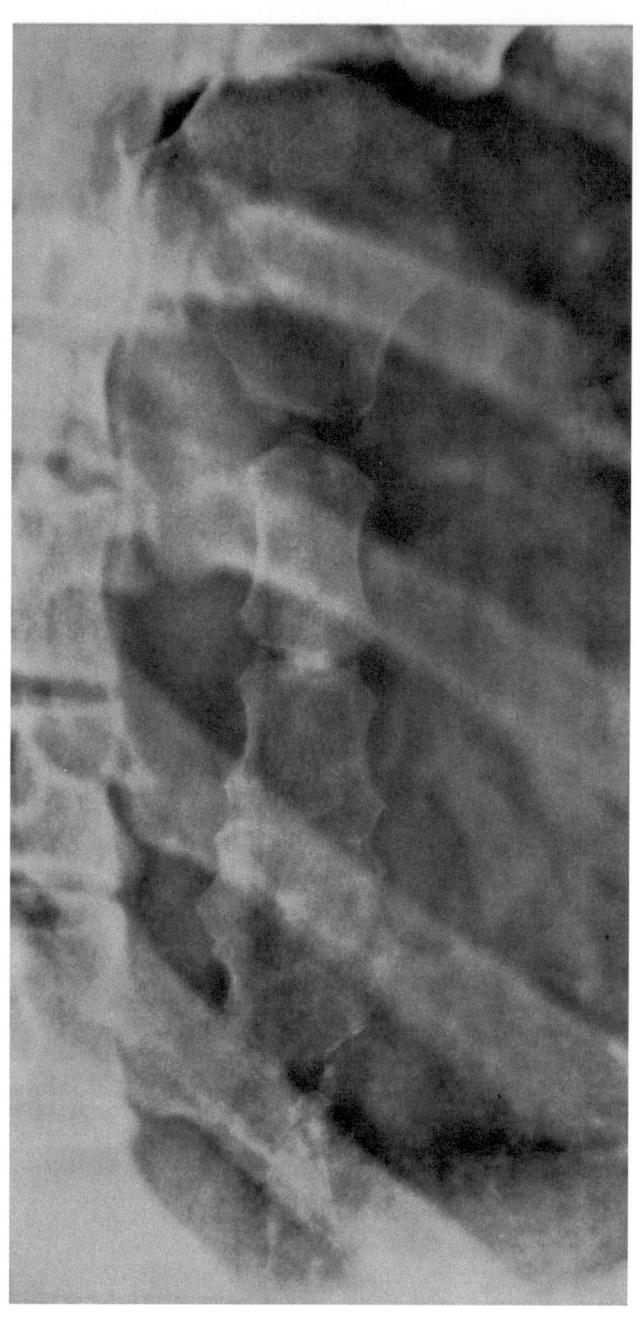

Aufnahme 30b
BRUSTBEIN VON HINTEN NACH VORNE (Kontaktaufnahme)

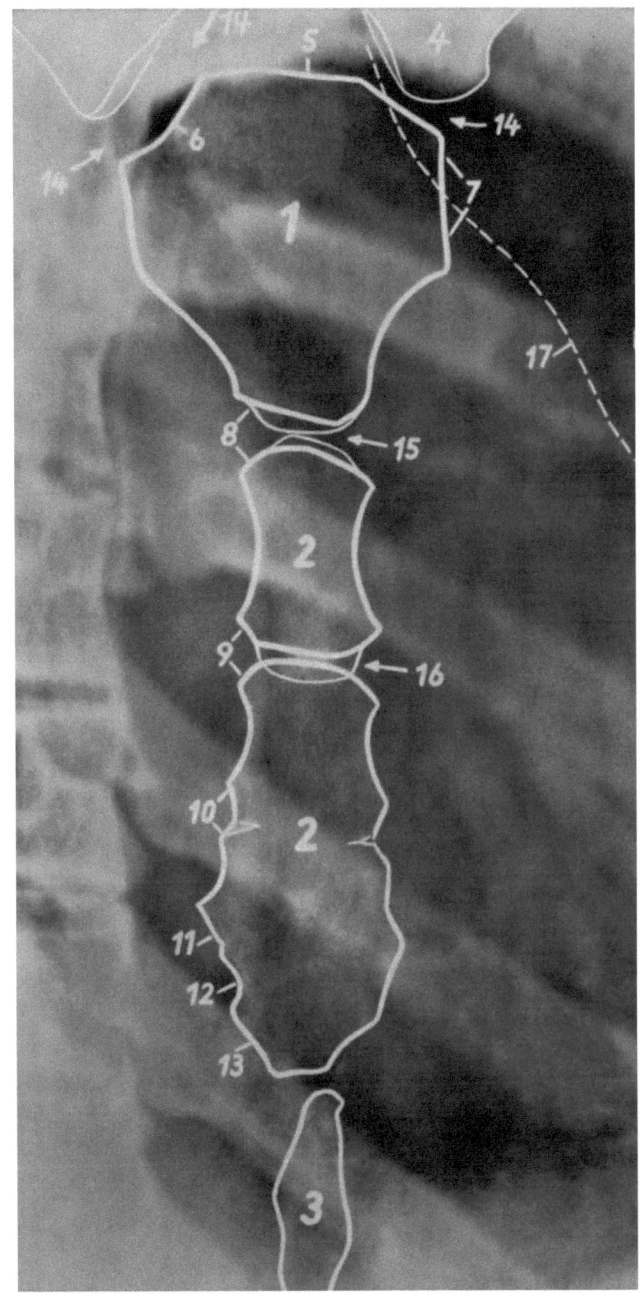

1 Manubrium sterni
2 Corpus sterni
3 Processus xiphoideus
4 Extremitas sternalis (claviculae)
5 Incisura jugularis sterni
6 Incisura clavicularis sterni
7, 8, 9, 10, 11, 12, 13 Incisurae costales für die Costae I bis VII
14 Articulatio sternoclavicularis
15 Synchondrosis sternalis (Angulus sterni)
16 Zusätzliche Synchondrose im Corpus sterni, bedingt durch unvollständige Verschmelzung der Knochenkerne
17 Herzrand

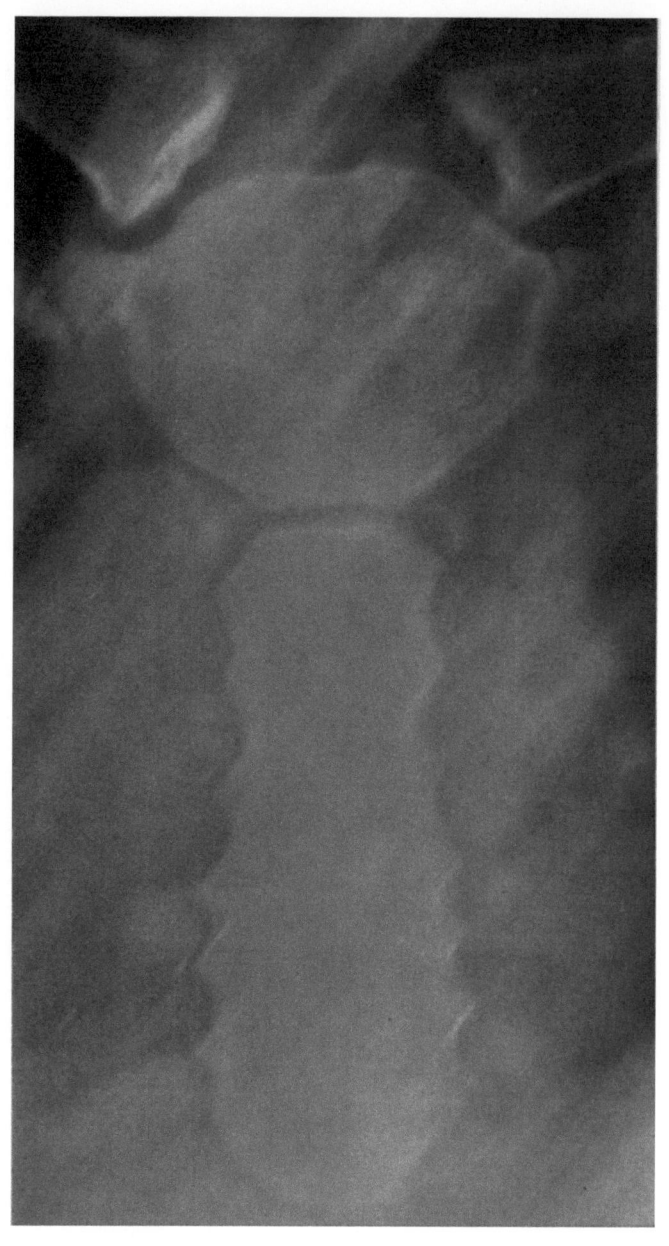

Aufnahme 30 c
BRUSTBEIN VON HINTEN NACH VORNE (Schichtaufnahme)

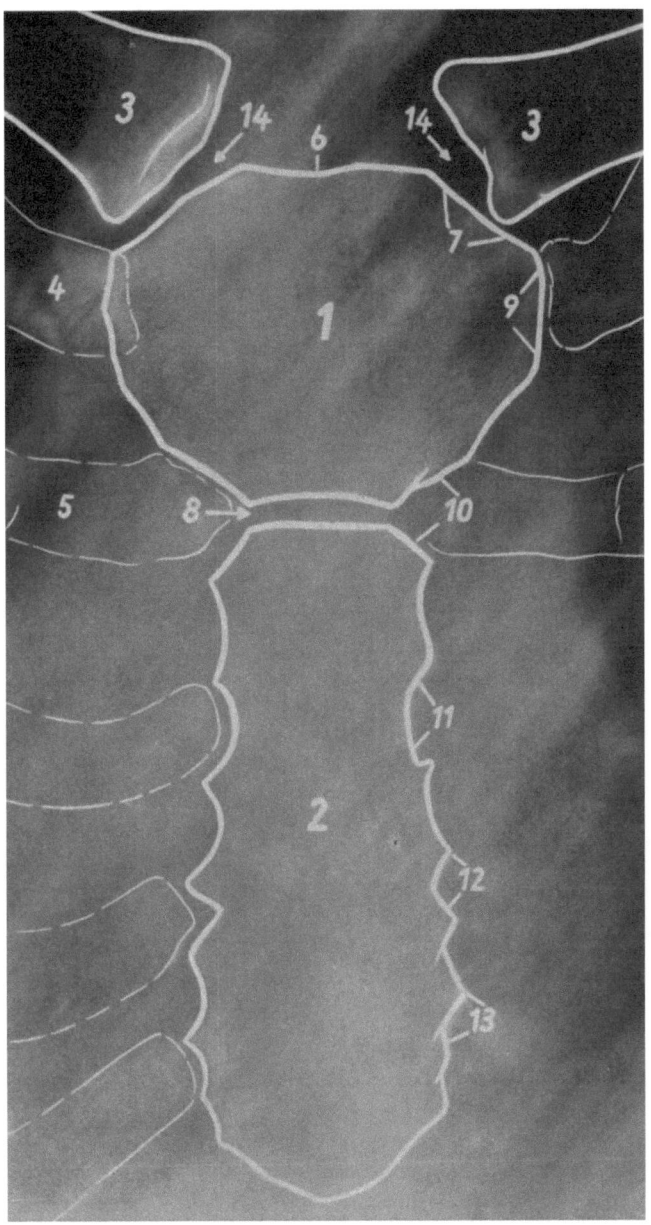

1 Manubrium sterni
2 Corpus sterni
3 Extremitas sternalis (claviculae)
4, 5 Zum Teil verkalkter Cartilago costalis der Costae I und II
6 Incisura jugularis sterni
7 Incisura clavicularis sterni
8 Synchondrosis sternalis (Angulus sterni)
9, 10, 11, 12, 13 Incisurae costales für die Costae I bis V
14 Articulatio sternoclavicularis

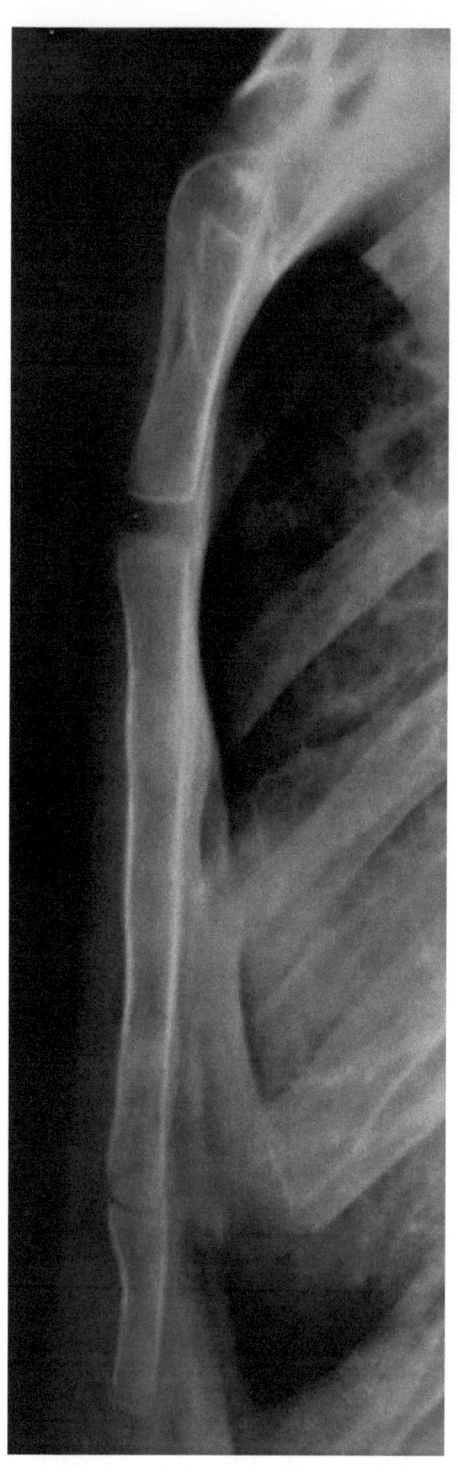

Aufnahme 31
BRUSTBEIN SEITLICH

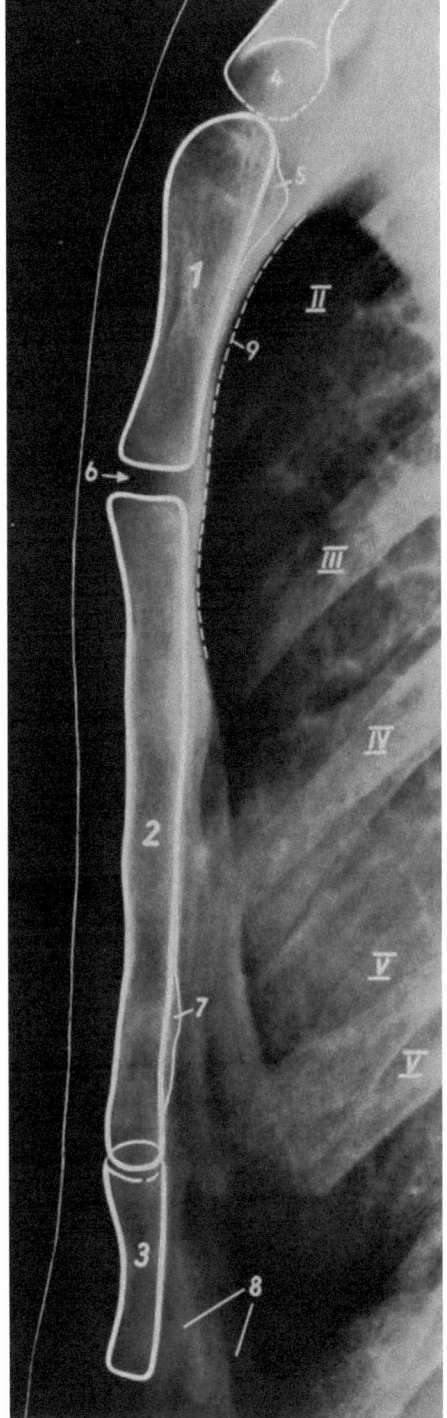

1 Manubrium sterni
2 Corpus sterni
3 Processus xiphoideus
4 Extremitates sternales der Claviculae ineinanderprojiziert
5 Nicht völlig orthograd getroffener Anteil der Dorsalfläche des Manubriums
6 Synchondrosis sternalis (Angulus sterni), Angulus Ludovici
7 Nicht völlig orthograd getroffener Anteil der dorsalen Fläche des Corpus sterni
8 Knorpelige Anteile der 6. und 7. Rippe
9 Innenfläche der vorderen Brustwand
II, III Costae II und III (filmnah)
IV, V Costae IV und V (filmnah und filmfern, zum größten Teil ineinanderprojiziert)

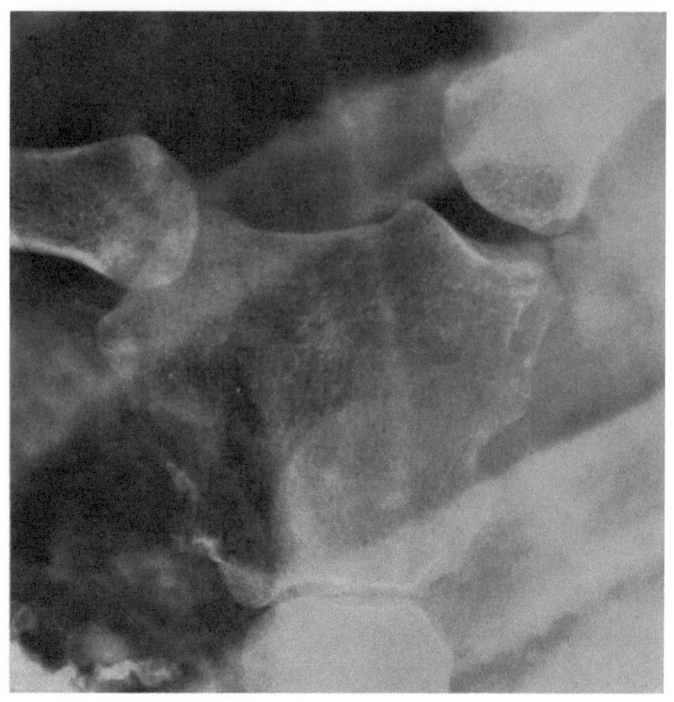

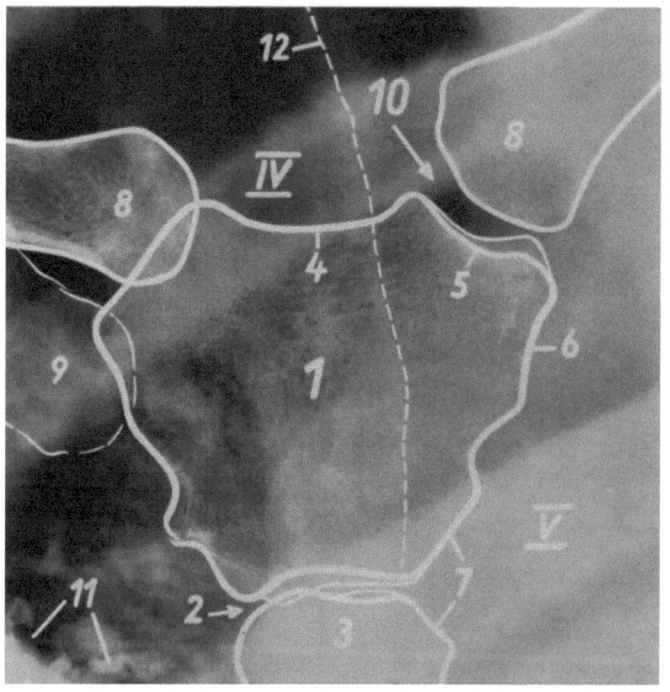

1 Manubrium sterni
2 Synchondrosis sternalis (Angulus sterni)
3 Corpus sterni
4 Incisura jugularis sterni
5 Incisura clavicularis sterni
6, 7 Incisurae costales für die Costae I und II
8 Extremitas sternalis claviculae
9 Cartilago costalis I, größtenteils verkalkt

Aufnahme 32 a
BRUSTBEIN-
SCHLÜSSELBEINGELENK
(Kontaktaufnahme)

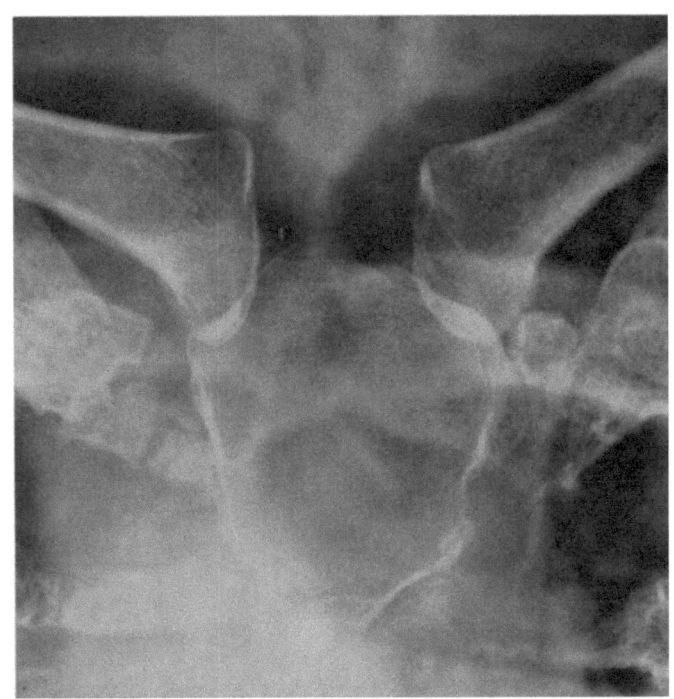

10 Articulatio sternoclavicularis
11 Kalkeinlagerungen im Rippenknorpel der Costa II
12 Vordere Trachealwand

IV, V Costae IV und V (hintere Abschnitte)

× Os parasternale (hier nur einseitig vorhanden)

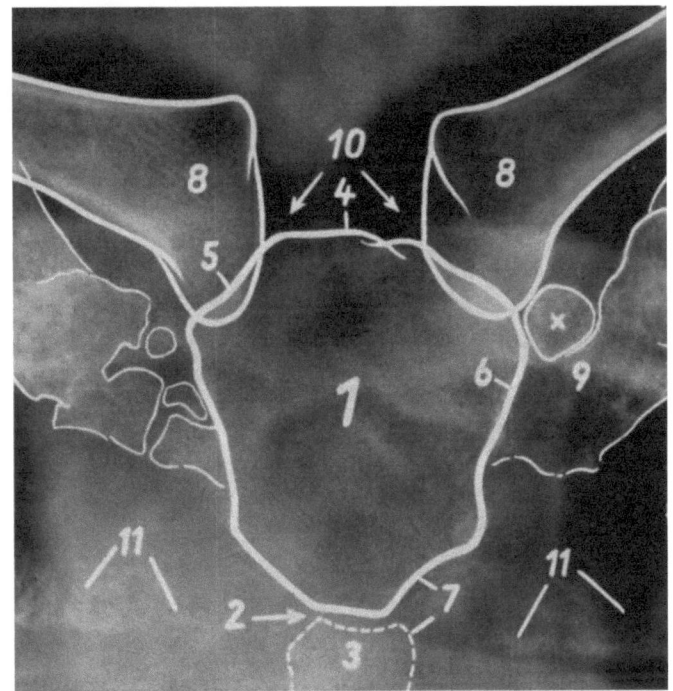

Aufnahme 32 b
BRUSTBEIN-
SCHLÜSSELBEINGELENK
(Doppelkontaktaufnahme nach Zimmer)

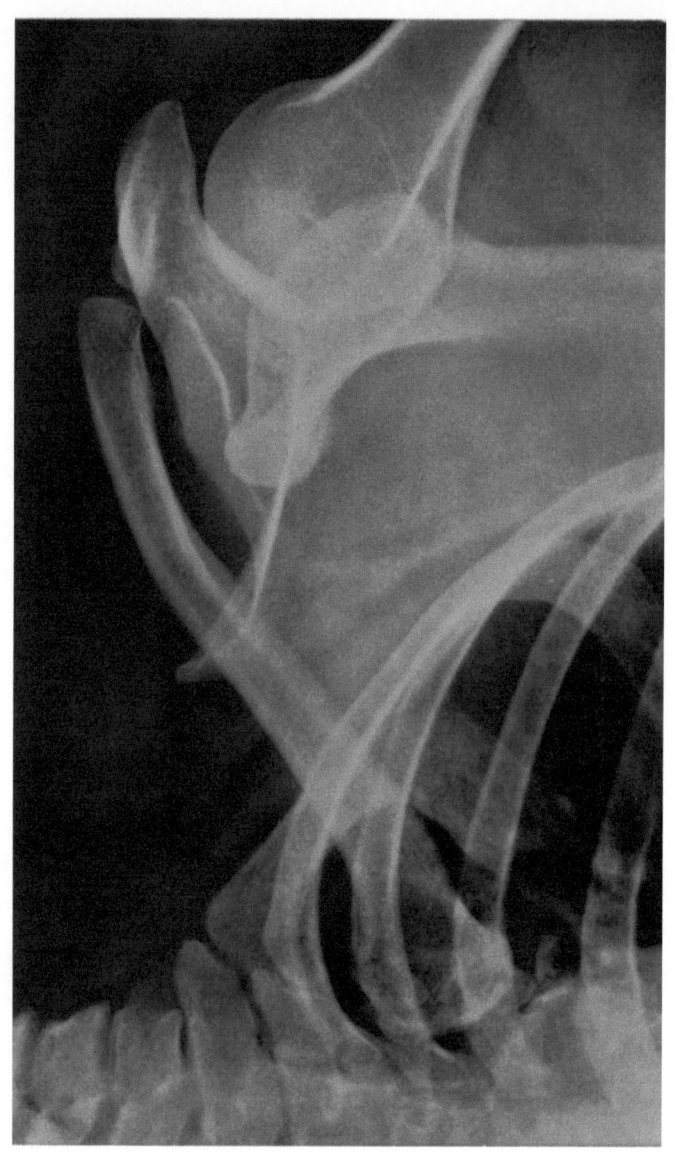

Aufnahme 33
SCHLÜSSELBEIN

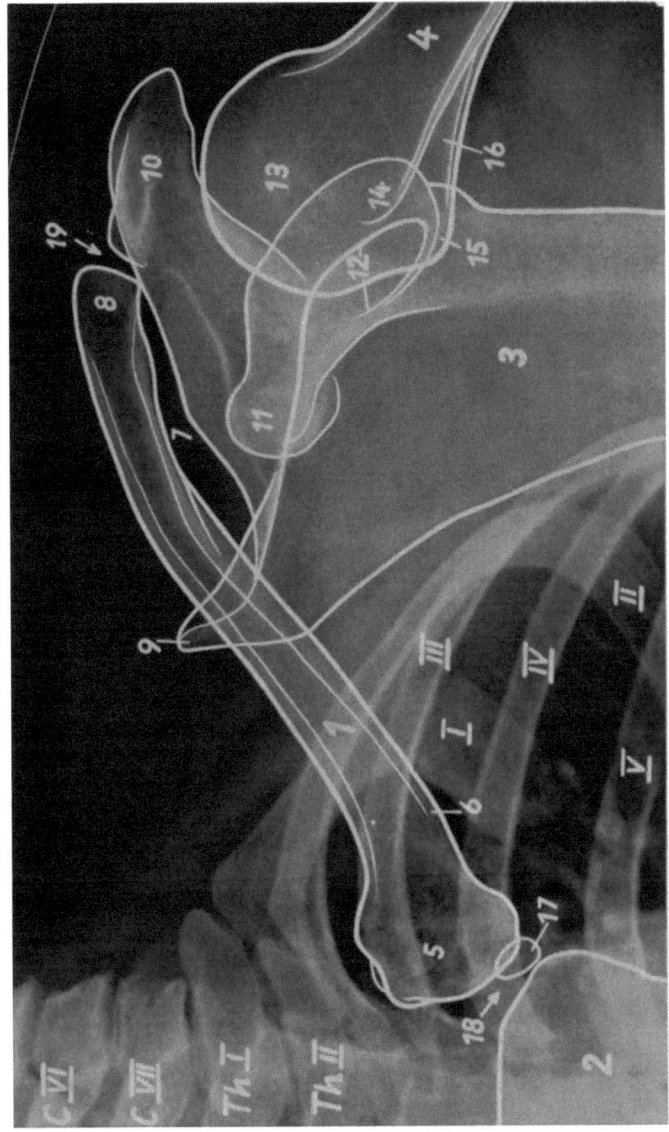

1 Clavicula
2 Manubrium sterni
3 Scapula
4 Humerus
5 Extremitas sternalis (claviculae)
6 Impressio ligamenti costoclavicularis
7 Gegend des häufig sehr ausgeprägten Tuberculum conoideum
8 Extremitas acromialis (claviculae)
9 Angulus superior scapulae
10 Acromion
11 Processus coracoideus
12 Cavitas glenoidalis (scapulae)
13 Caput humeri
14 Tuberculum majus
15 Tuberculum minus
16 Sulcus intertubercularis
17 Os parasternale
18 Articulatio sternoclavicularis
19 Articulatio acromioclavicularis
C VI, C VII Vertebrae cervicales VI und VII
Th I, Th II Vertebrae thoracicae I und II
I, II Costae I und II (vordere Abschnitte)
III–V Costae III bis V (hintere Abschnitte)

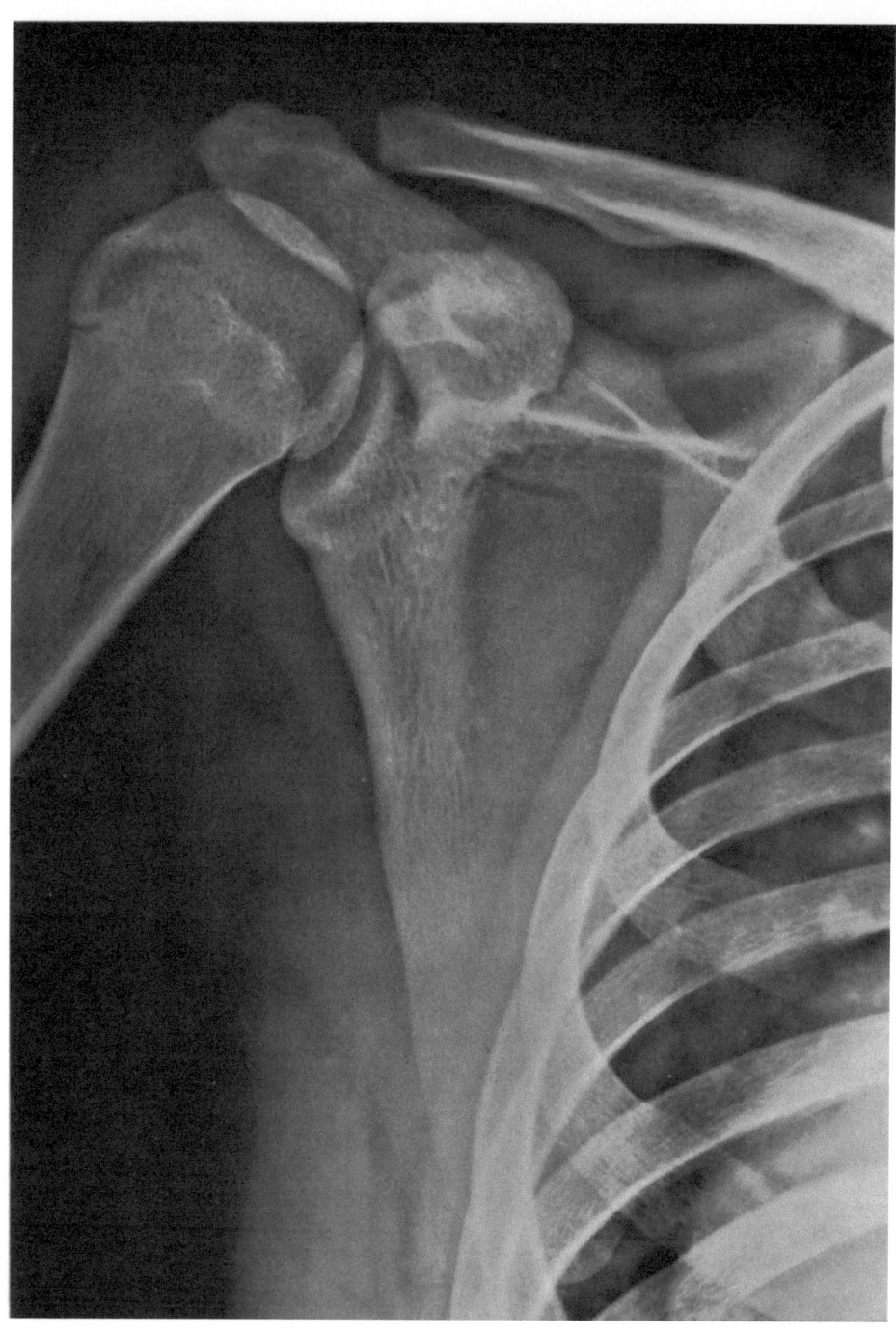

Aufnahme 34
SCHULTERBLATT VON VORNE NACH HINTEN

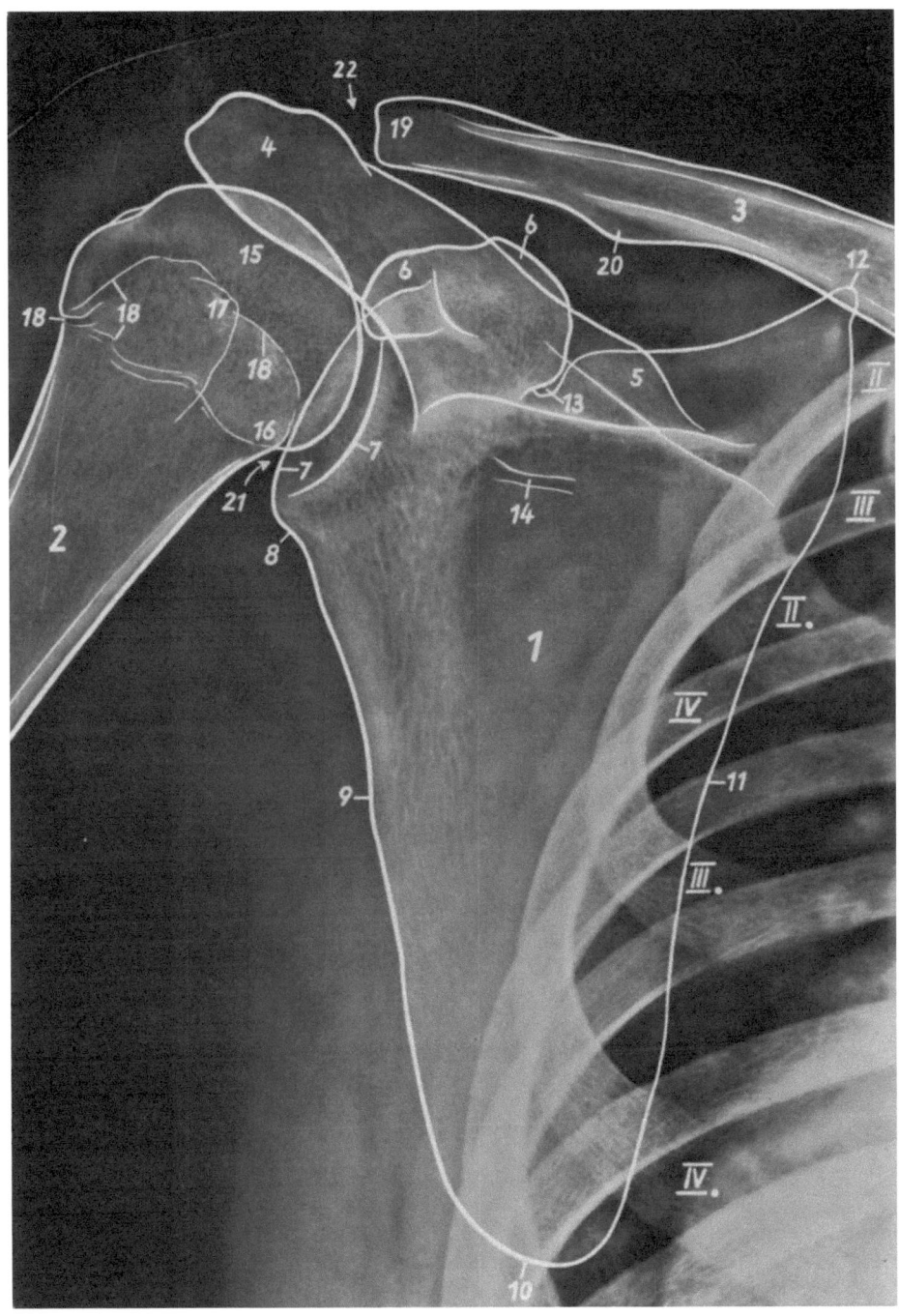

Erklärung siehe Seite 78

◄ Aufnahme 34
SCHULTERBLATT VON VORNE NACH HINTEN

1 Scapula
2 Humerus
3 Clavicula
4 Acromion
5 Spina scapulae
6 Processus coracoideus
7 Rand der Cavitas glenoidalis (scapulae)
8 Gegend des Tuberculum infraglenoidale
9 Margo lateralis scapulae
10 Angulus inferior scapulae
11 Margo medialis scapulae
12 Angulus superior scapulae
13 Incisura scapulae
14 Canalis nutricius scapulae
15 Caput humeri
16 Tuberculum minus
17 Tuberculum majus
18 Epiphysenlinien des Humerus, Epiphysenfuge wegen des jugendlichen Alters zum Teil noch nicht vollständig geschlossen
19 Extremitas acromialis claviculae
20 Tuberculum conoideum
21 Articulatio humeri
22 Articulatio acromioclavicularis

II–IV Costae II bis IV (hintere Abschnitte)
II.–IV. Costae II bis IV (vordere Abschnitte)

Aufnahme 35 ▶
SCHULTERBLATT SEITLICH

1 Scapula
2 Humerus
3 Clavicula
4 Acromion
5 Spina scapulae
6 Rand der Cavitas glenoidalis (scapulae)
7 Processus coracoideus
8 Tuberculum conoideum
9 Margo lateralis scapulae
10 Margo medialis scapulae
11 Angulus inferior scapulae
12 Angulus superior scapulae
13 Tuberculum majus
14 Facies articularis capitis humeri
15 Extremitas acromialis claviculae
16 Epiphysenlinie des Humerus
17 Articulatio humeri
18 Articulatio acromioclavicularis
19 Begrenzung der Schulterweichteile
I–VI Costae I bis VI

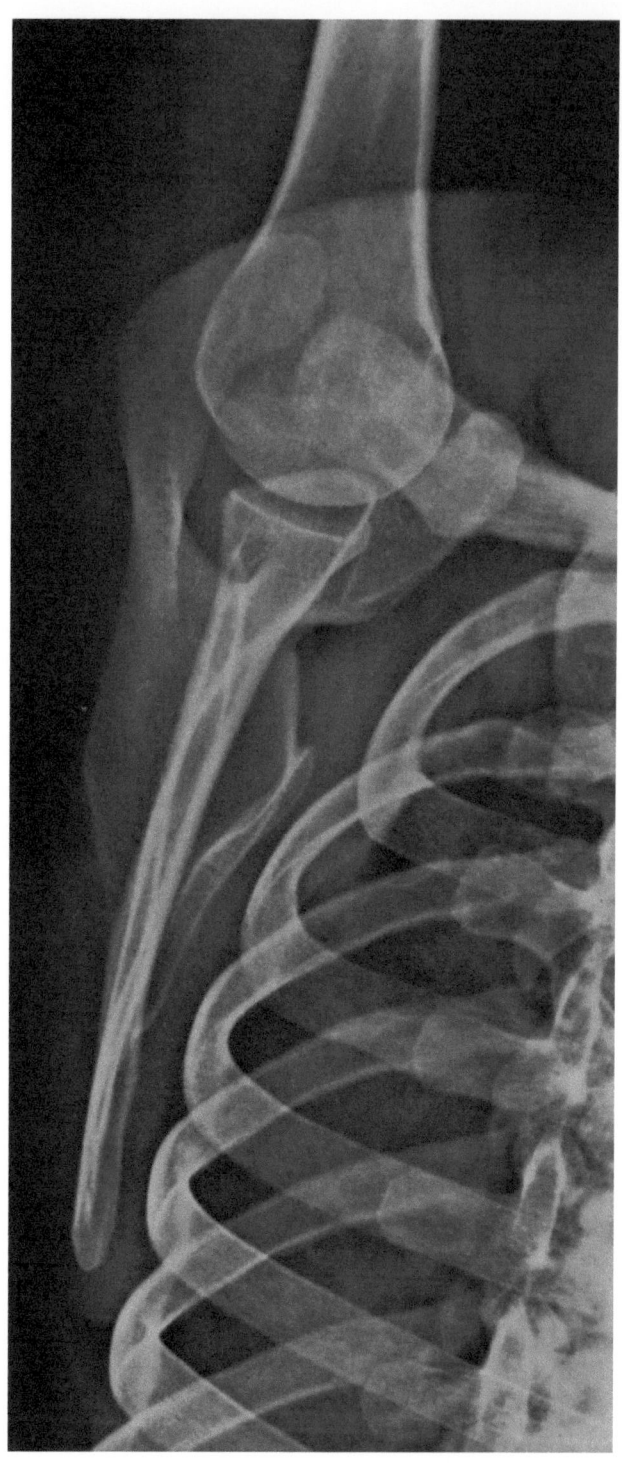

Aufnahme 35
SCHULTERBLATT
SEITLICH

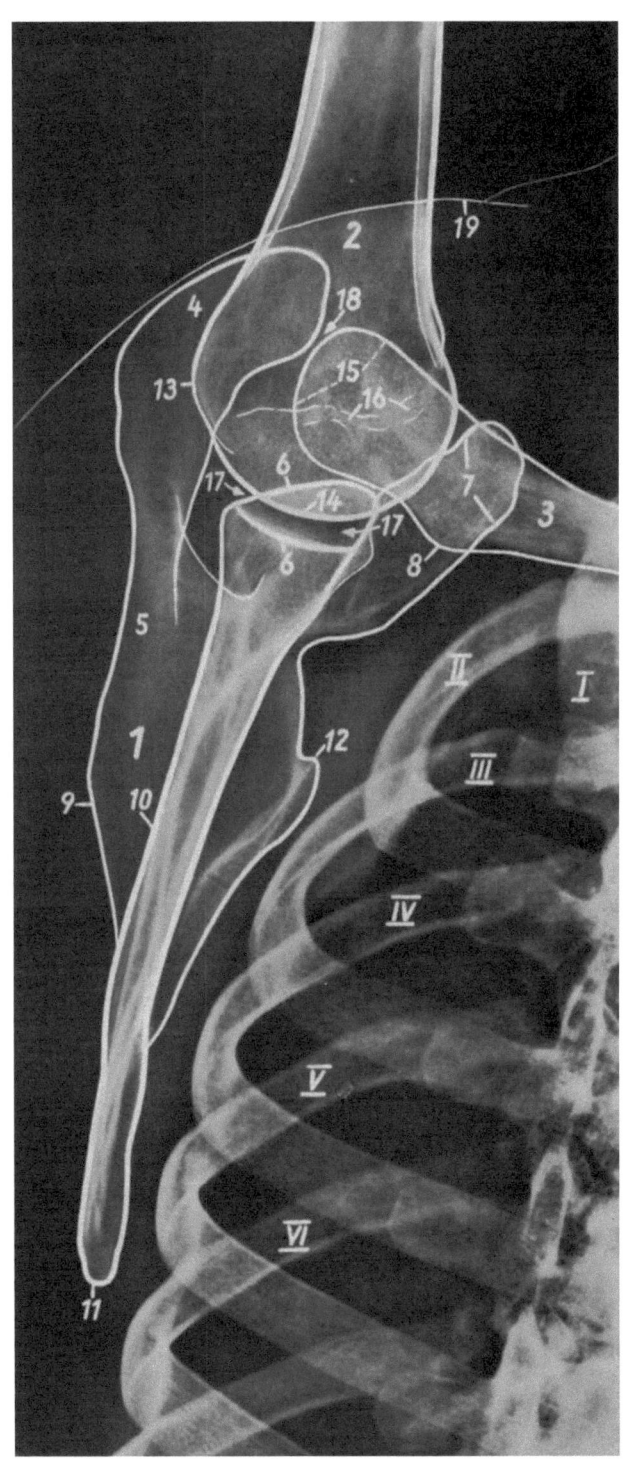

Erklärung
siehe Seite 79

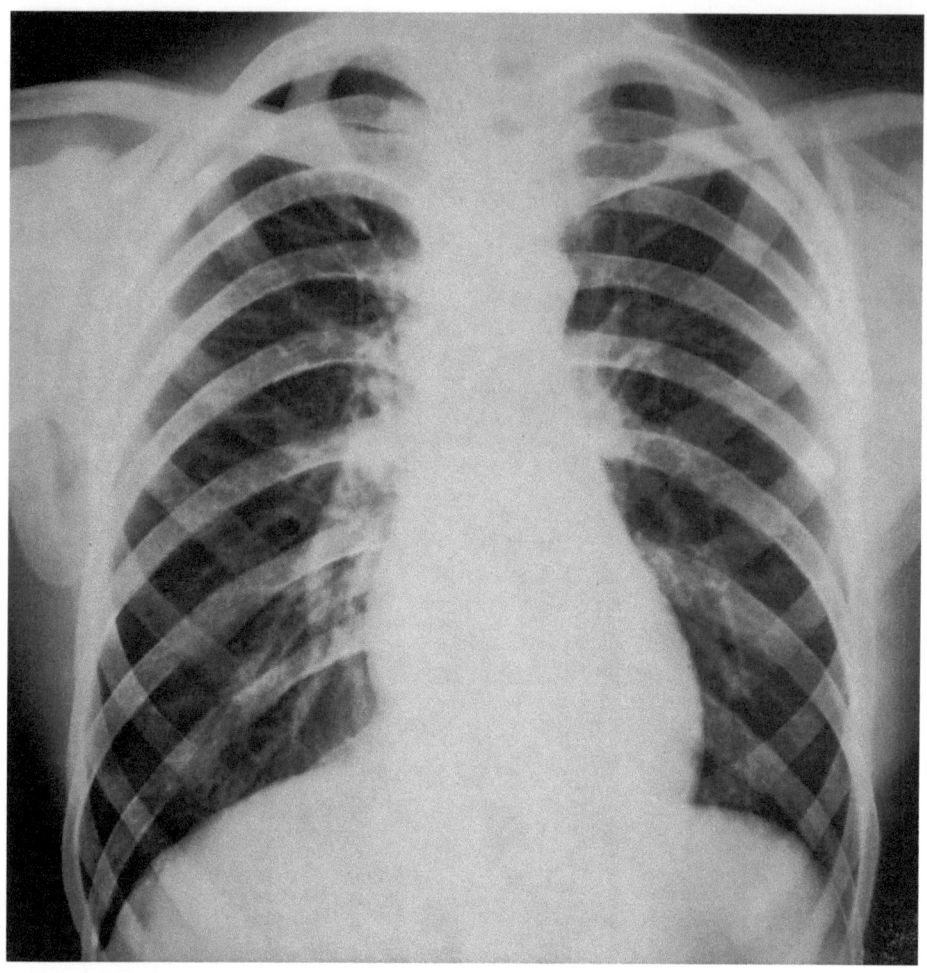

Aufnahme 36
LUNGEN BZW. HERZ VON HINTEN NACH VORNE

1 Cor
2 Atrium dextrum
3 Ventriculus sinister
4 Apex cordis
5 Atrium sinistrum (Auricula atrii)
6 Arcus pulmonalis (nur röntgenologisch übliche Bezeichnung)
7 Aortenknopf (nur röntgenologisch übliche Bezeichnung)
8 Beginn des Arcus aortae
9 Aorta ascendens
10 Vena cava superior
11 Vena cava inferior
12 Trachea
13 Bifurcatio tracheae
14 Bronchus principalis sinister
15 Bronchus principalis dexter
16 Hilus pulmonis (Lungenwurzel)
17 Orthograd getroffenes Lungengefäß
18 Orthograd getroffener Bronchus
19 Verkalkter Hiluslymphknoten
20 Lungengefäße
21 Spalt zwischen Ober- und Mittellappen (nur rechts vorhanden)

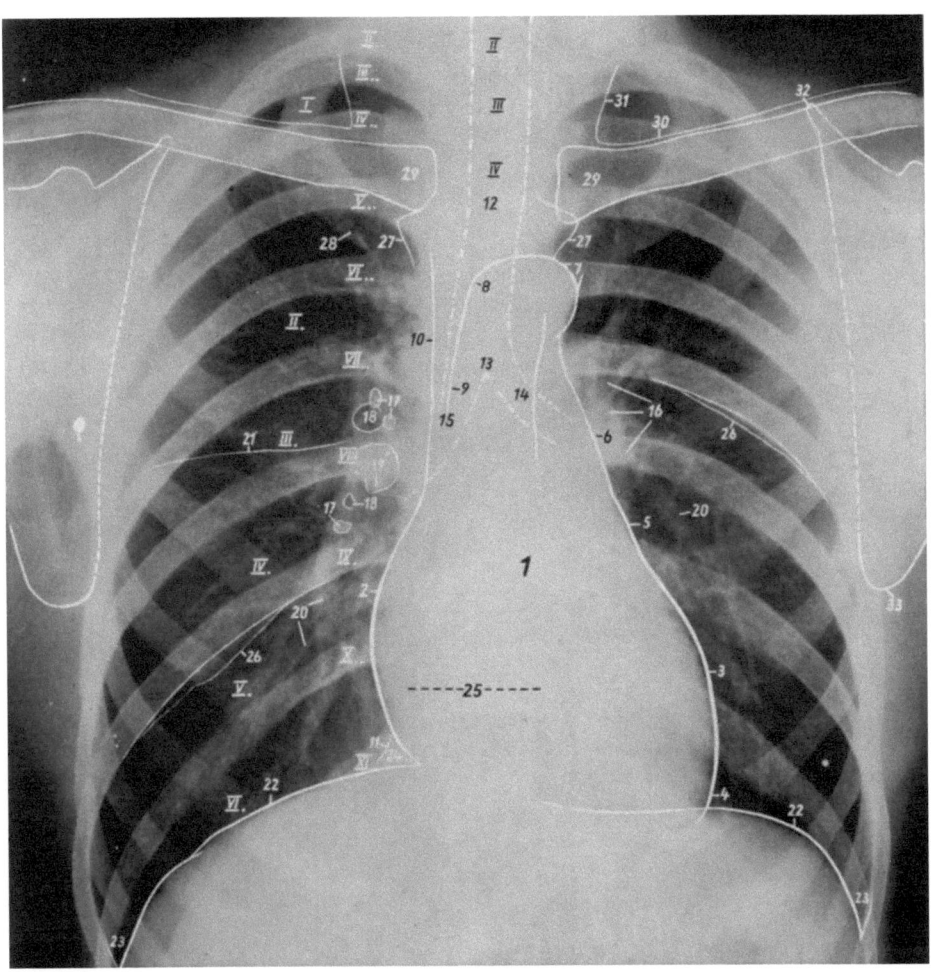

22 Diaphragma
23 Recessus costodiaphragmaticus
24 Recessus costomediastinalis
25 Schatten der Brustwirbelsäule
26 Rand des Sulcus costae
27 Rand des Manubrium sterni
28 Cartilago costae I, z. T. verkalkt
29 Clavicula
30 Begleitschatten der Clavicula
31 Rand des Musculus sternocleidomastoideus
32 Angulus superior scapulae
33 Angulus inferior scapulae

II–IV Vertebrae thoracicae II bis IV (bei richtig belichteten Aufnahmen sollten nur die Umrisse und Disci intervertebrales der Vertebrae thoracicae I–IV erkennbar sein)
I Costa dextra I
II.–VI. Costae dextrae II bis VI (vordere Abschnitte)
II..–XI.. Costae dextrae II bis XI (hintere Abschnitte)

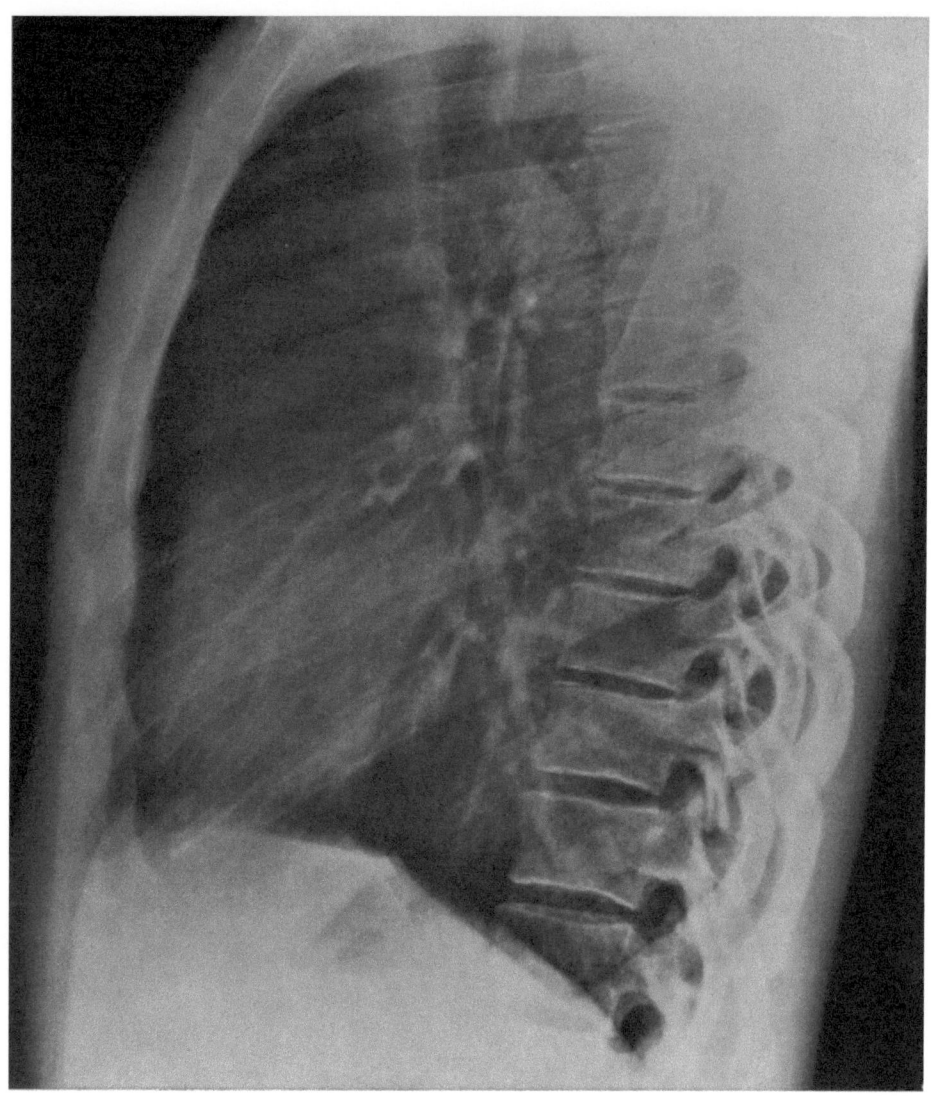

Aufnahme 37
LUNGEN UND HERZ SEITLICH

1 Cor
2 Ventriculus dexter
3 Ventriculus sinister
4 Atrium sinistrum
5 Truncus pulmonalis
6 Aorta ascendens
7 Arcus aortae
8 Aorta descendens
9 Verlaufsrichtung der Fissurae obliquae
10 Verlaufsrichtung der Fissura horizontalis pulm. dext.
11 Trachea
12 Gegend der Bifurcatio tracheae
13 Hinterwand der Vena cava inferior
14 Diaphragma (filmnaher linker Anteil)
15 Diaphragma (filmferner linker Anteil)
16 Recessus costodiaphragmaticus (vorderer Anteil)

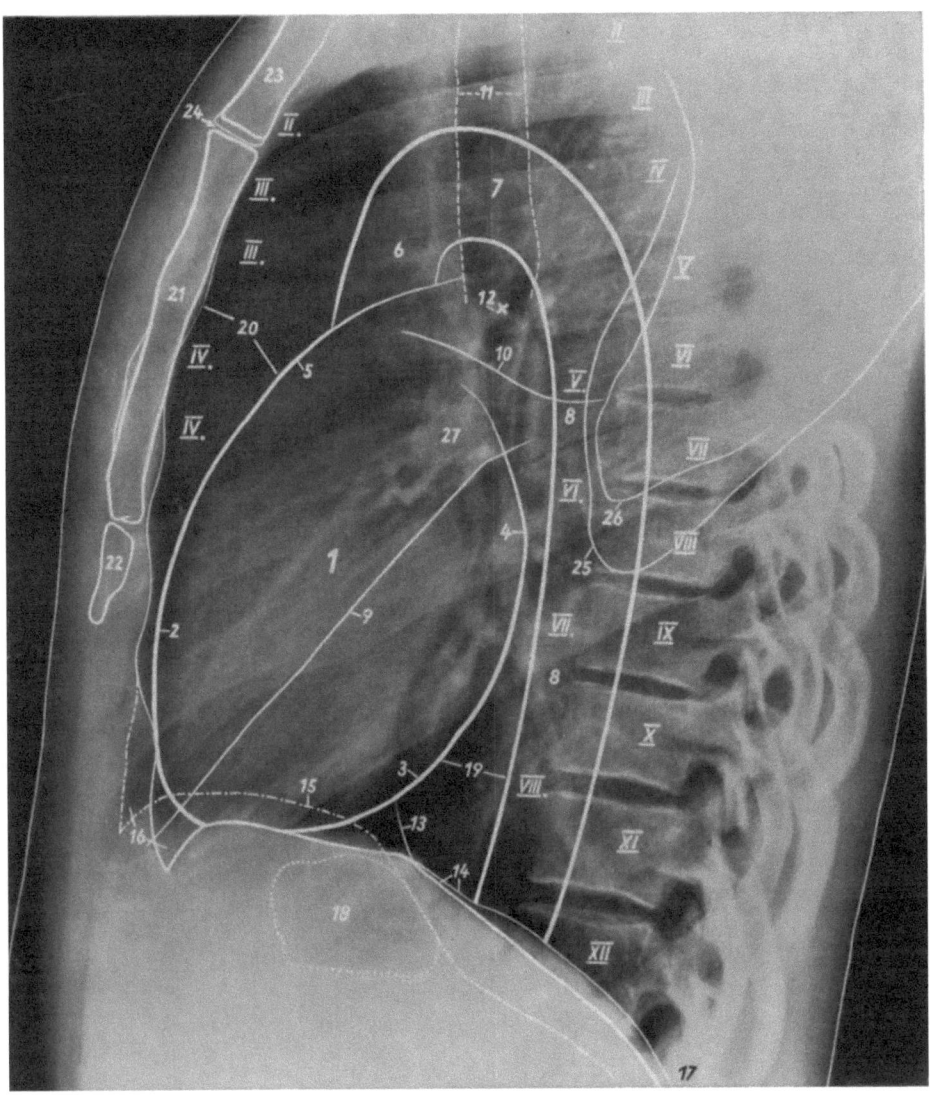

17 Recessus costodiaphragmaticus (hintere Anteile)
18 Fundus ventriculi mit Luft gefüllt (Magenblase)
19 Retrokardialraum, sogenannter Holzknechtscher Raum (röntgenologisch übliche Bezeichnung)
20 Retrosternalraum (röntgenologisch übliche Bezeichnung)
21 Corpus sterni
22 Processus xiphoideus
23 Manubrium sterni
24 Angulus sterni
25 Rand der Scapula (filmfern)
26 Rand der Scapula (filmnah)
27 Gegend der Hili pulmonis (Lungenwurzel)

II–XII Vertebrae thoracicae II bis XII
II.–VIII. Costae II bis VIII (filmnah und filmfern, z. T. übereinanderprojiziert)

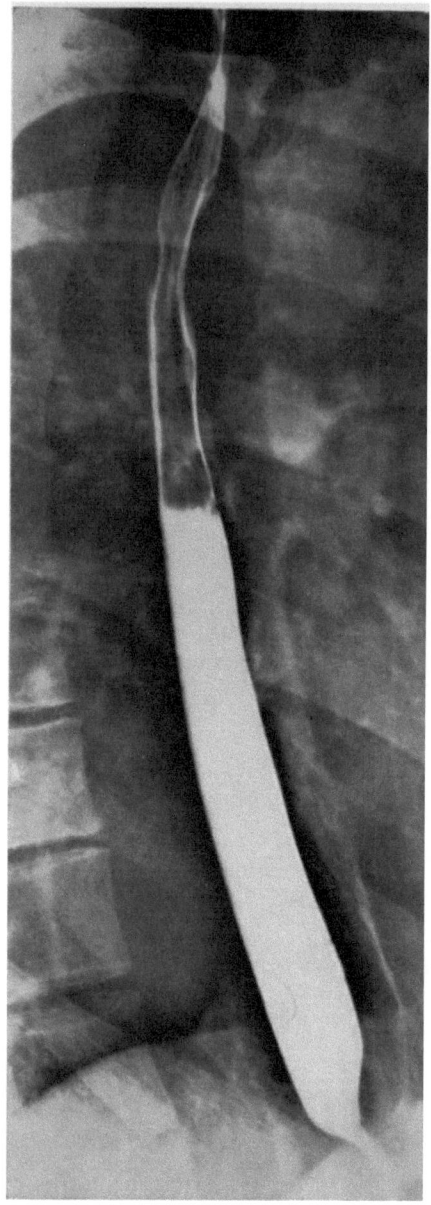 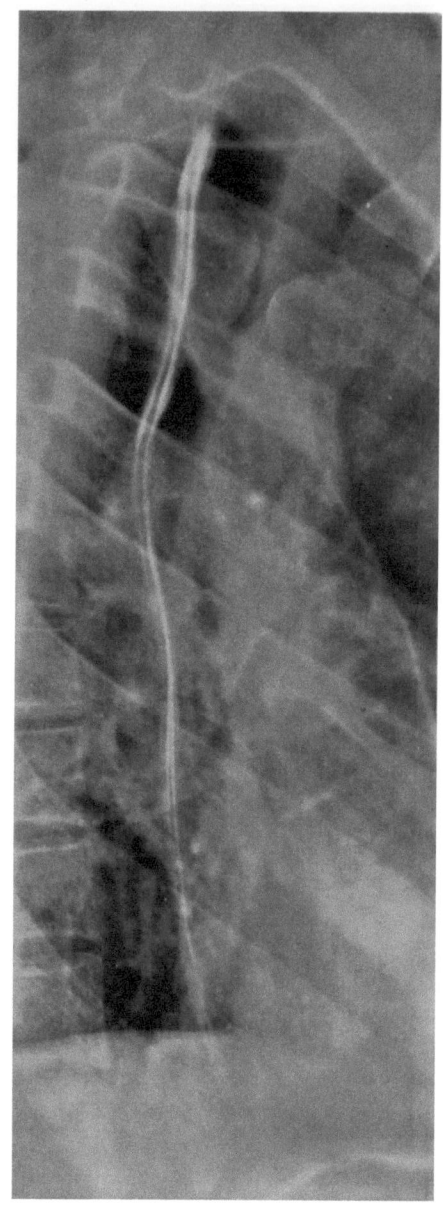

a b

Aufnahme 38
SPEISERÖHRE SCHRÄG (a Vollfüllung, b Schleimhautdarstellung)

1 Oesophagus
2 Schleimhautfalten, Faltentäler mit Kontrastbrei gefüllt
3 Aortenimpression
4 Geringe Eindellung der Speiseröhre durch das Herz
5 Hiatus oesophageus
6 Retrokardialraum, sogenannter Holzknechtscher Raum

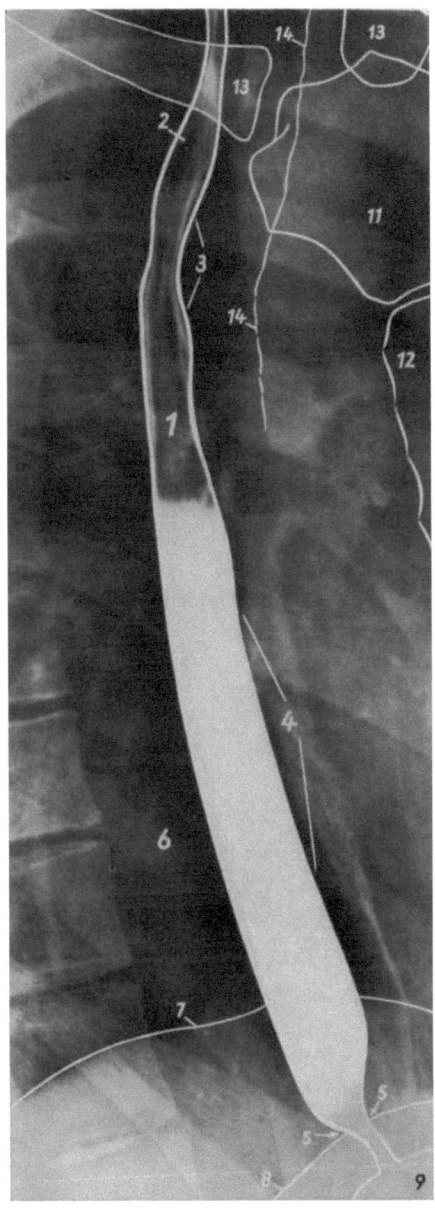

a

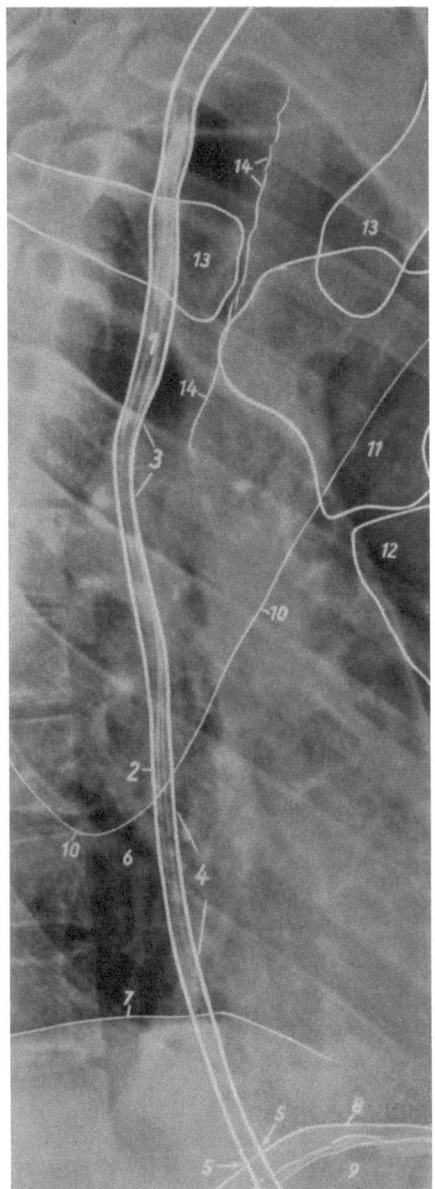

b

7 Diaphragma (filmnaher Anteil)	9 Fundus ventriculi mit Luft gefüllt (Magenblase)	11 Manubrium sterni
8 Diaphragma (filmferner Anteil)		12 Corpus sterni
	10 Rand der Scapula	13 Clavicula
		14 Wand der Trachea

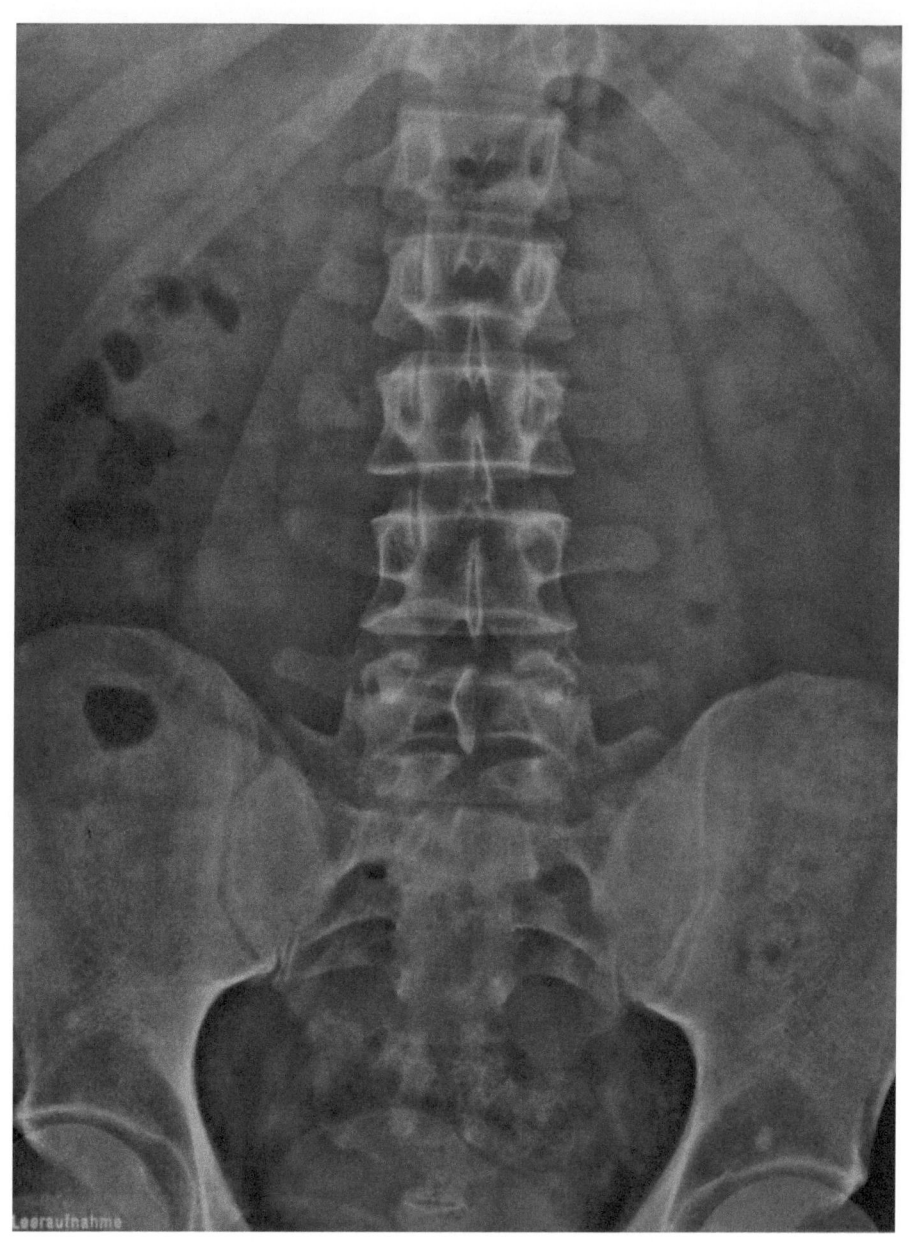

Aufnahme 39 a
NIEREN UND HARNLEITER VON VORNE NACH HINTEN (Leeraufnahme)

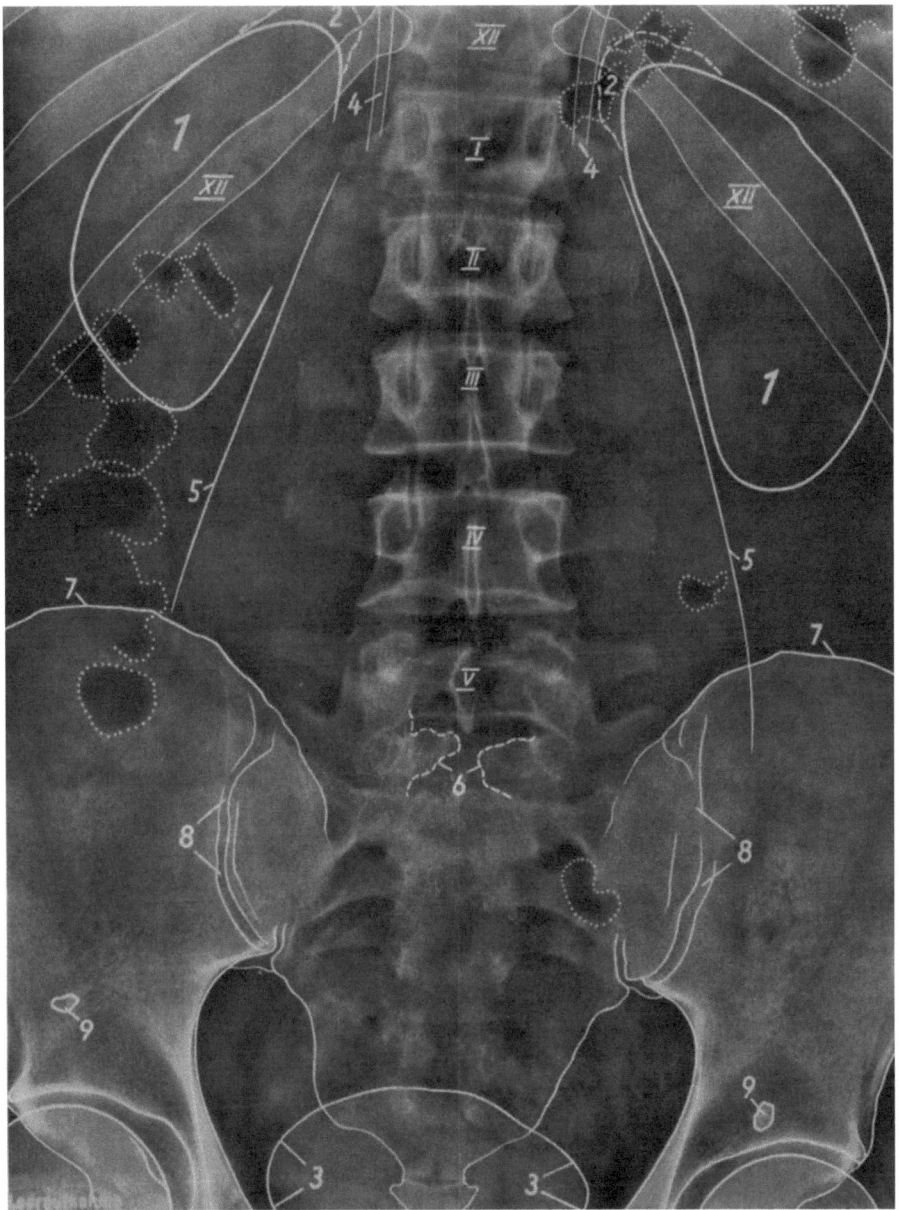

1 Ren
2 Lage der Glandula suprarenalis (Nebenniere), im Originalröntgenbild Begrenzung zum Teil eben erkennbar
3 Rand der Vesica urinaria
4 Teil des Diaphragma
5 Rand des Musculus psoas major
6 Unvollständiger Bogenschluß im Bereich des 1. Kreuzbeinsegmentes (belanglose Anomalie)
7 Crista iliaca
8 Articulatio sacro-iliaca
9 Compactainsel
XII Vertebra thoracica XII
I–V Vertebrae lumbales I bis V
... Darmluft

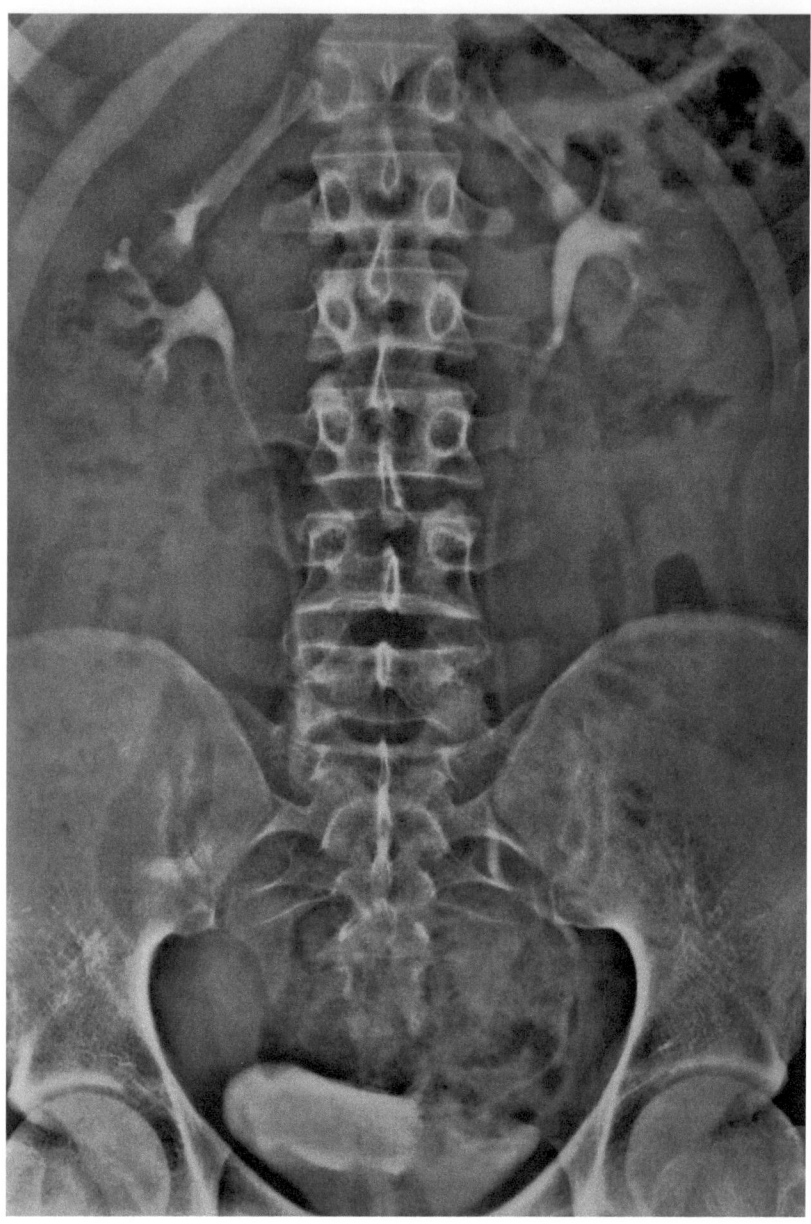

Aufnahme 39 b
NIEREN UND HARNLEITER VON VORNE NACH HINTEN (intravenöse Pyelographie)

1 Ren
2 Extremitas superior renis
3 Extremitas inferior renis
4 Oberer Rand des Hilus renalis
5 Pelvis renalis (mit Kontrastmittel gefüllt)
6 Calyces renales
7 Nierenkelchstiel
8 Pars abdominalis des Ureters
9 u. 10 Pars pelvina des Ureters[1]
11 Vesica urinaria
12 Rand des Musculus psoas major[2]

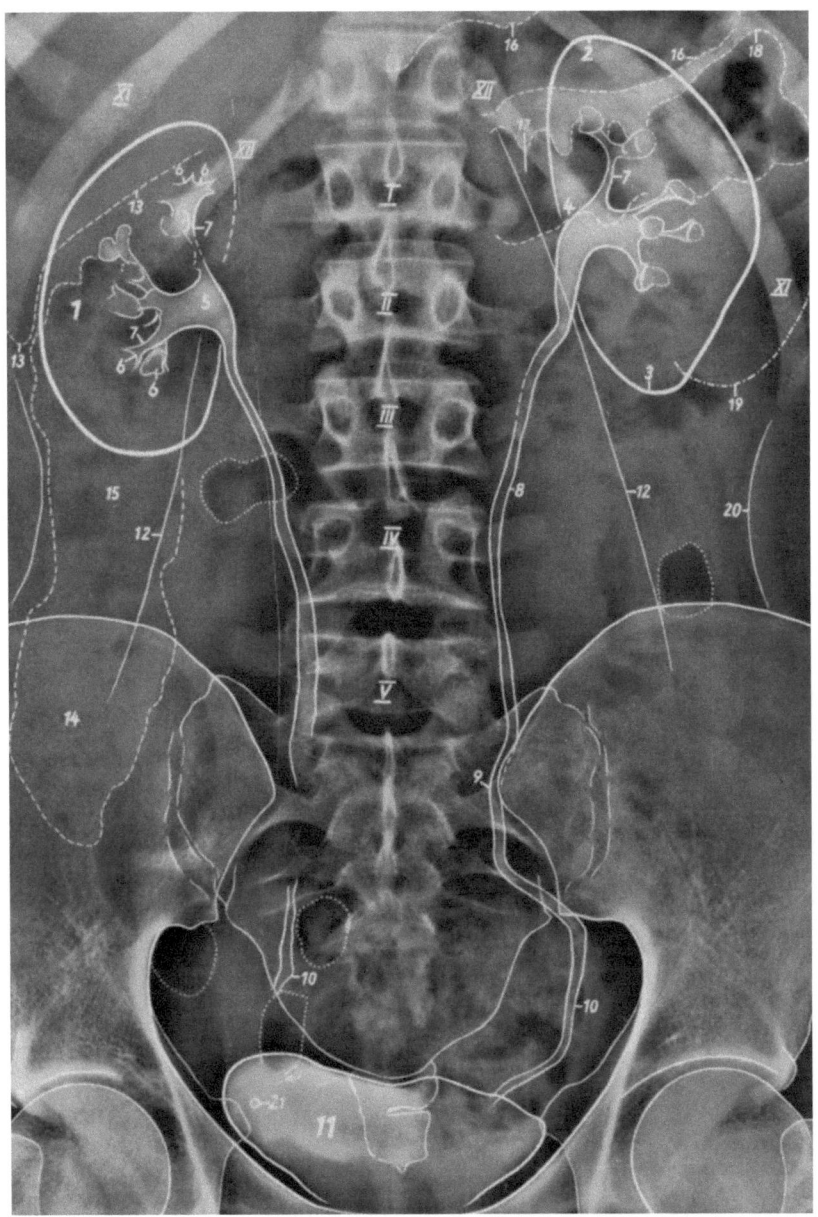

13	Projektionslinie des Margo inferior hepatis (unterer Leberrand)	18	Flexura coli sinistra
		19	Milzrand
14	Caecum	20	Innere seitliche Begrenzung der Bauchhöhle
15	Colon ascendens	21	Phlebolith (Venenstein) (Darmluft ...)
16	Innenkontur des mit Luft gefüllten Magens		
17	Teil des Colon transversum	I–V	Vertebrae lumbales I bis V

XI, XII   Costae XI und XII

Anmerkung:
[1] Die zwischenliegenden Abschnitte der Ureteren sind durch Peristaltik und Tonussteigerung kontrahiert, also kontrastmittelfrei und daher nicht sichtbar.
[2] Die gute Sichtbarkeit des Psoasrandes kennzeichnet das richtig belichtete Nierenbild.

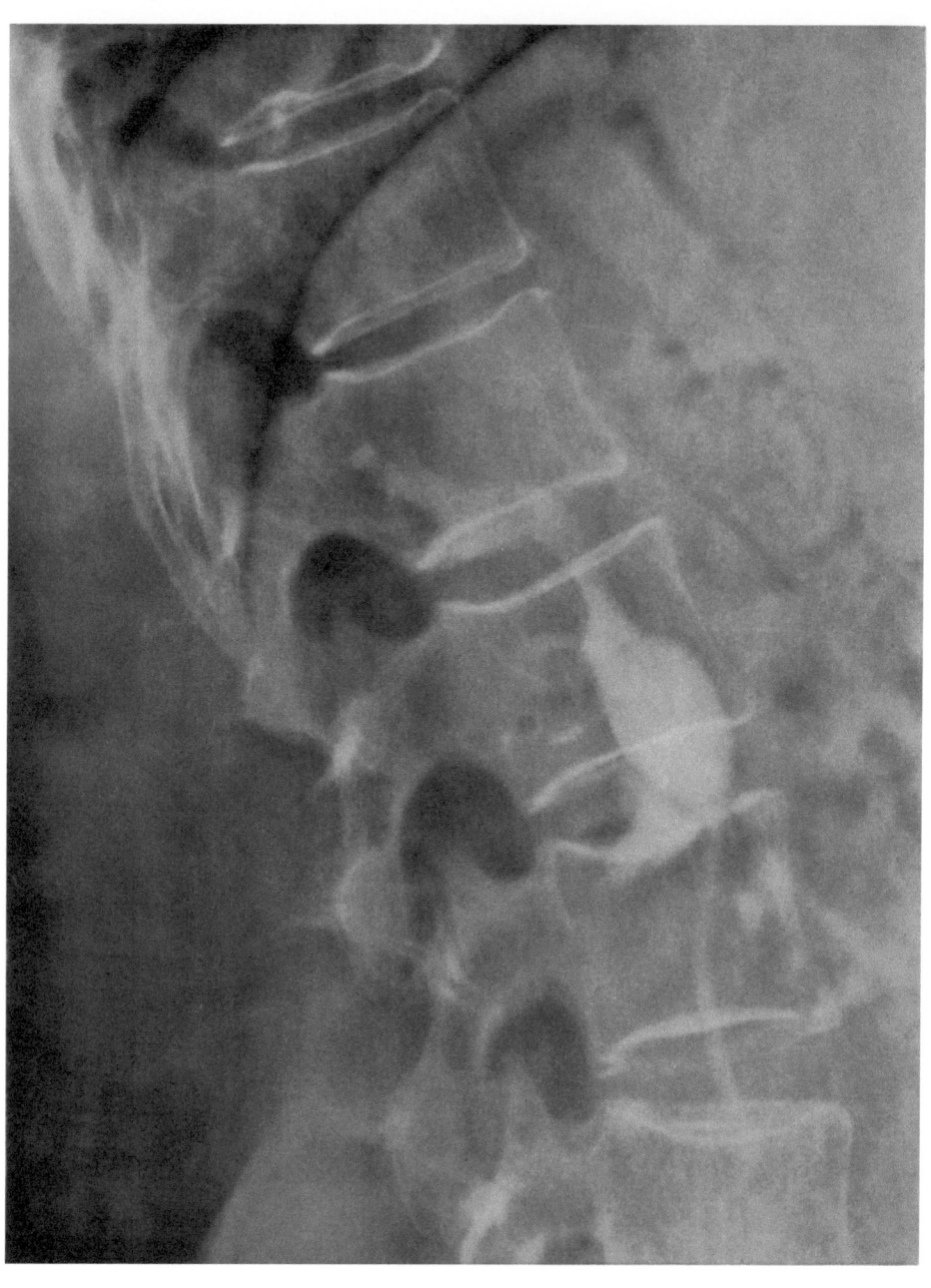

Aufnahme 40
NIEREN UND HARNLEITER SEITLICH

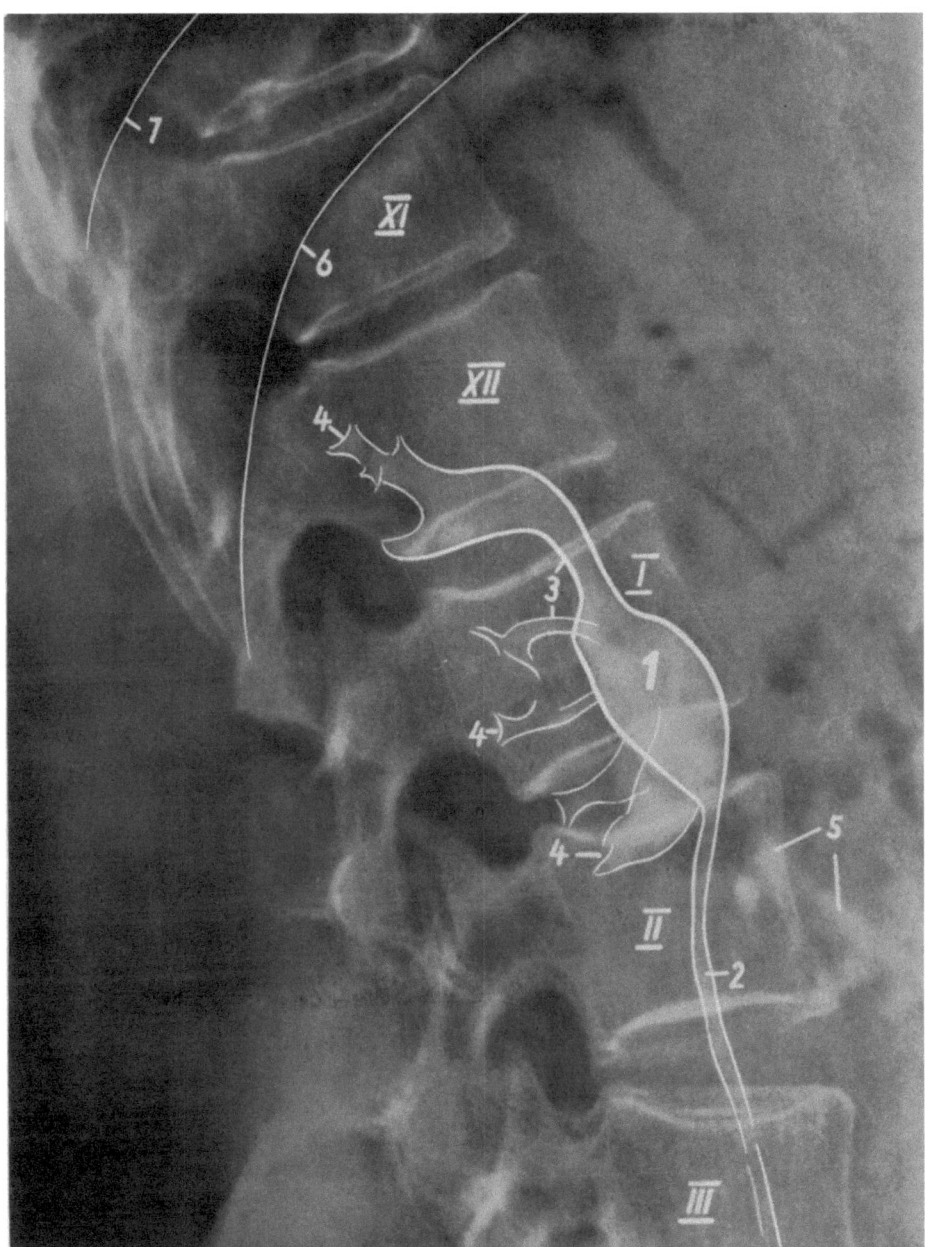

1 Pelvis renalis (filmnah)
2 Ureter (filmnah)
3 Nierenkelchstiel
4 Calyces renales
5 Kontrastmittelschatten des filmfernen und daher nur unscharf abgebildeten Nierenbeckenkelchsystems
6 Diaphragma (filmnaher Anteil)
7 Diaphragma (filmferner Anteil)
XI, XII Vertebrae thoracicae XI und XII
I–III Vertebrae lumbales I bis III

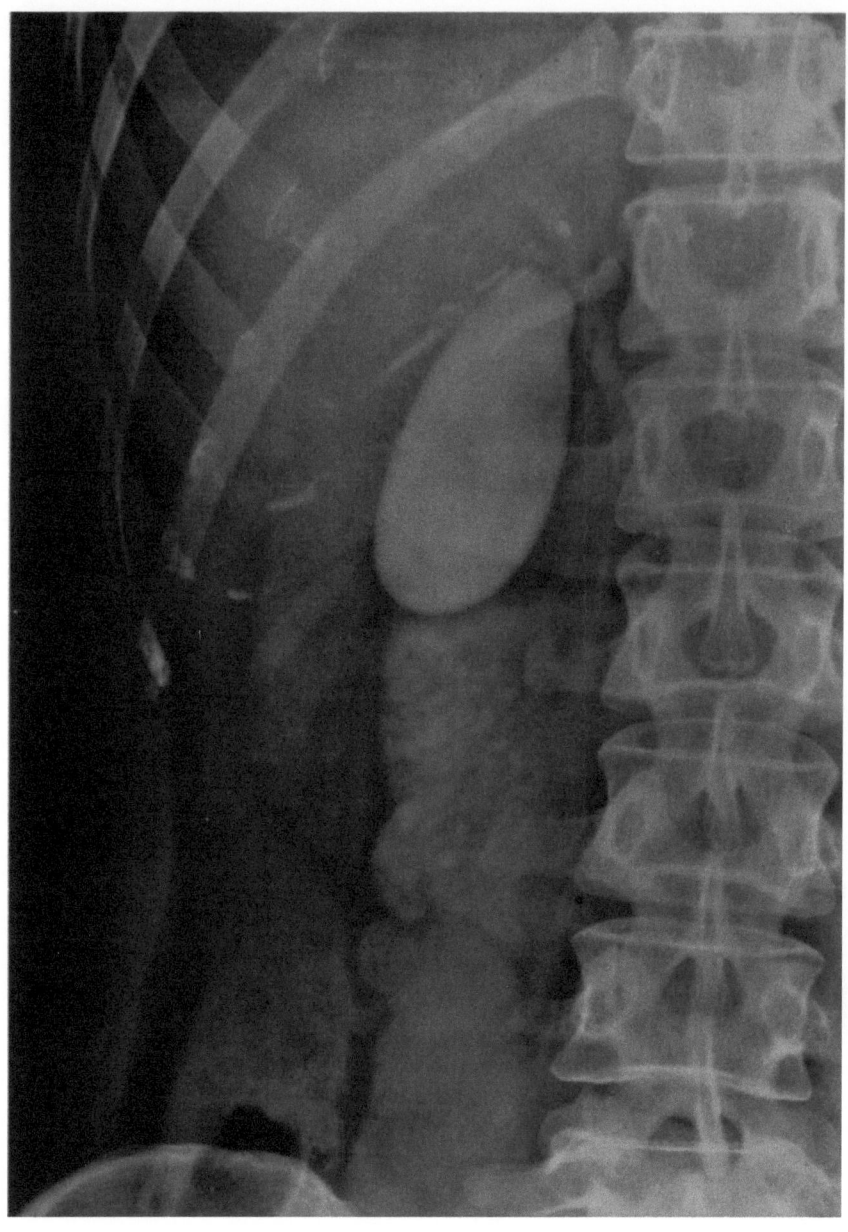

Aufnahme 41
GALLENBLASE VON HINTEN NACH VORNE (intravenöse Cholezystographie)

1 Vesica fellea (mit Kontrastmittel gefüllt)
2 Fundus vesicae felleae
3 Collum vesicae felleae
4 Ductus cysticus
5 Ductus hepaticus communis
6 Ductus choledochus
7 Projektionslinie des Margo inferior hepatis (– – –)

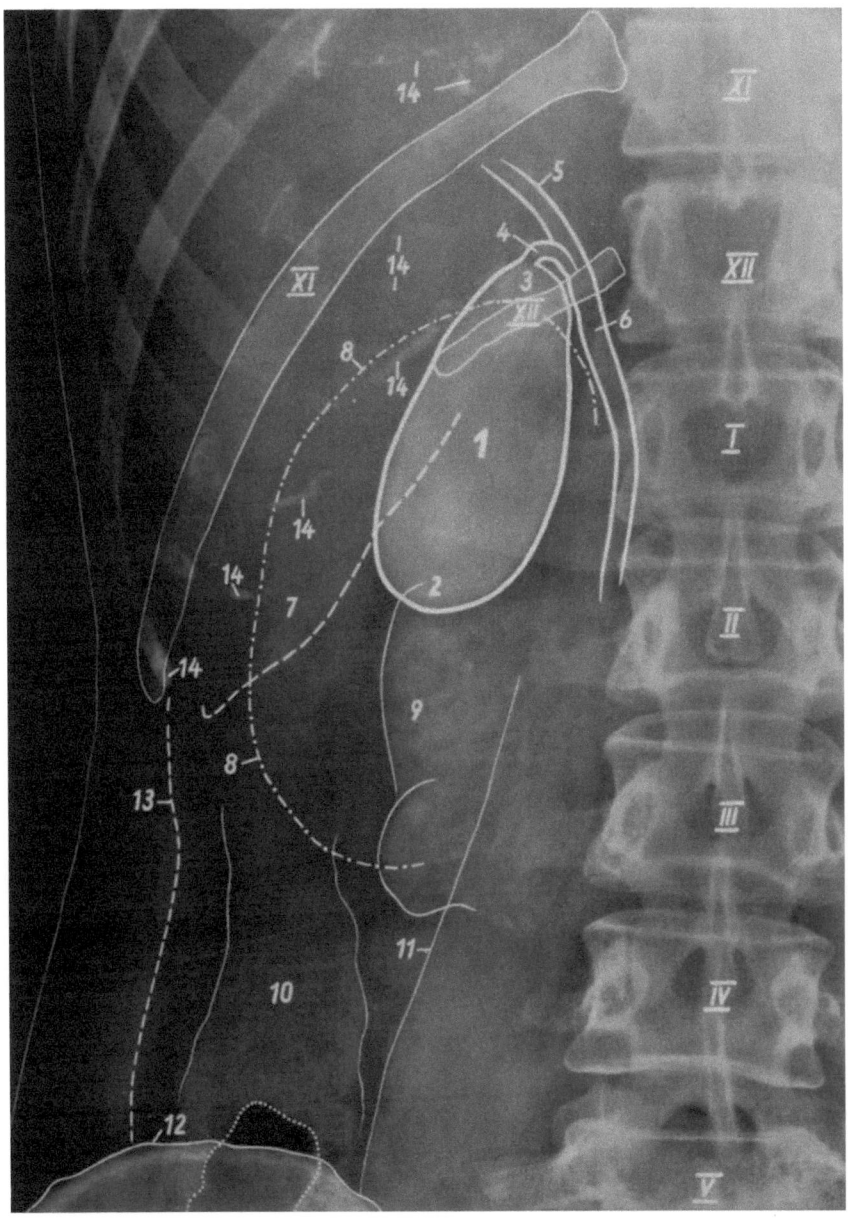

8 Ren	11 Rand des Musculus psoas major	XI, XII Vertebrae thoracicae XI und XII mit Costae dextrae XI und XII
9 Jejunumabschnitt (Schleimhautdarstellung durch ausgeschiedenes Kontrastmittel)	12 Crista iliaca	
	13 Innere Begrenzung der Bauchdeckenmuskulatur	I bis V Vertebrae lumbales I bis V
10 Teil des Colon ascendens	14 Kalkeinlagerungen im Rippenknorpel	... Darmluft

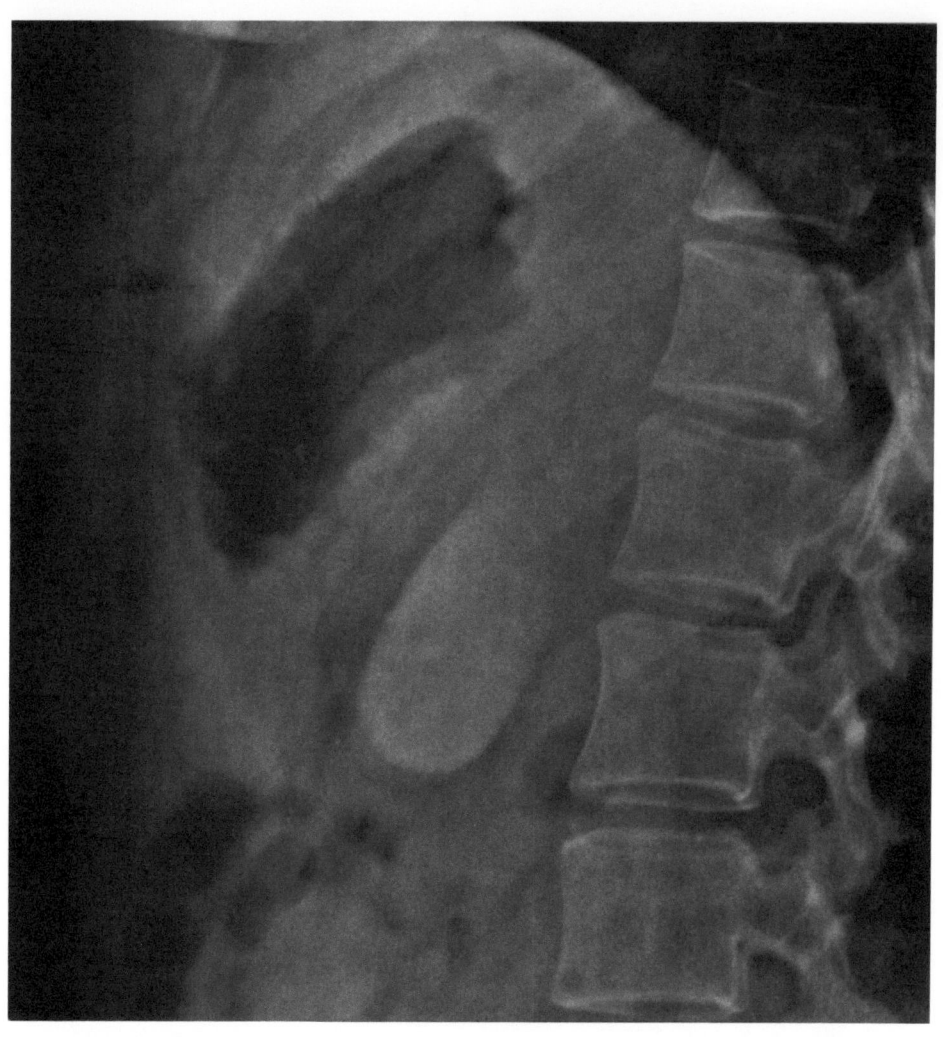

Aufnahme 42
GALLENBLASE SEITLICH

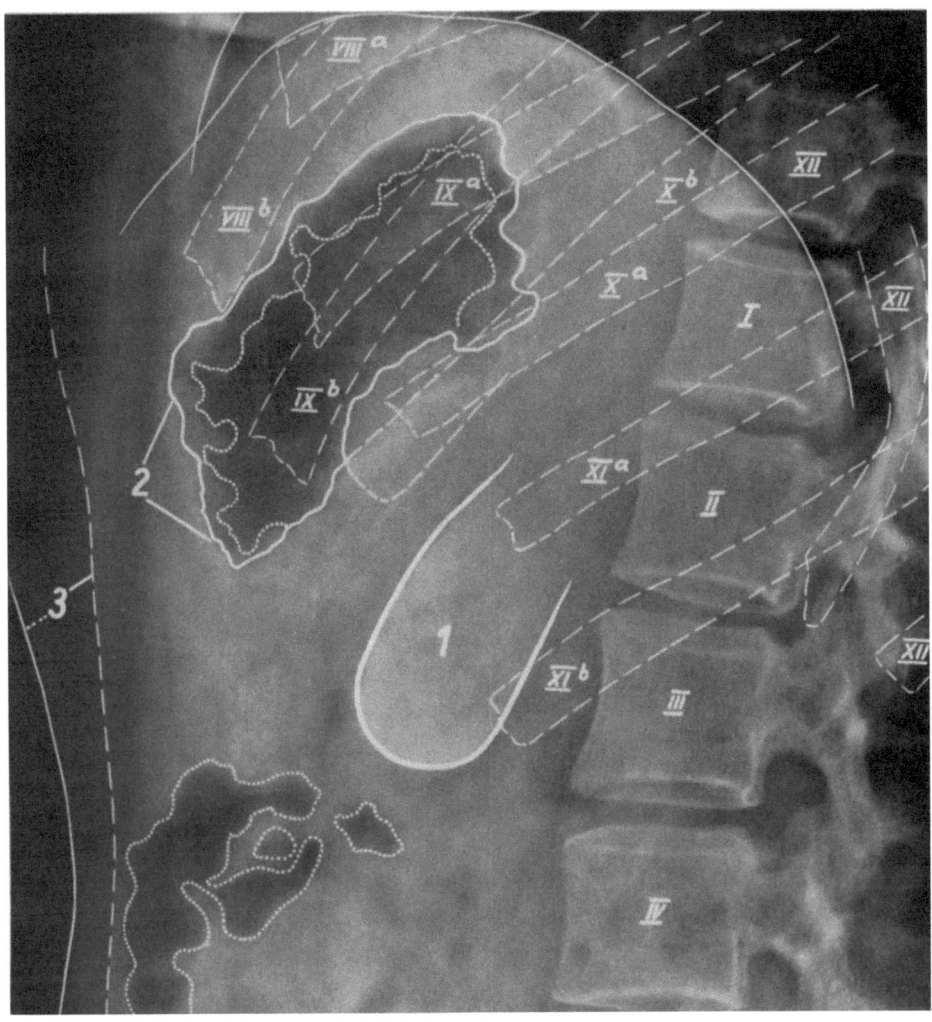

1 Vesica fellea (mit Kontrastmittel gefüllt)
2 Äußere Begrenzung des Fundus ventriculi (Magenblase) ... = innere Begrenzung der Magenschleimhaut
3 Innere und äußere Begrenzung der Bauchdecke

VIII–XI Costae VIII bis XI
a = filmnah
b = filmfern
XII Vertebra thoracica XII und Costae XII
I–IV Vertebrae lumbales I bis IV
... Darmluft

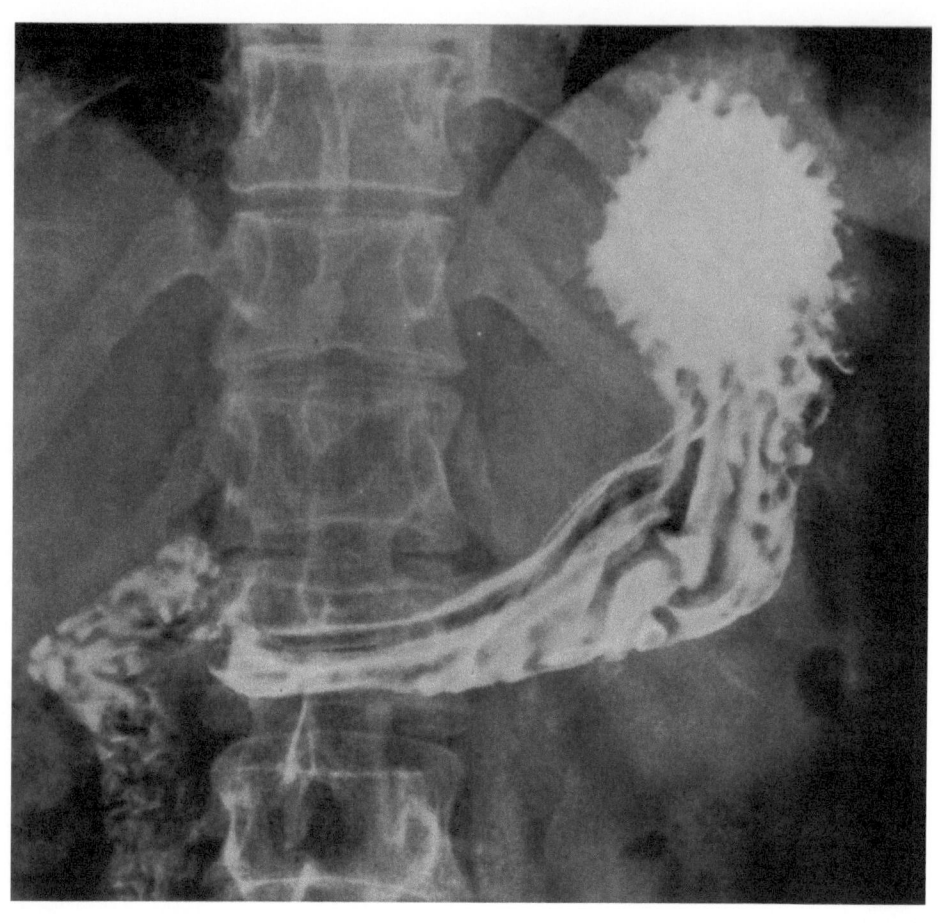

Aufnahme 43 a
MAGENÜBERSICHT IM LIEGEN (Schleimhautdarstellung)

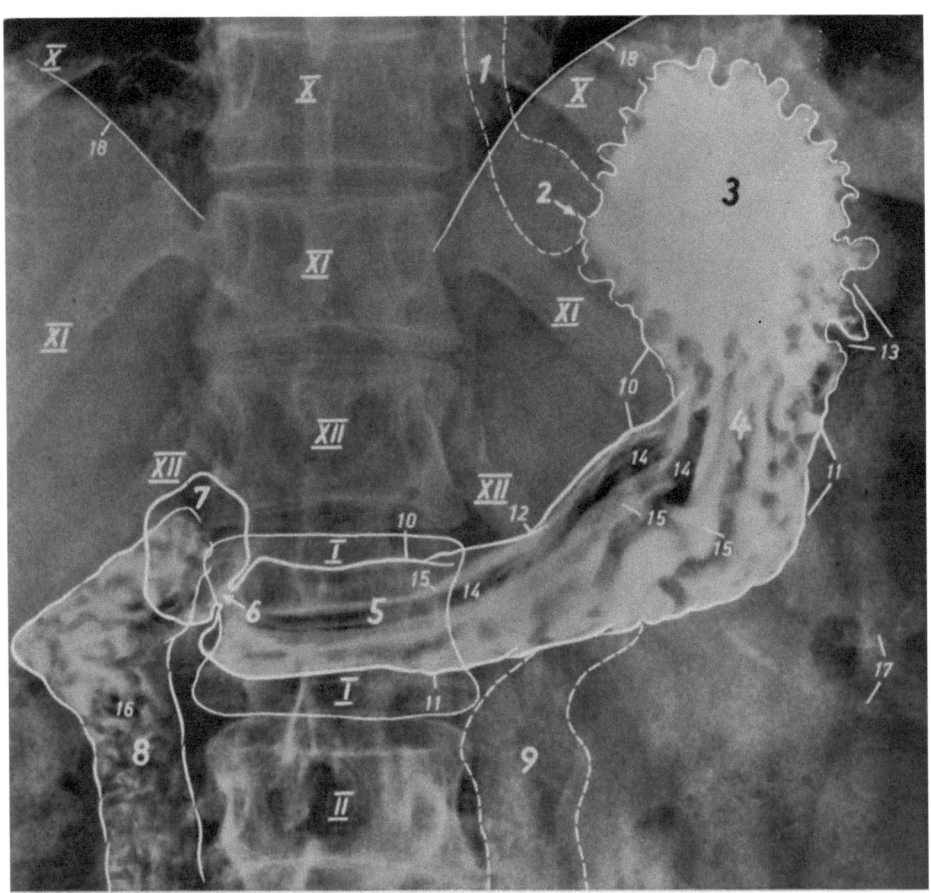

		9	Pars ascendens duodeni, Kontrastmittelfüllung eben erst angedeutet	14	Faltenberg

1 Oesophagus
2 Ostium cardiacum
3 Fundus ventriculi
4 Corpus ventriculi
5 Antrum pyloricum
6 Pylorus
7 Pars superior duodeni (Bulbus duodeni*), mit Luft gefüllt
8 Pars descendens duodeni

9 Pars ascendens duodeni, Kontrastmittelfüllung eben erst angedeutet
10 Curvatura ventriculi minor
11 Curvatura ventriculi major
12 Incisura angularis (Angulus ventriculi*)
13 Kerbungen im Bereich der Curvatura major (randständige Schleimhautfalten)

14 Faltenberg
15 Faltental
16 Gegend der Papilla duodeni major et minor
17 Verkalkte Rippenknorpel
18 Diaphragma

X–XII Vertebrae thoracicae X bis XII und Costae X bis XII
I, II Vertebrae lumbales I und II (Corpus vertebrae lumbalis I ausgezeichnet)

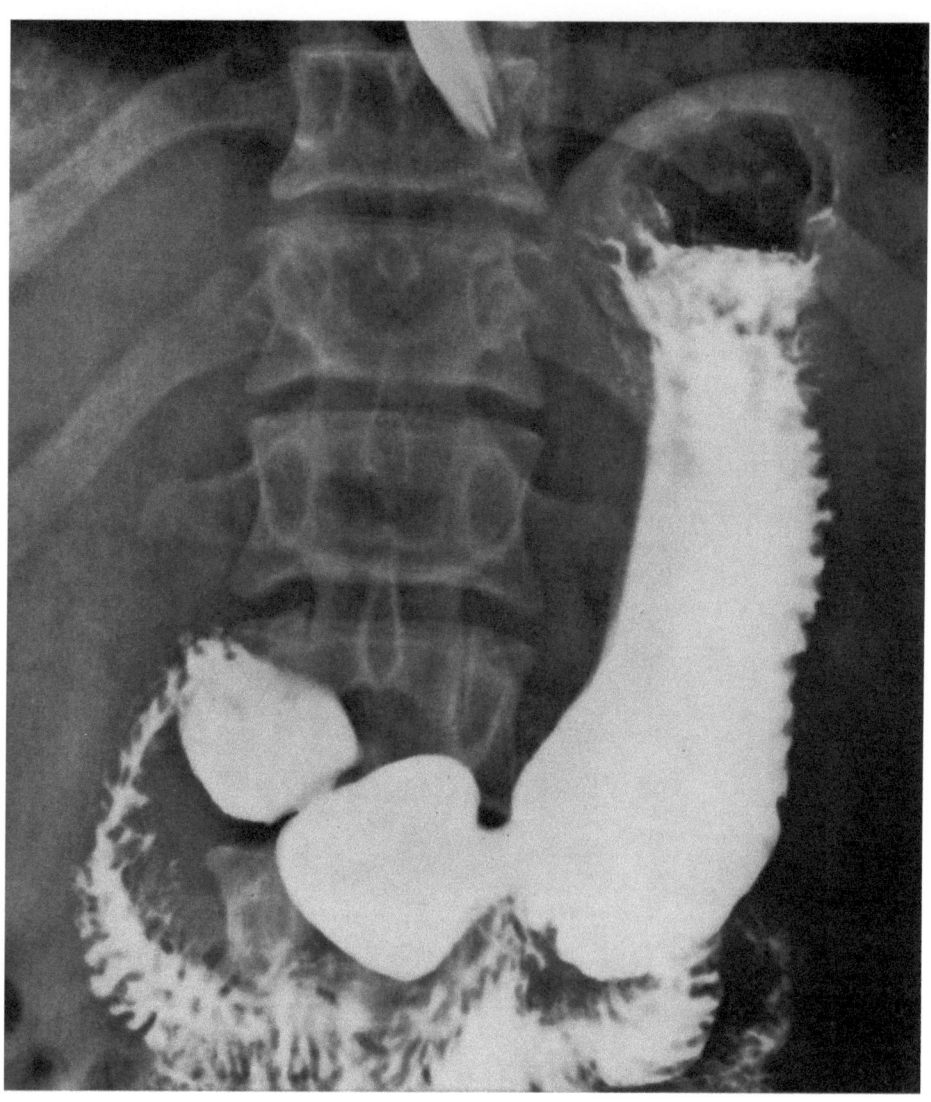

Aufnahme 43 b
MAGENÜBERSICHT IM STEHEN (Vollfüllung)

1 Oesophagus
2 Ostium cardiacum
3 Fundus ventriculi, zum Teil mit Luft gefüllt (Magenblase)
4 Corpus ventriculi
5 Antrum pyloricum
6 Pylorus
7 Pars superior duodeni (Bulbus duodeni*)
8 Curvatura ventriculi major
9 Curvatura ventriculi minor
10 Gegend der Incisura angularis (Angulus ventriculi*)
11 Tiefe peristaltische Welle, hierdurch wird der Angulus ventriculi nicht so deutlich

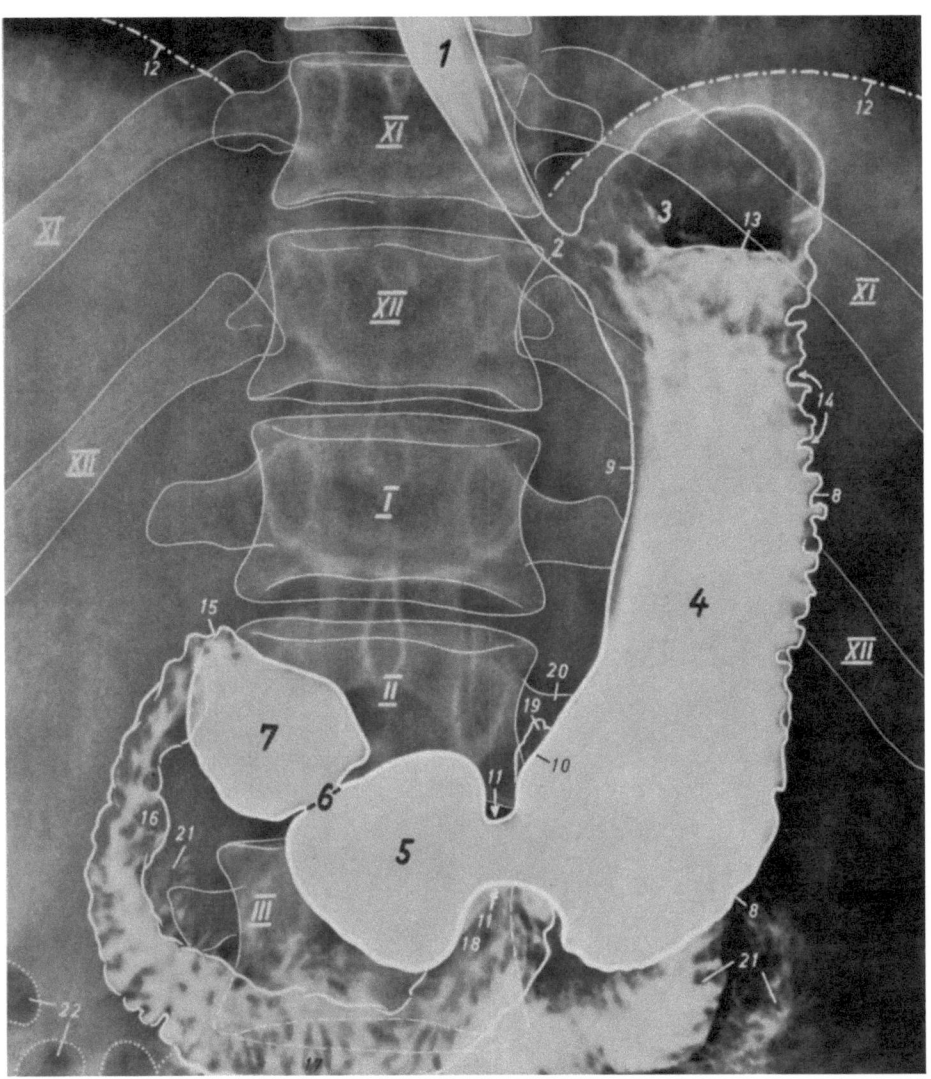

12	Diaphragma
13	Spiegelbildung des Mageninhaltes
14	Kerbungen im Bereich der Curvatura major (randständige Schleimhautfalten)
15	Spitze des Bulbus duodeni
16	Pars descendens duodeni
17	Pars horizontalis duodeni, z. T. von Jejunumschlingen überlagert
18	Pars ascendens duodeni
19	Flexura duodenojejunalis (täuscht zuweilen Geschwürsnische vor)
20	Processus costarius vertebrae lumbalis II
21	Jejunum (gefiedertes Relief)
22	Teil des luftgefüllten Colon transversum
XI, XII	Vertebrae thoracicae XI und XII und Costae XI und XII
I–III	Vertebrae lumbales I bis III

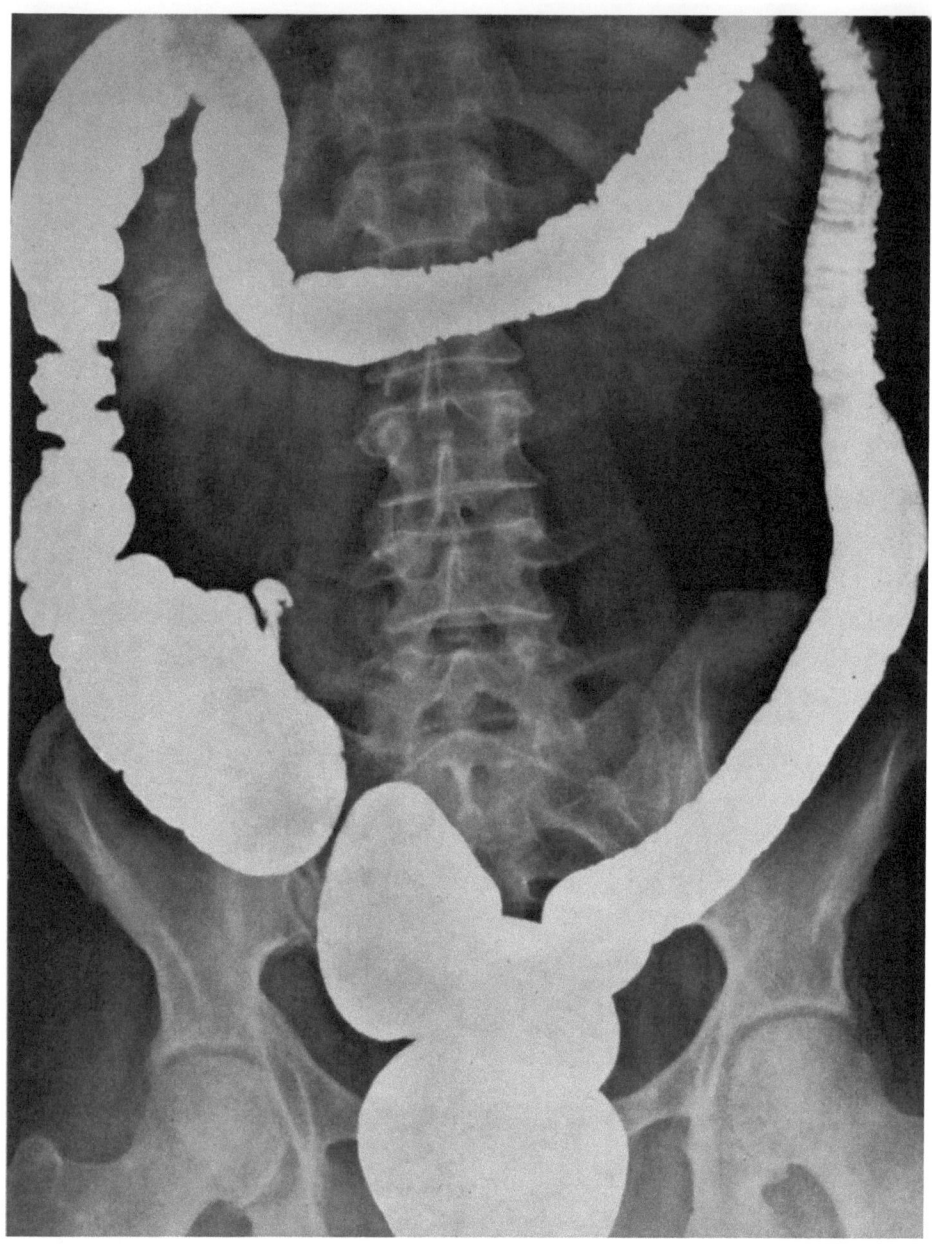

Aufnahme 44 a

DICKDARMÜBERSICHT IN BAUCHLAGE (Vollfüllung; Kontrastfüllung des Colon durch Einlauf)

1 Caecum
2 Colon ascendens
3 Flexura coli dextra
4 Colon transversum
5 Flexura coli sinistra
6 Colon descendens
7 Übereinanderprojizierte Schlinge des Colon sigmoideum

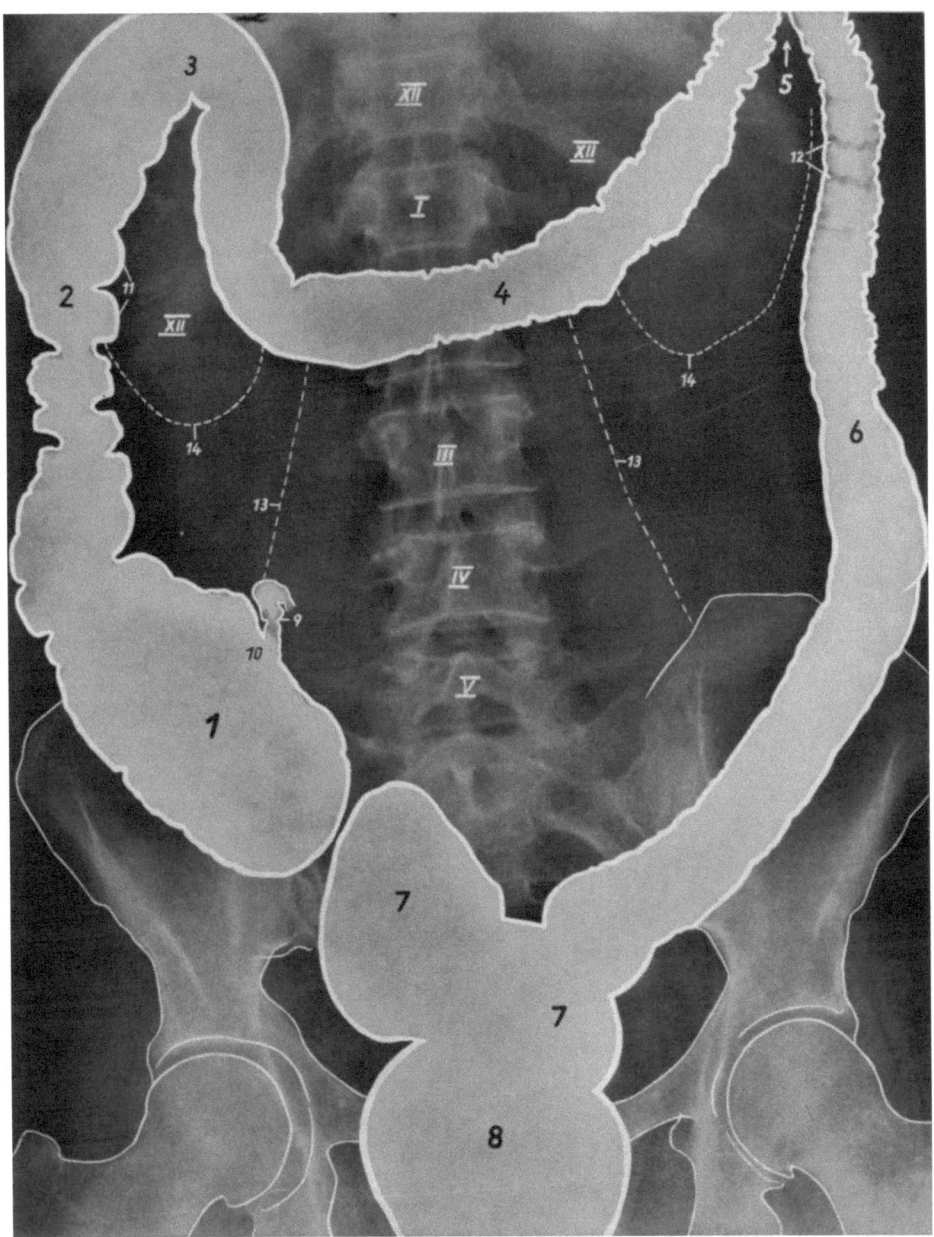

8 Rectum
9 Letzte Ileumschlinge
10 Gegend der Valva ileocaecalis
11 Haustra coli (in den übrigen Dickdarmabschnitten durch einen zeitweiligen Kontraktionszustand des Darmes aufgehoben)
12 Plicae semilunares
13 Rand des linken bzw. rechten M. psoas major
14 Rand des linken bzw. rechten Nierenschattens

XII Vertebra thoracica XII und Costa XII
I–V Vertebrae lumbales I bis V

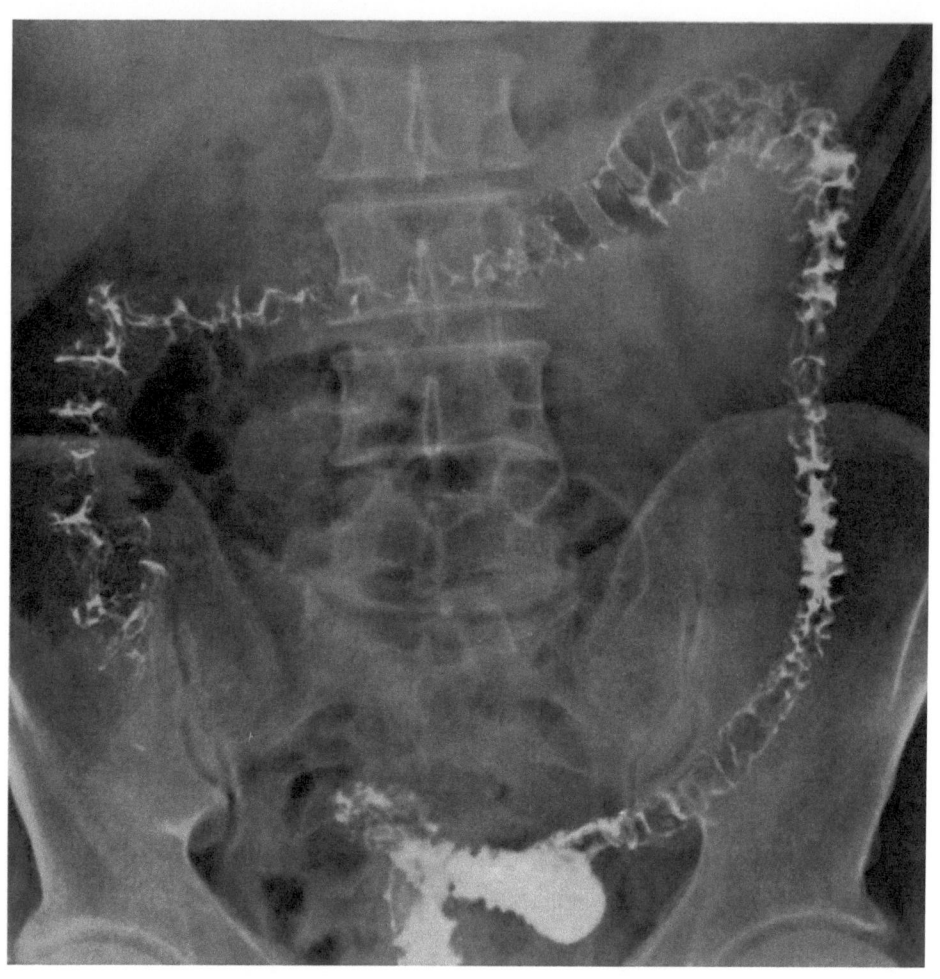

Aufnahme 44 b
DICKDARMÜBERSICHT IN BAUCHLAGE (Schleimhautdarstellung)

1 Caecum
2 Colon ascendens
3 Flexura coli dextra
4 Colon transversum
5 Flexura coli sinistra
6 Colon descendens
7 Colon sigmoideum
8 Rectum
9 Appendix vermiformis

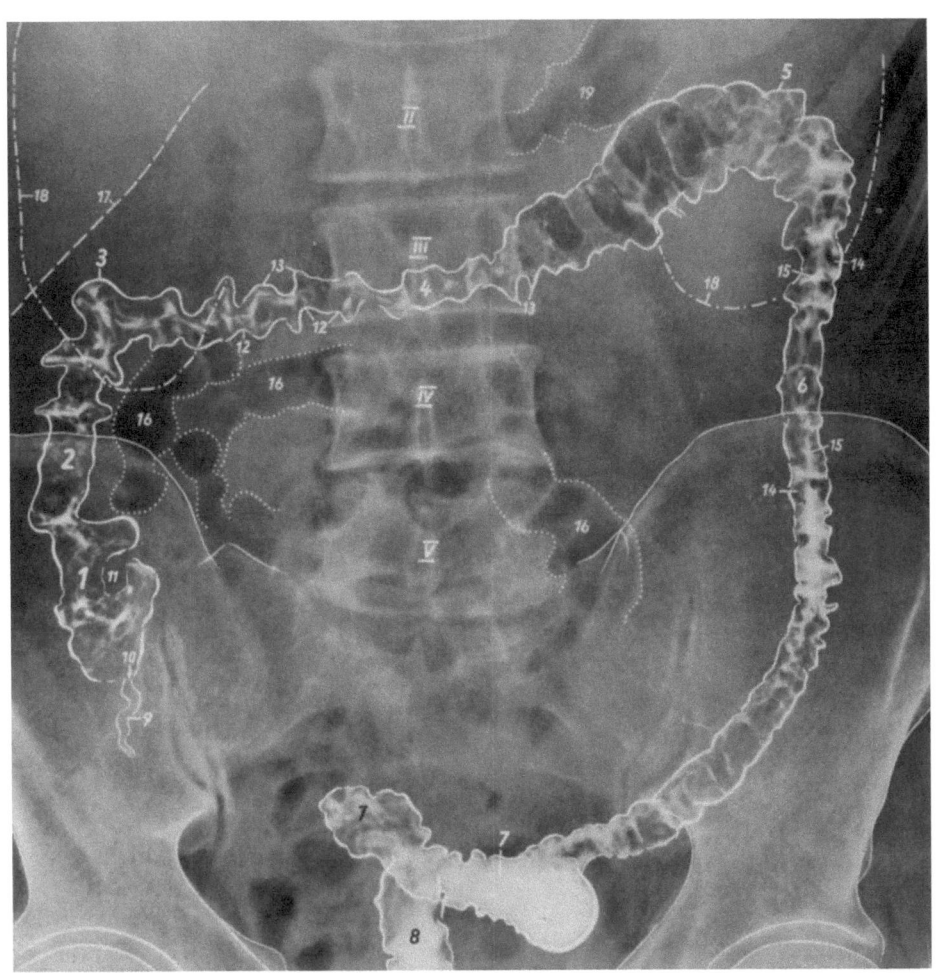

10 Ostium appendicis vermiformis
11 Gegend der Valva ileocaecalis (Valvula Bauhini)
12 Plicae semilunares coli
13 Haustra coli
14 Plica semilunaris (Faltenberg quer- oder längsverlaufend)
15 Plica semilunaris (Faltental quer- oder längsverlaufend)
16 Z. T. mit Luft gefüllter Dünndarmabschnitt
17 Leberrand
18 Rand des Nierenschattens
19 Mit Luft gefüllte Anteile des Magens
II–V Vertebrae lumbales II bis V

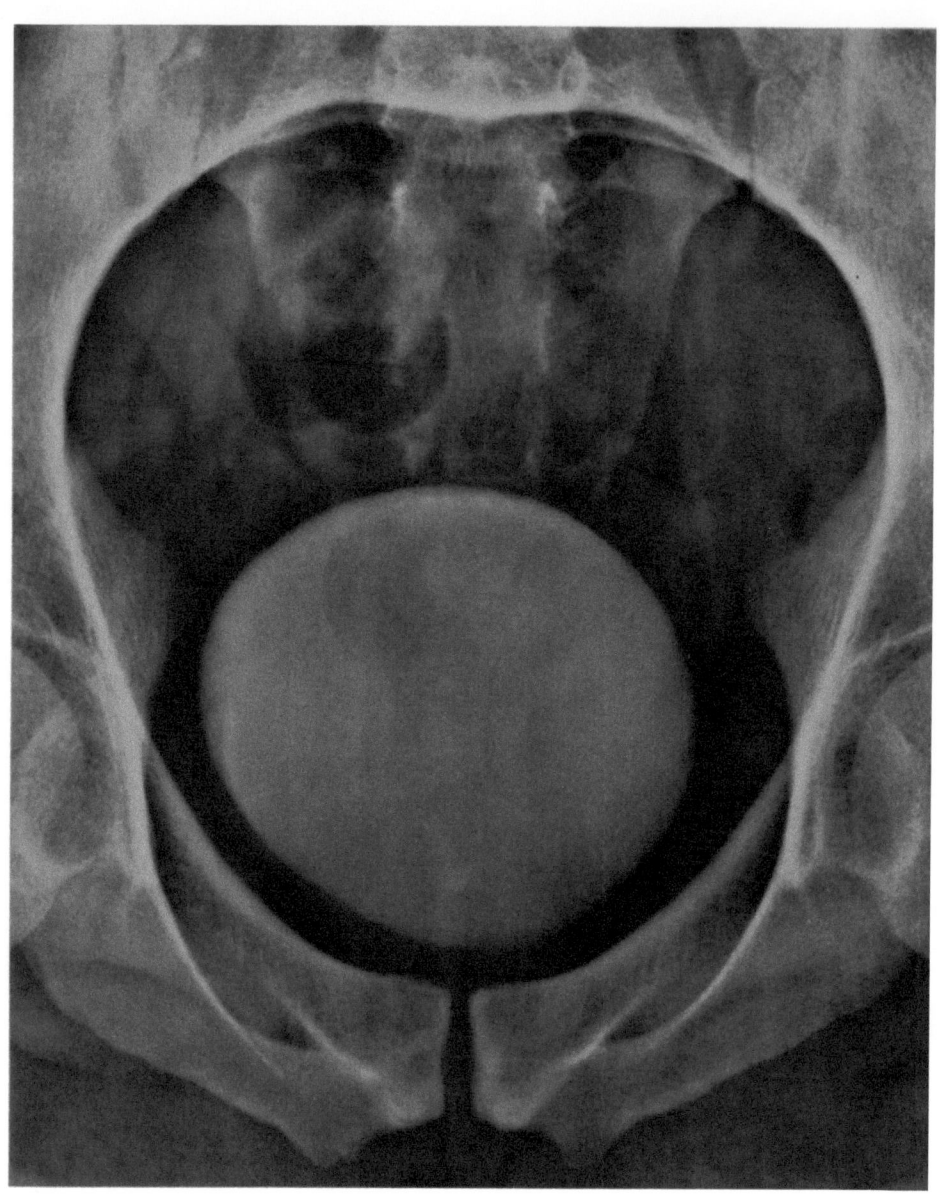

Aufnahme 45
HARNBLASE

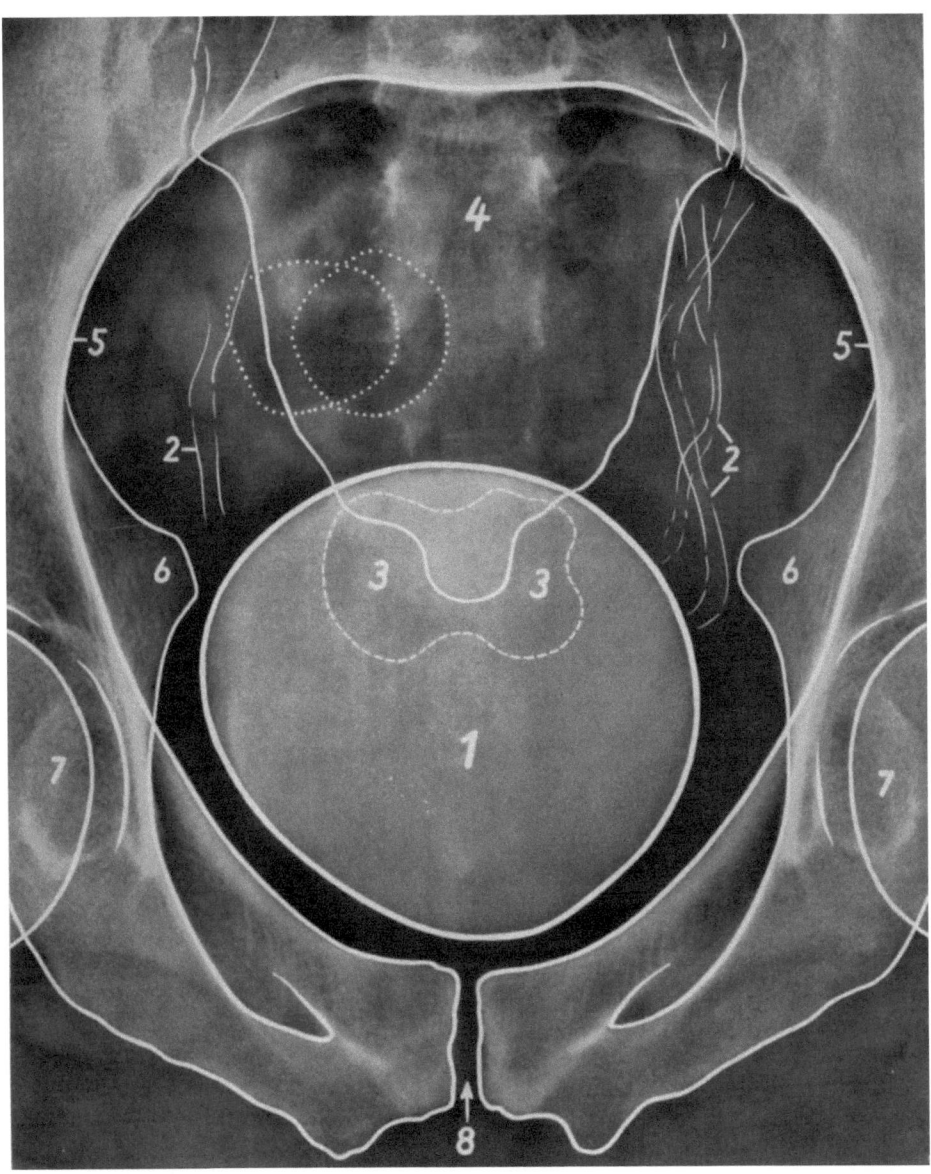

1 Vesica urinaria (mit Kontrastmittel gefüllt)
2 Pars pelvina des Ureters, Kontrastmittel größtenteils in die Harnblase abgeflossen, der linke Ureter ist gedoppelt (belanglose Anomalie)
3 Luftblase im Rectum, Verwechslungsmöglichkeit mit großem Blasenstein oder mit einer Geschwulst in der Harnblase
4 Os sacrum
5 Orthograde Projektion eines Teiles der inneren Beckenwand
6 Spina ischiadica
7 Caput femoris
8 Symphysis pubica
... Darmluft

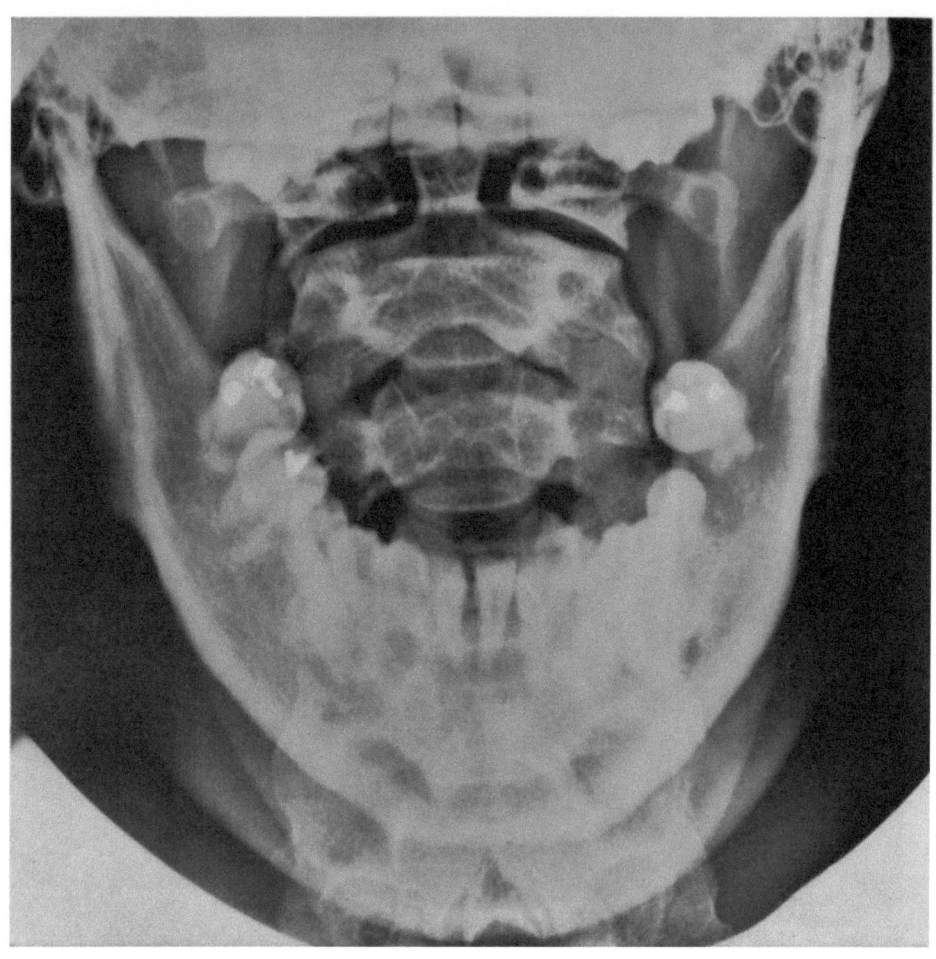

Aufnahme 46
1. BIS 3. HALSWIRBEL VON VORNE NACH HINTEN (Aufnahme durch den Mund)

I–III Vertebrae cervicales I bis III

1 Massa lateralis atlantis
2 Fovea articularis inferior atlantis
3 Processus transversus atlantis
4 Foramen transversarium atlantis
5 Unterer Rand des Arcus anterior atlantis (oberer Rand nicht sichtbar)
6 Oberer Rand des Arcus posterior atlantis
7 Tuberculum posterius atlantis
8 Unterer Rand des Arcus posterior atlantis
9 Articulatio atlanto-axialis lateralis
10 Dens (axis)
11 Facies articularis lateralis axis
12 Oberer Rand des Arcus axis
13 Unterer Rand des Arcus axis
14 Unterer Rand des Corpus axis

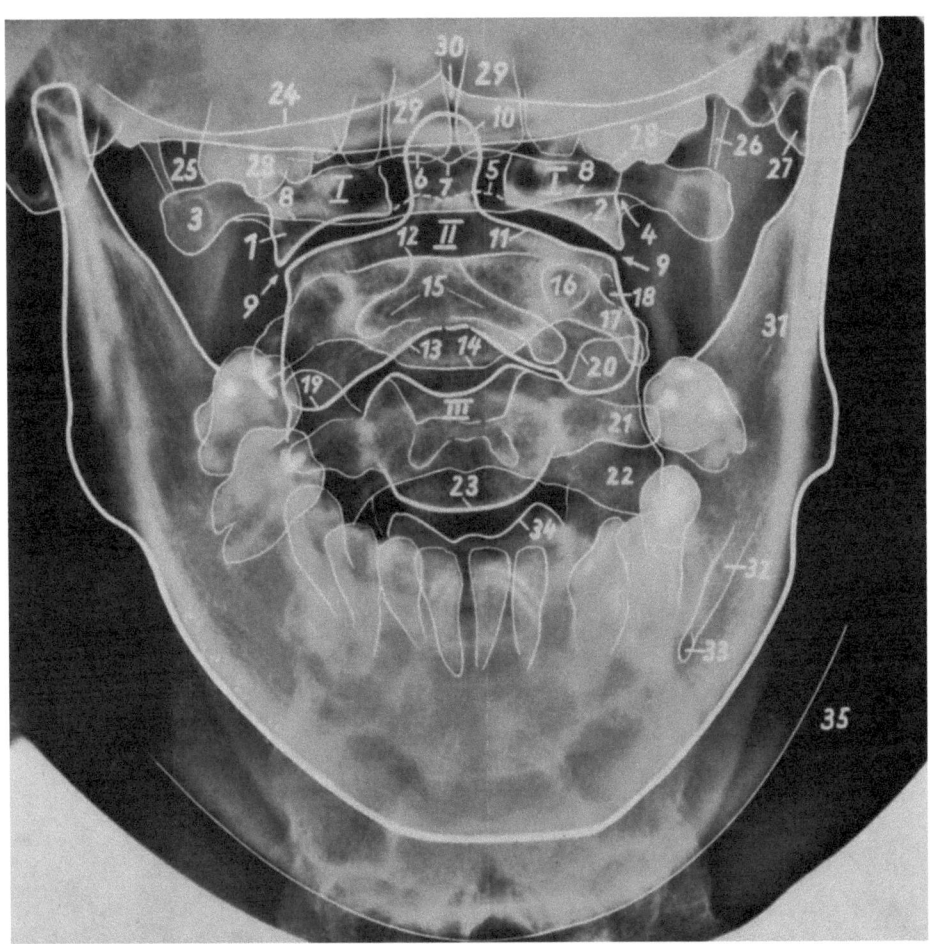

15 Processus spinosus axis	22 Processus articularis inferior vertebrae cervicalis III	28 Begrenzung der Zähne der Maxilla
16 Pediculus arcus axis		29 Dentes incisivi maxillae
17 Processus transversus axis	23 Unterer Rand des Corpus vertebrae cervicalis III	30 Zwischenraum zwischen den beiden ersten oberen Schneidezähnen
18 Foramen transversarium axis	24 Boden der Fossa cranii posterior	31 Ramus mandibulae
19 Processus articularis inferior axis	25 Basis cranii externa	32 Canalis mandibulae
		33 Foramen mentale
20 Processus articularis superior vertebrae cervicalis III	26 Processus styloideus	34 Oberer Rand des Corpus vertebrae cervicalis IV
	27 Processus mastoideus	
21 Processus transversus vertebrae cervicalis III		35 Äußere Weichteilbegrenzung des Kinns

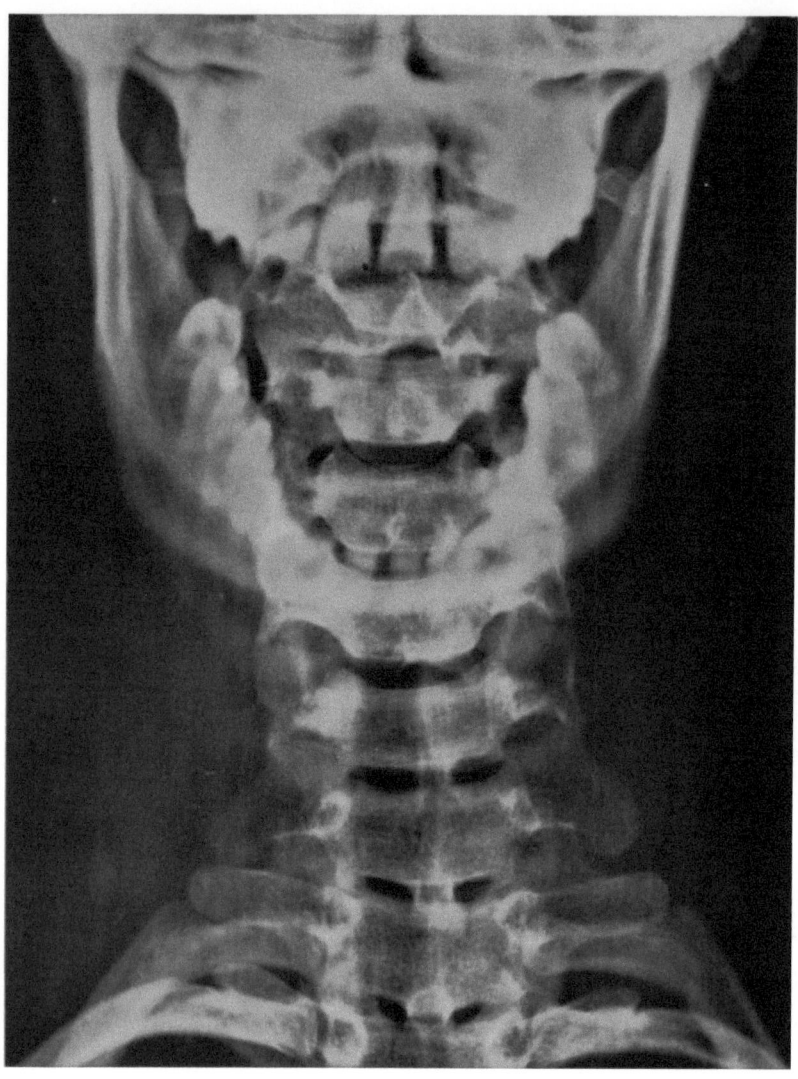

Aufnahme 47
HALSWIRBELSÄULE VON VORNE NACH HINTEN

II–VII Vertebrae cervicales II bis VII
I Vertebra thoracica I und Costae I

1 Oberer Rand des Corpus vertebrae
2 Unterer hinterer Rand des Corpus vertebrae
3 Unterer vorderer Rand des Corpus vertebrae
4 Processus transversus
5 Processus articularis superior
6 Processus articularis inferior
7 Facies articulares (schraffiert) der zusammengehörigen Processus articulares einer Seite zwischen C 5 und C 6
8 Gegend des Sulcus nervi spinalis
9 Processus spinosus (gespalten)
10 Cartilago thyreoidea
11 Massa lateralis (atlantis)
12 Articulatio atlantoaxialis lateralis

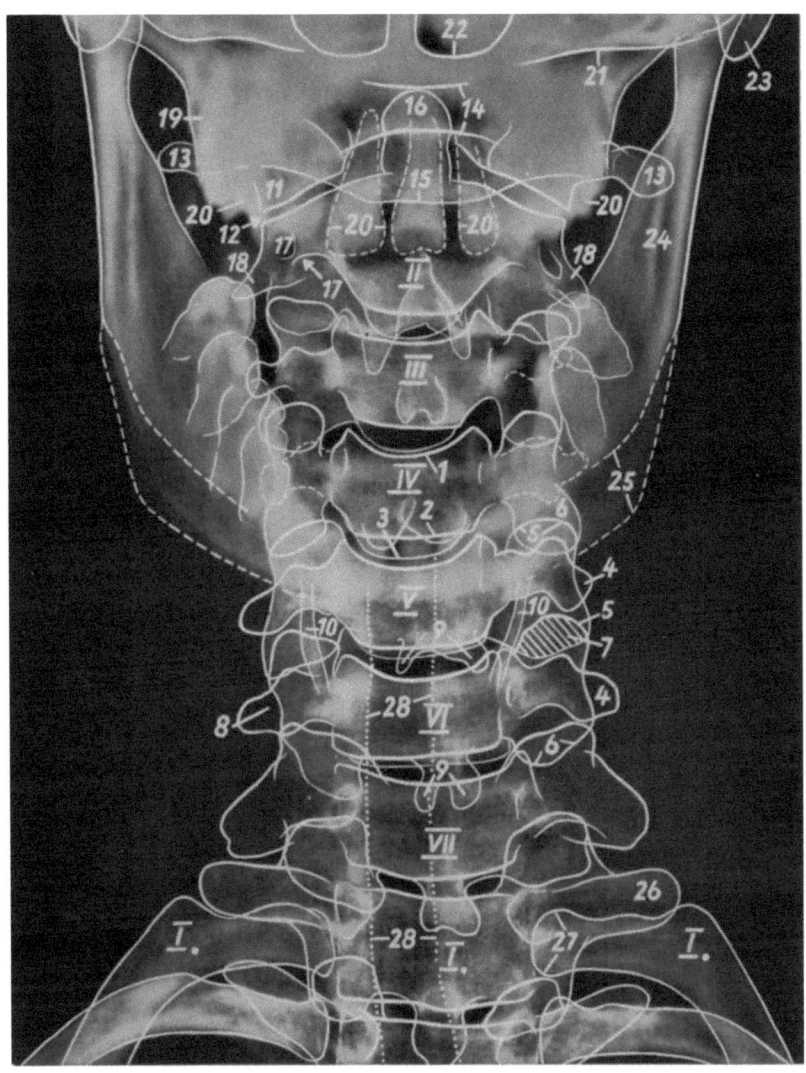

13 Processus transversus atlantis
14 Arcus anterior atlantis
15 Untere Begrenzung des Arcus posterior atlantis
16 Dens axis
17 Foramen transversarium axis
18 Processus transversus axis
19 Teil der Maxilla
20 Zähne des Oberkiefers
21 Teil der Basis cranii externa
22 Rand der Apertura piriformis
23 Processus mastoideus
24 Ramus mandibulae
25 Unterer Rand des Corpus mandibulae, durch die Bewegung des Unterkiefers während der Aufnahme verwischt und zum Teil doppelt konturiert
26 Processus transversus vertebrae thoracicae I
27 Caput costae I
28 Trachea (...)

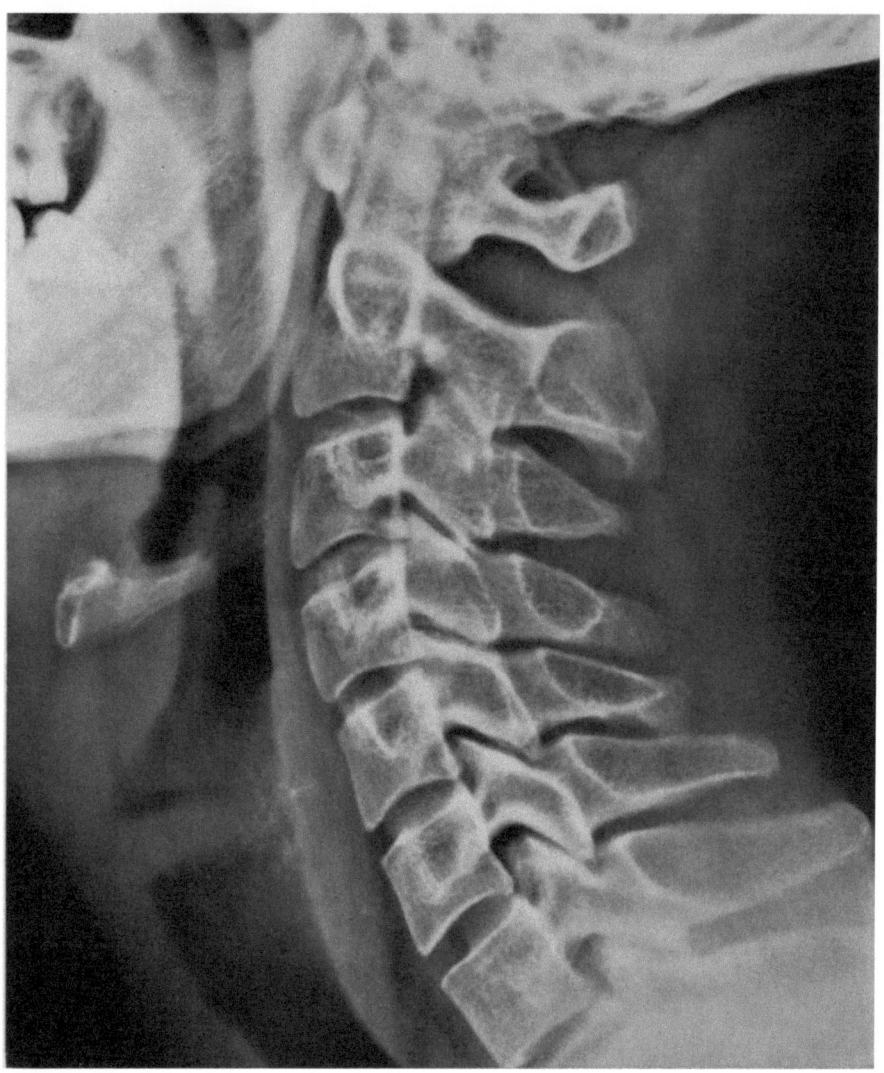

Aufnahme 48
HALSWIRBELSÄULE SEITLICH

I–VII Vertebrae cervicales I bis VII
I. Vertebra thoracica I
1 Unterer Rand des Corpus vertebrae cervicalis VI
2 Oberer Rand des Corpus vertebrae cervicalis VI
3 Processus transversus (filmfern)
4 Processus transversus (filmnah)
5 Incisura vertebralis inferior
6 Processus articulares superiores (filmnah und filmfern, größtenteils ineinanderprojiziert)
7 Processus articulares inferiores (filmnah und filmfern, größtenteils ineinanderprojiziert)
8 Processus spinosus
9 Processus spinosus vertebrae cervicalis VII (Vertebra prominens)
10 Weite des Canalis vertebralis
11 Articulatio intervertebralis

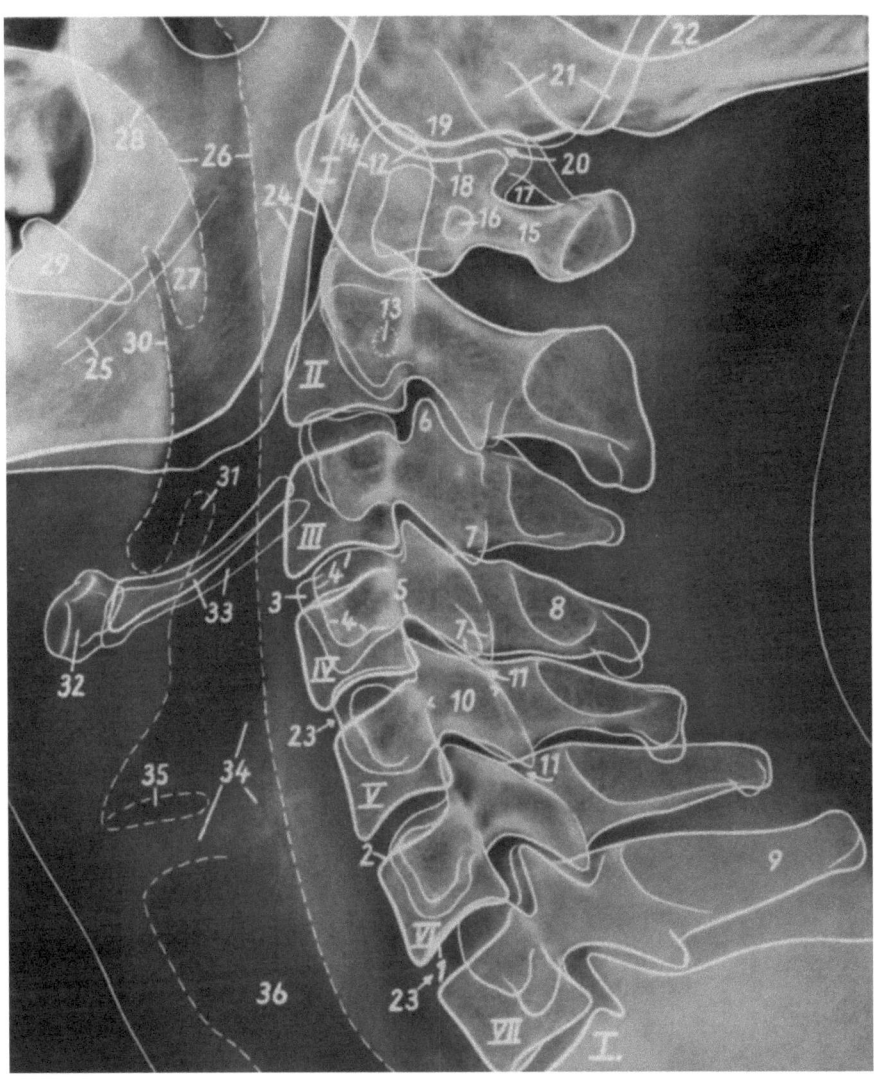

12 Dens axis	20 Articulatio atlanto-occipitalis	26 Cavum pharyngis
13 Foramen transversarium axis	21 Processus mastoideus (filmnah und filmfern, größtenteils ineinanderprojiziert)	27 Uvula
14 Arcus anterior atlantis		28 Palatum molle
15 Arcus posterior atlantis		29 Verlagerter Weisheitszahn
16 Foramen transversarium atlantis	22 Fossa cranii posterior	30 Radix linguae
17 Foramen arcuale atlantis (belanglose Anomalie)	23 Discus intervertebralis	31 Epiglottis
	24 Ramus mandibulae, filmnaher und filmferner Rand nebeneinanderprojiziert	32 Corpus ossis hyoidei
18 Fovea articularis superior atlantis		33 Cornua majora (ossis hyoidei)
19 Condyli occipitales (filmnah und filmfern ineinanderprojiziert)		34 Cartilago thyreoidea, z. T. verkalkt
	25 Canalis mandibulae	35 Ventriculus laryngis
		36 Trachea (– – –)

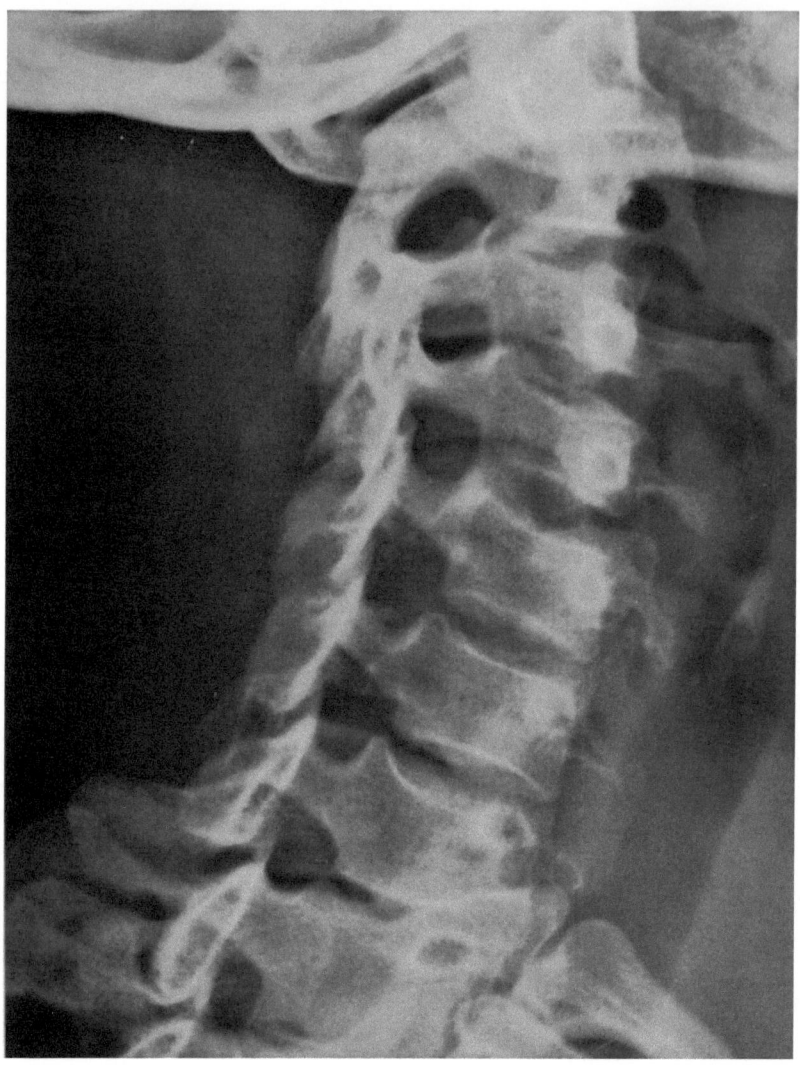

Aufnahme 49
HALSWIRBELSÄULE SCHRÄG

1. Os occipitale
2. Rand des Processus mastoideus
3. Arcus posterior atlantis
4. Arcus anterior atlantis
5. Tuberculum anterius
6. Massa lateralis (filmfern)
7. Massa lateralis (filmnah)
8. Articulatio atlanto-axialis lateralis (filmfern)
9. Rand der Mandibula
10. Canalis mandibulae
11. Dens (axis)
12. Arcus axis
13. Processus spinosus axis
14. Foramen transversarium (filmnah)
15. Cornu majus (ossis hyoidei), filmfern
16. Cornu majus (ossis hyoidei), filmnah
17. Processus spinosi vertebrarum cervicalium III bis VI
18. Processus spinosus vertebrae cervicalis VII (Vertebra prominens)
19. Foramen intervertebrale

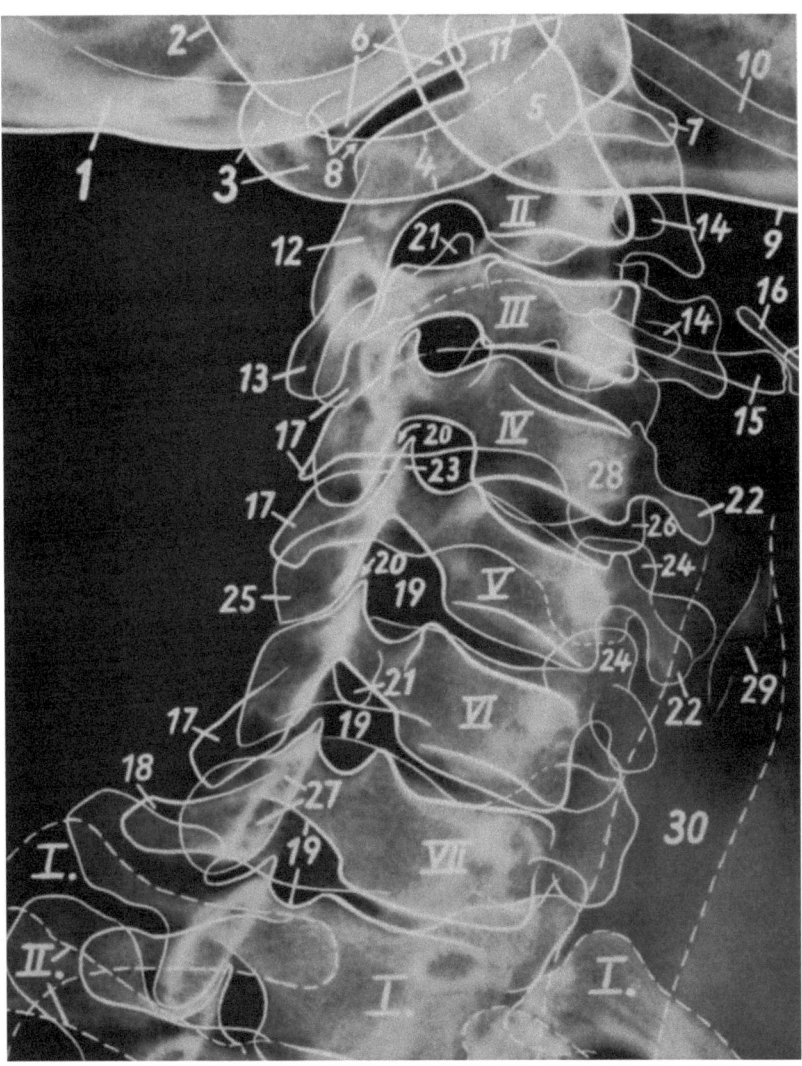

20	Articulatio intervertebralis	25	Processus articularis inferior (filmfern)	29	Zum Teil verkalkte Cartilago thyreoidea
21	Processus transversus (filmfern)	26	Processus articularis inferior (filmnah)	30	Trachea (– – –)
22	Processus transversus (filmnah)	27	Orthograd getroffener Abschnitt des filmfernen Bogenanteils	II–VII	Vertebrae cervicales II bis VII
23	Processus articularis superior (filmfern)	28	Orthograd getroffener Abschnitt des filmnahen Bogenanteils	I.	Vertebra thoracica I und Costae I
24	Processus articularis superior (filmnah)			II.	Costa II

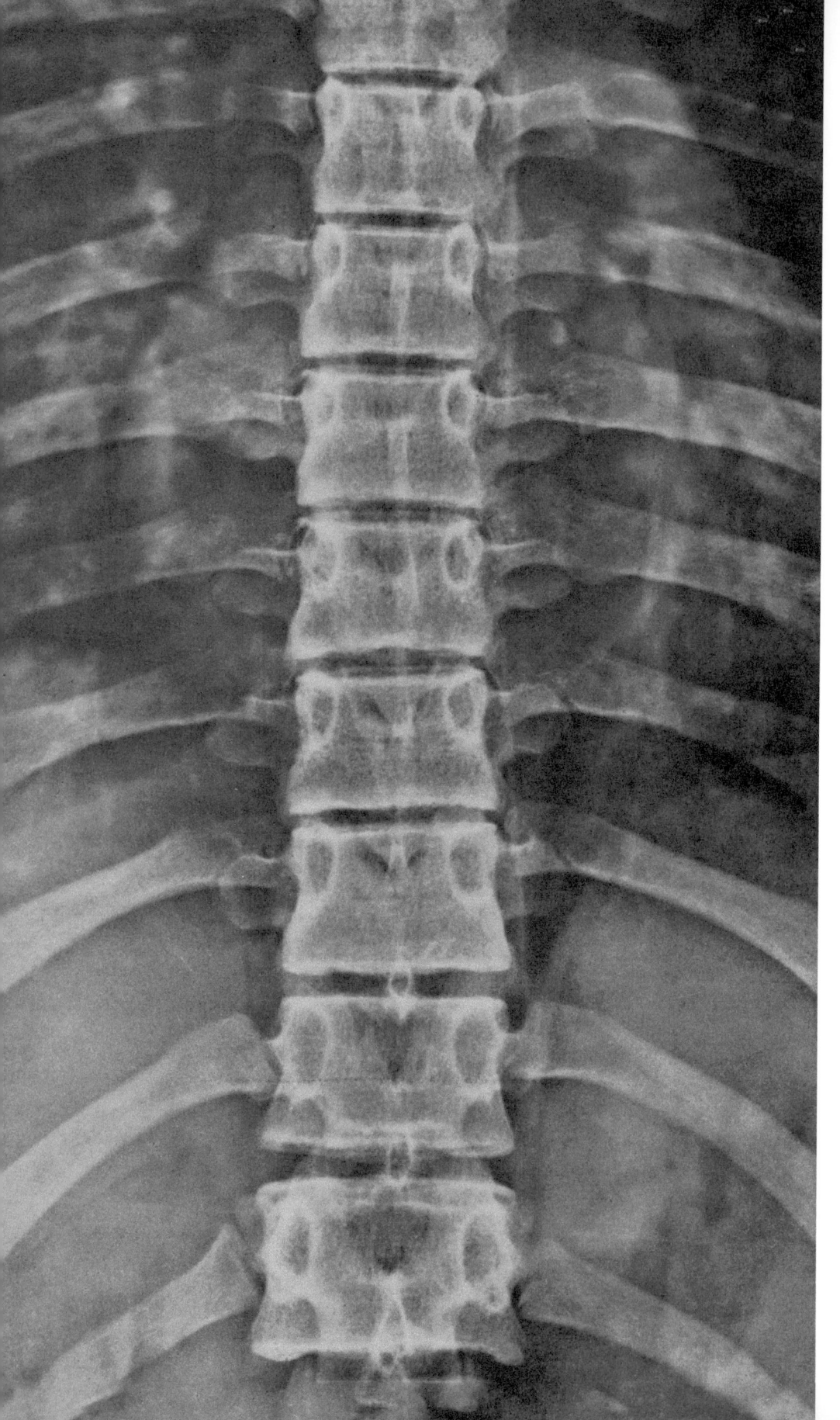

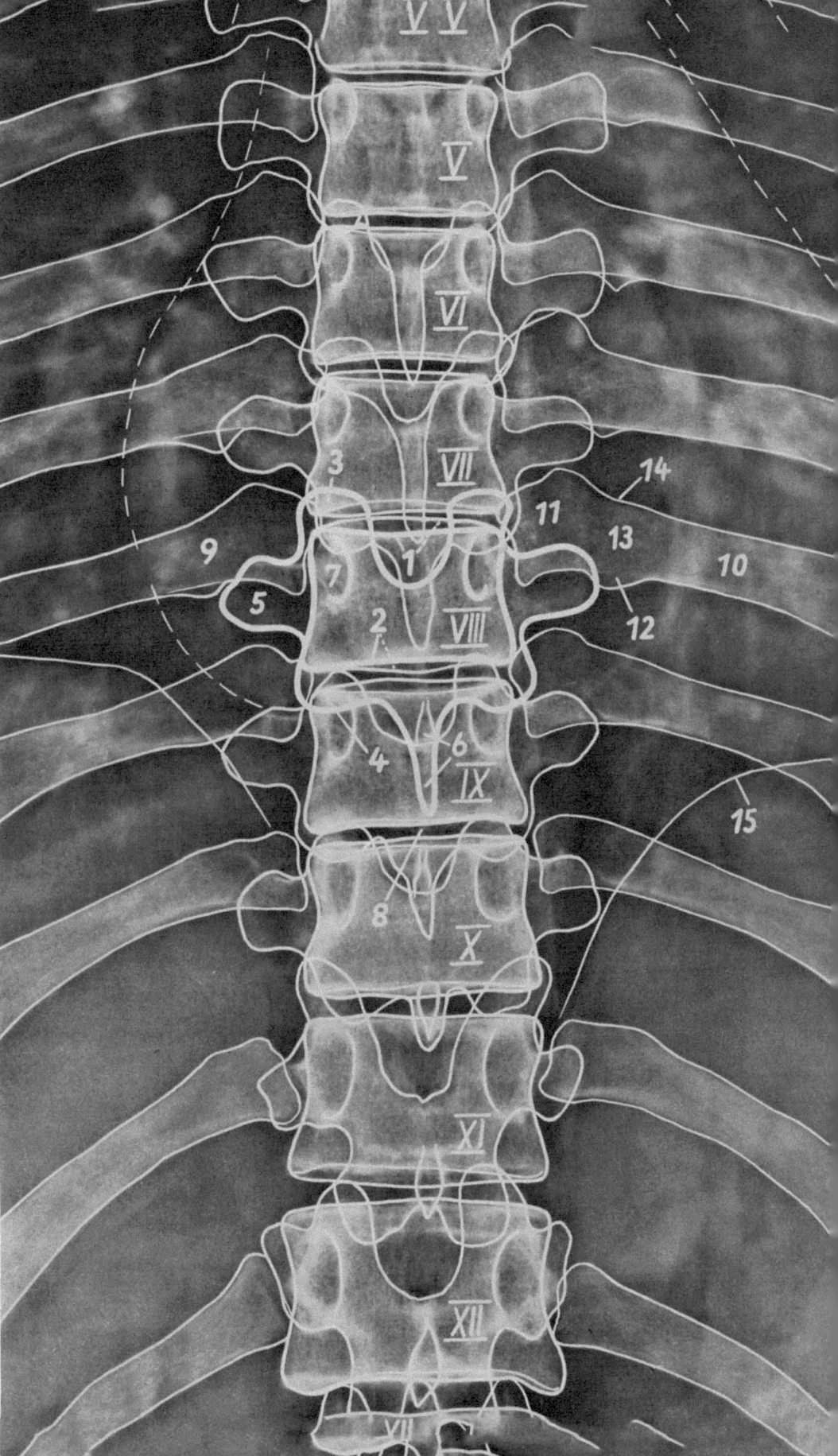

◀ **Aufnahme 50**
BRUSTWIRBELSÄULE VON VORNE NACH HINTEN

IV–XII Vertebrae thoracicae IV bis XII (Corpus)

1. Oberer Rand des Corpus vertebrae thoracicae VIII
(– – –) filmfern
(——) filmnah
2. Unterer Rand des Corpus vertebrae thoracicae VIII
(– – –) filmnah
(——) filmfern
3. Processus articularis superior vertebrae thoracicae VIII
4. Processus articularis inferior vertebrae thoracicae VIII. Die Gelenkflächen der Articulationes intervertebrales wurden senkrecht getroffen, daher Gelenkspalt nicht sichtbar
5. Processus transversus vertebrae thoracicae VIII
6. Processus spinosus vertebrae thoracicae VIII
7. Pediculus arcus vertebrae thoracicae VIII
8. Discus intervertebralis
9. Costa VIII dextra
10. Costa VIII sinistra
11. Caput costae VIII
12. Tuberculum costae VIII
13. Collum costae VIII
14. Crista colli costae
15. Diaphragma
– – – – Herzrand

Aufnahme 51 ▶
BRUSTWIRBELSÄULE SEITLICH
(Die Aufnahme wurde in rechter Seitenlage durchgeführt)

III–XII	Vertebrae thoracicae III bis XII		vertebrae thoracicae IX (filmnah)
VI–VIII	filmnahe Costae VI bis VIII (– – –)	6	Oberer Rand des Corpus vertebrae thoracicae IX (filmfern)
VI.–VIII.	filmferne Costae VI bis VIII (– – –)	7	Unterer Rand des Corpus vertebrae thoracicae IX (filmnah)
1	Oberer Rand des Corpus vertebrae thoracicae VI (filmnah)	8	Unterer Rand des Corpus vertebrae thoracicae IX (filmfern)
2	Oberer Rand des Corpus vertebrae thoracicae VI (filmfern)	9	Processus articulares superiores (filmnah und filmfern übereinanderprojiziert)
3	Unterer Rand des Corpus vertebrae thoracicae VI (filmnah)	10	Gegend der Processus articulares inferiores
4	Unterer Rand des Corpus vertebrae thoracicae VI (filmfern)	11	Processus transversi (filmnah und filmfern, größtenteils übereinanderprojiziert)
5	Oberer Rand des Corpus	12	Processus spinosus
		13	Pediculus arcus vertebrae
		14	Articulatio intervertebralis
		15	Incisura vertebralis inferior (filmnaher und filmferner Rand z. T. nebeneinanderprojiziert)
		16	Capita costae (filmnah und filmfern, größtenteils ineinander projiziert)
		17	Discus intervertebralis
		18	Rand der filmnahen Scapula
		19	Rand der filmfernen Scapula
		20	Gefäßkanal, sogenannter Hahnscher Spalt, besonders bei Jugendlichen sichtbar
		21	Hinterwand des Herzens
		22	Hinterer Rand des Gefäßbandes
		23	Diaphragma (filmnaher Anteil)
		24	Diaphragma (filmferner Anteil)

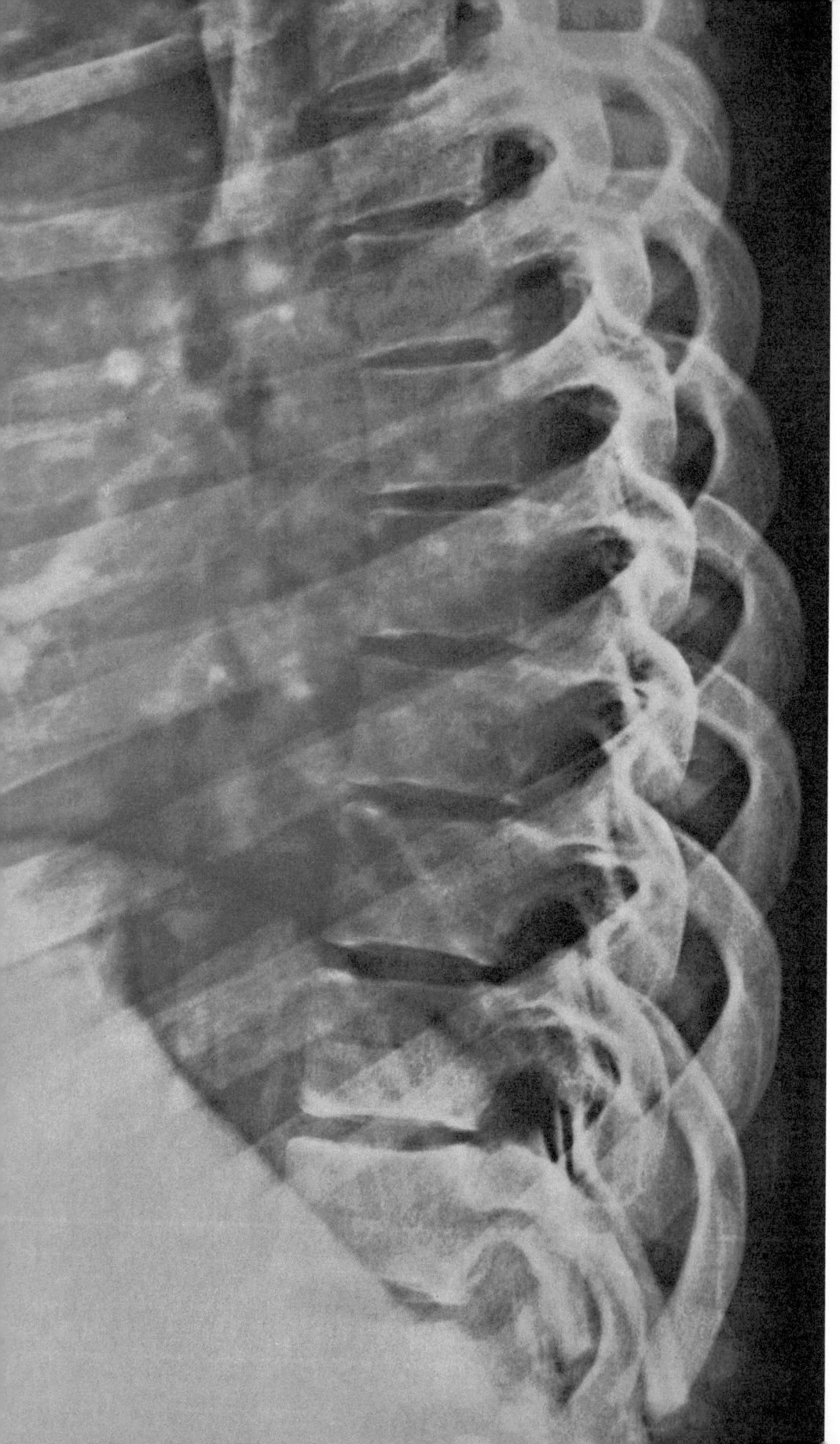

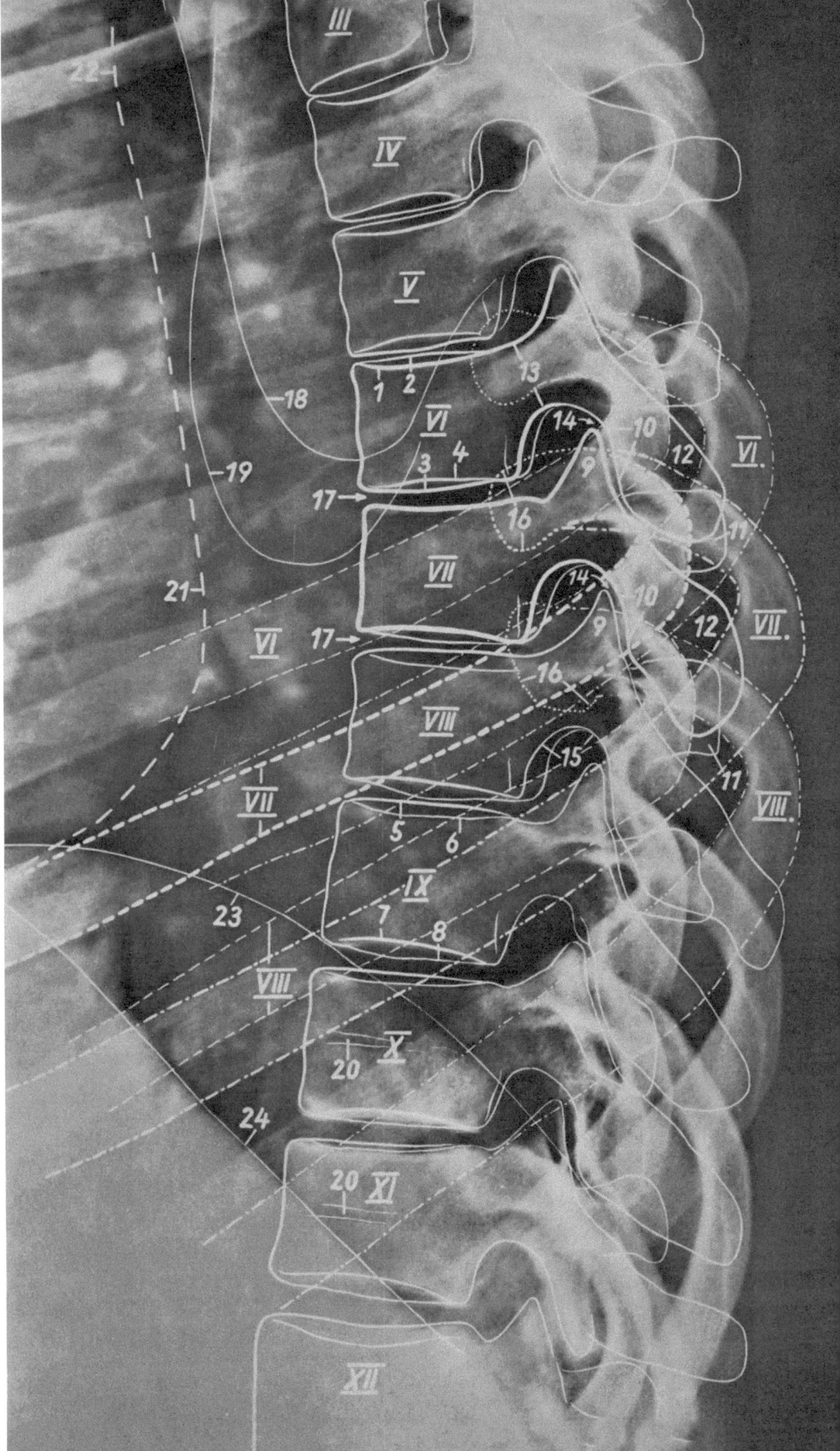

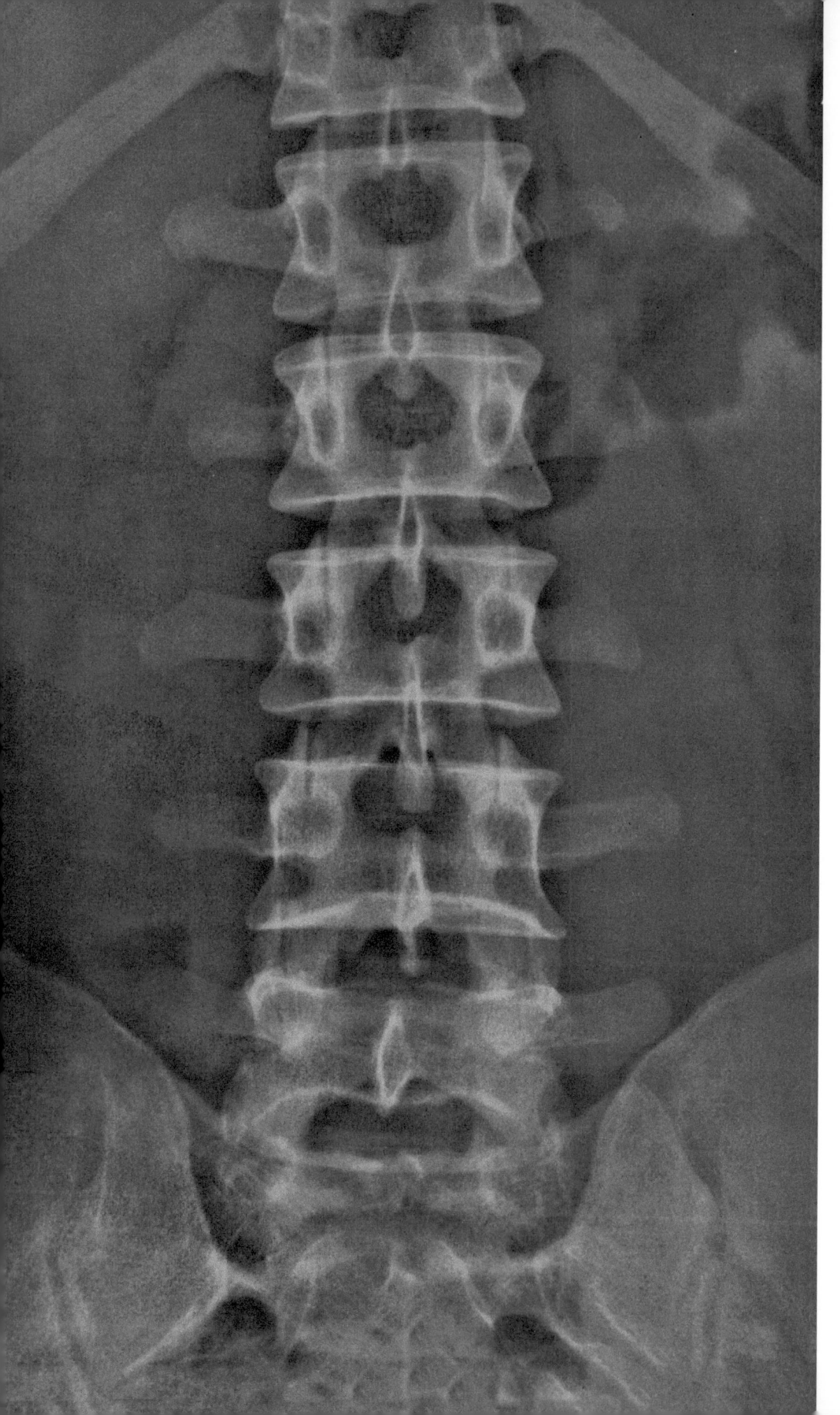

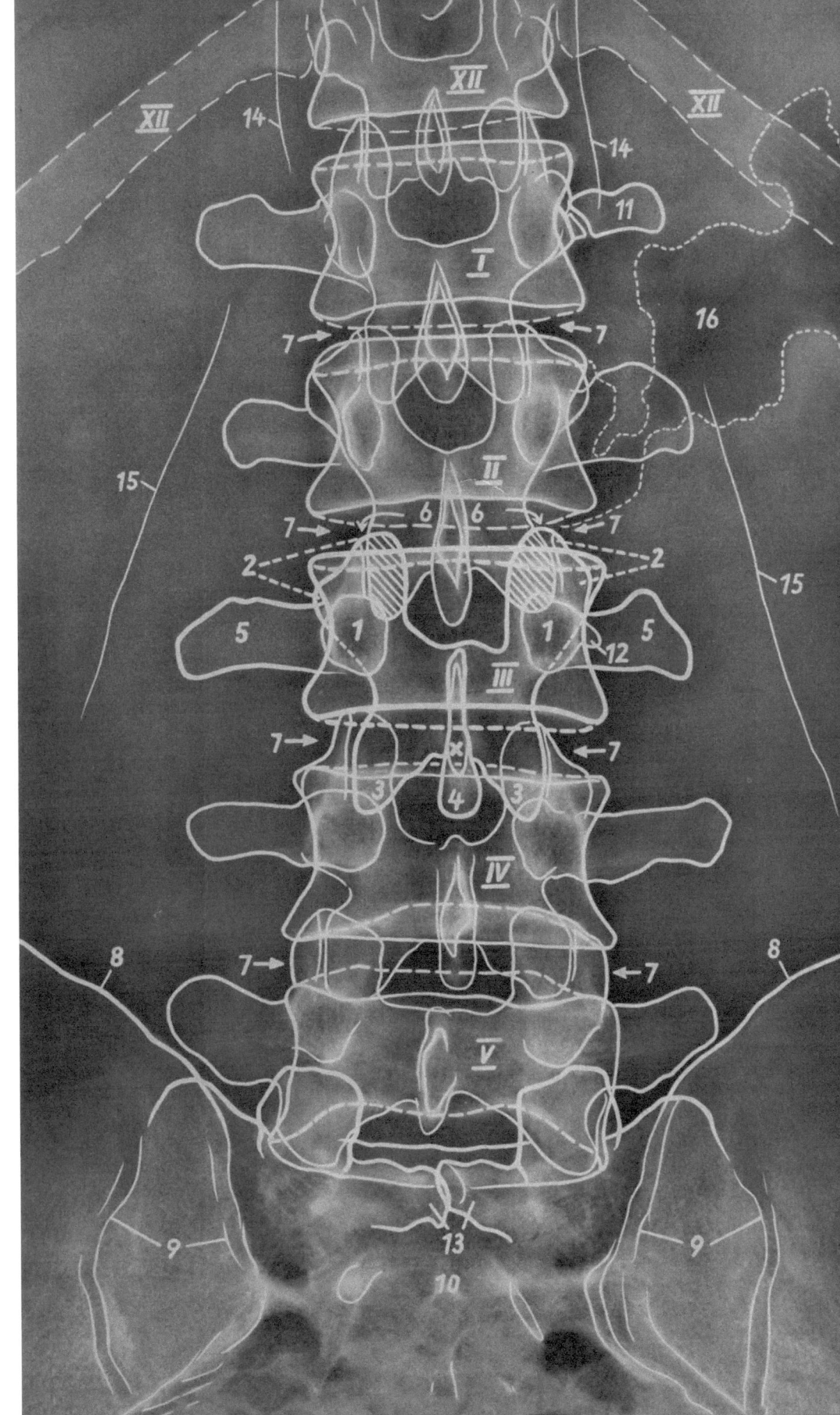

◀ Aufnahme 52
Lendenwirbelsäule von vorne nach hinten

I–V   Vertebrae lumbales I bis V
——— = filmferne obere und untere Ränder der Corpora
– – – = filmnahe obere und untere Ränder der Corpora
XII   Vertebra thoracica XII mit Costae XII

1. Pediculus arcus vertebralis
2. Processus articularis superior
3. Processus articularis inferior
4. Processus spinosus
 × = Basis des Processus spinosus
5. Processus costarius
6. Orthograd getroffener Abschnitt der Articulatio intervertebralis, übrige Gelenkfläche schraffiert
7. Discus intervertebralis
8. Crista iliaca
9. Articulatio sacro-iliaca
10. Os sacrum
11. Costa lumbalis (Lendenrippe = belanglose Anomalie)
12. Processus styloideus (belanglose Anomalie)
13. Arcus vertebralis sacralis, unvollständig (belanglose Anomalie)
14. Diaphragma
15. Rand des Psoas
16. Magen

Aufnahme 53 ▶
LENDENWIRBELSÄULE SEITLICH

I–V Vertebrae lumbales I bis V
XII Vertebra thoracica XII
X.–XII. Costae X bis XII

1. Arcus vertebralis lumbalis
2. Processus articulares superiores (filmnah und filmfern übereinanderprojiziert)
3. Processus articulares inferiores (filmnah und filmfern übereinanderprojiziert)
4. Processus spinosus
5. Processus costarii (filmnah und filmfern zum Teil übereinanderprojiziert)
6. Orthograd getroffener Anteil der Articulatio intervertebralis, übrige Gelenkfläche schraffiert
7. Discus intervertebralis
8. Foramen intervertebrale
9. Incisura vertebralis inferior (filmnaher und filmferner Rand zum Teil nebeneinanderprojiziert)
10. Incisura vertebralis superior (filmnaher und filmferner Rand zum Teil nebeneinanderprojiziert)
11. Vertebra sacralis I
12. Crista iliaca (filmfern)
13. Crista iliaca (filmnah)
... = Darmluft

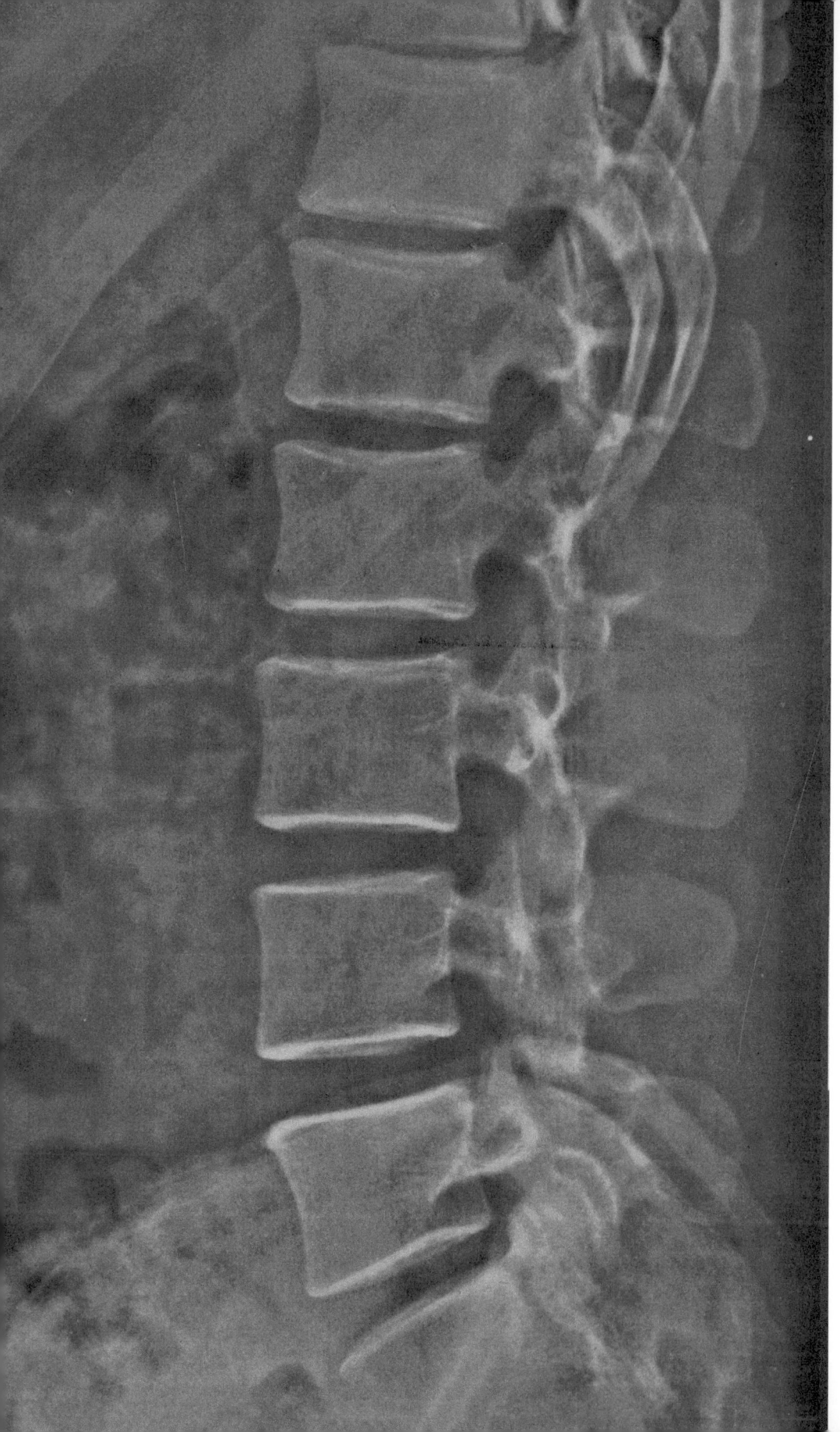

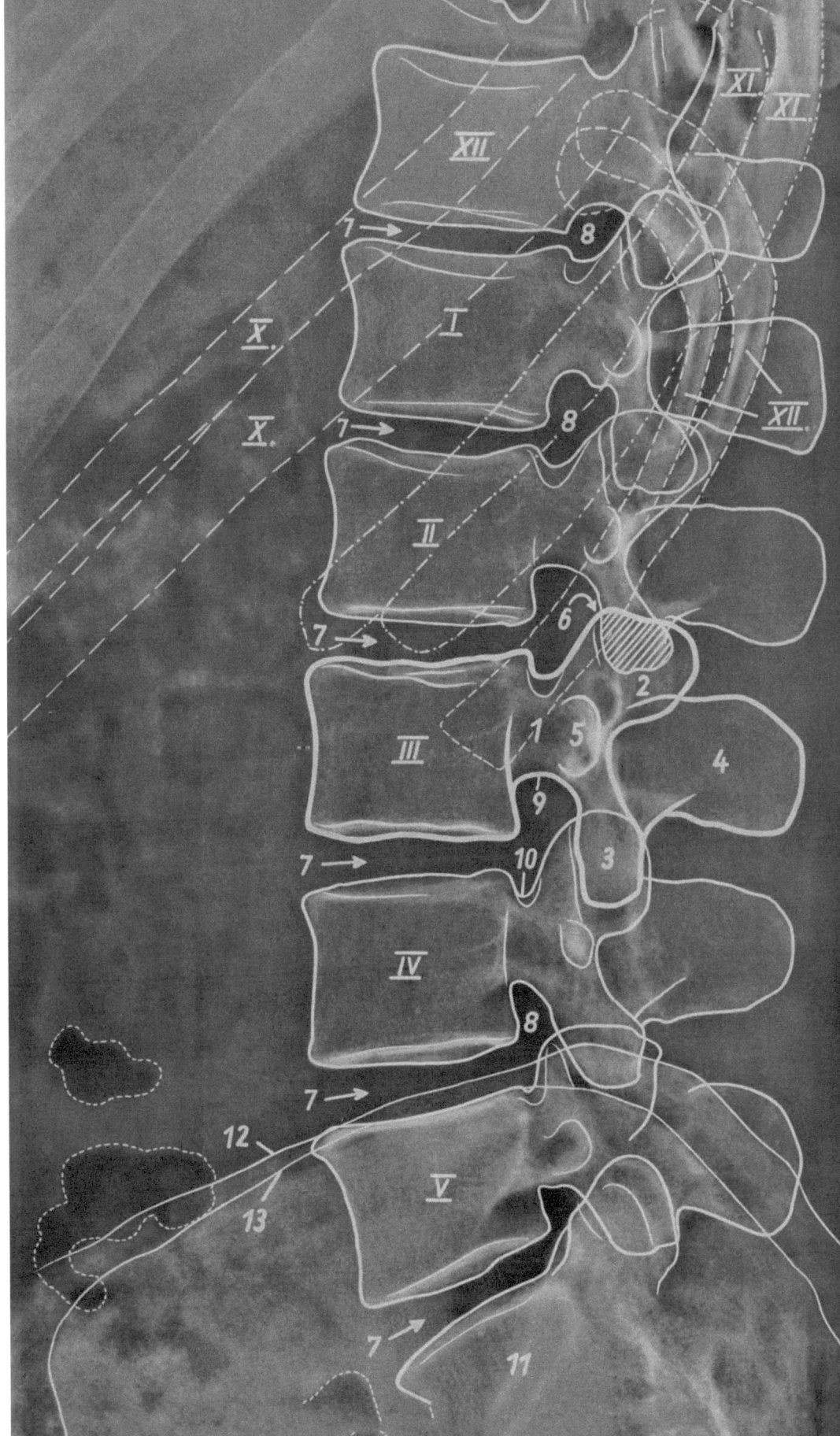

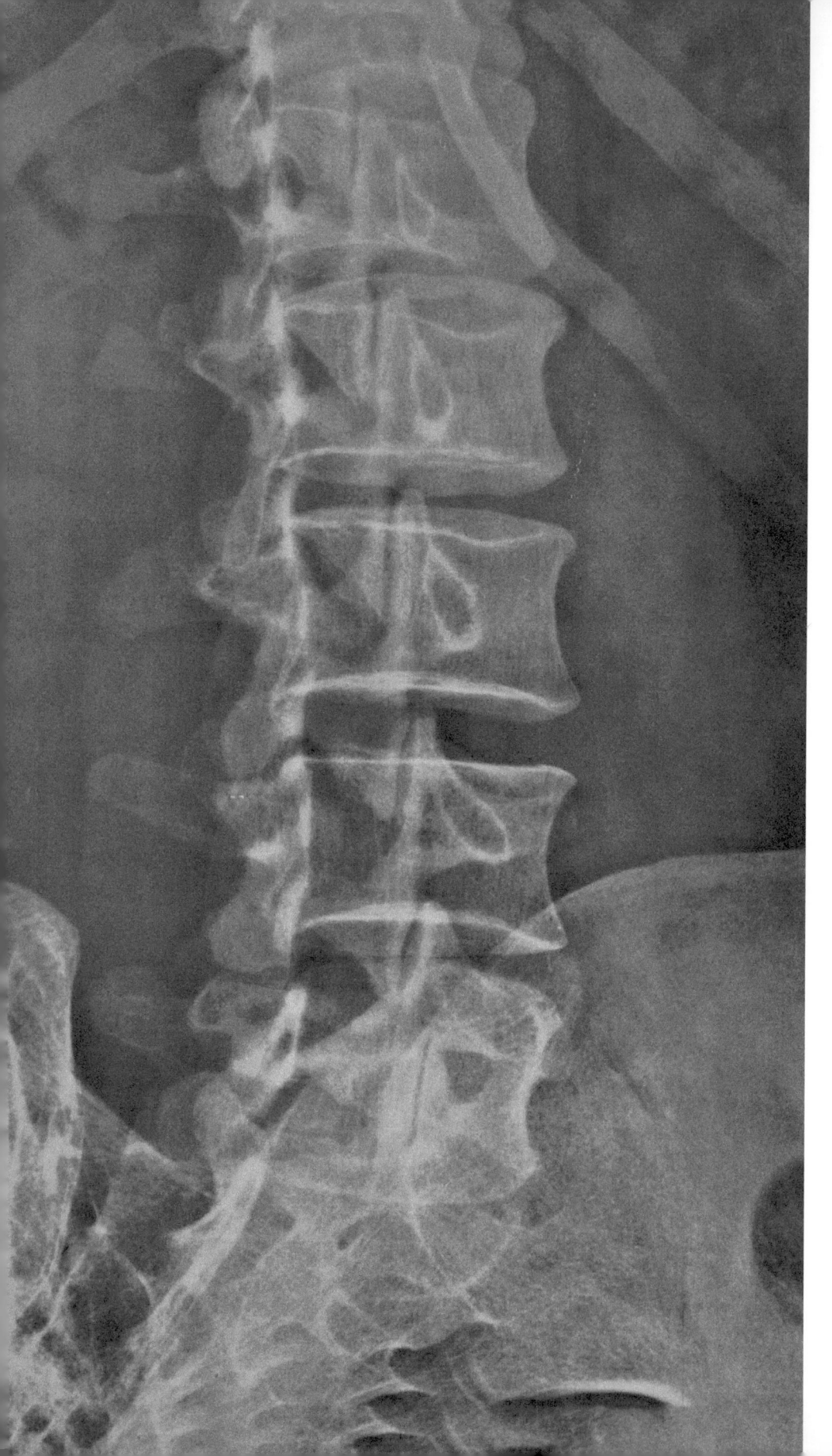

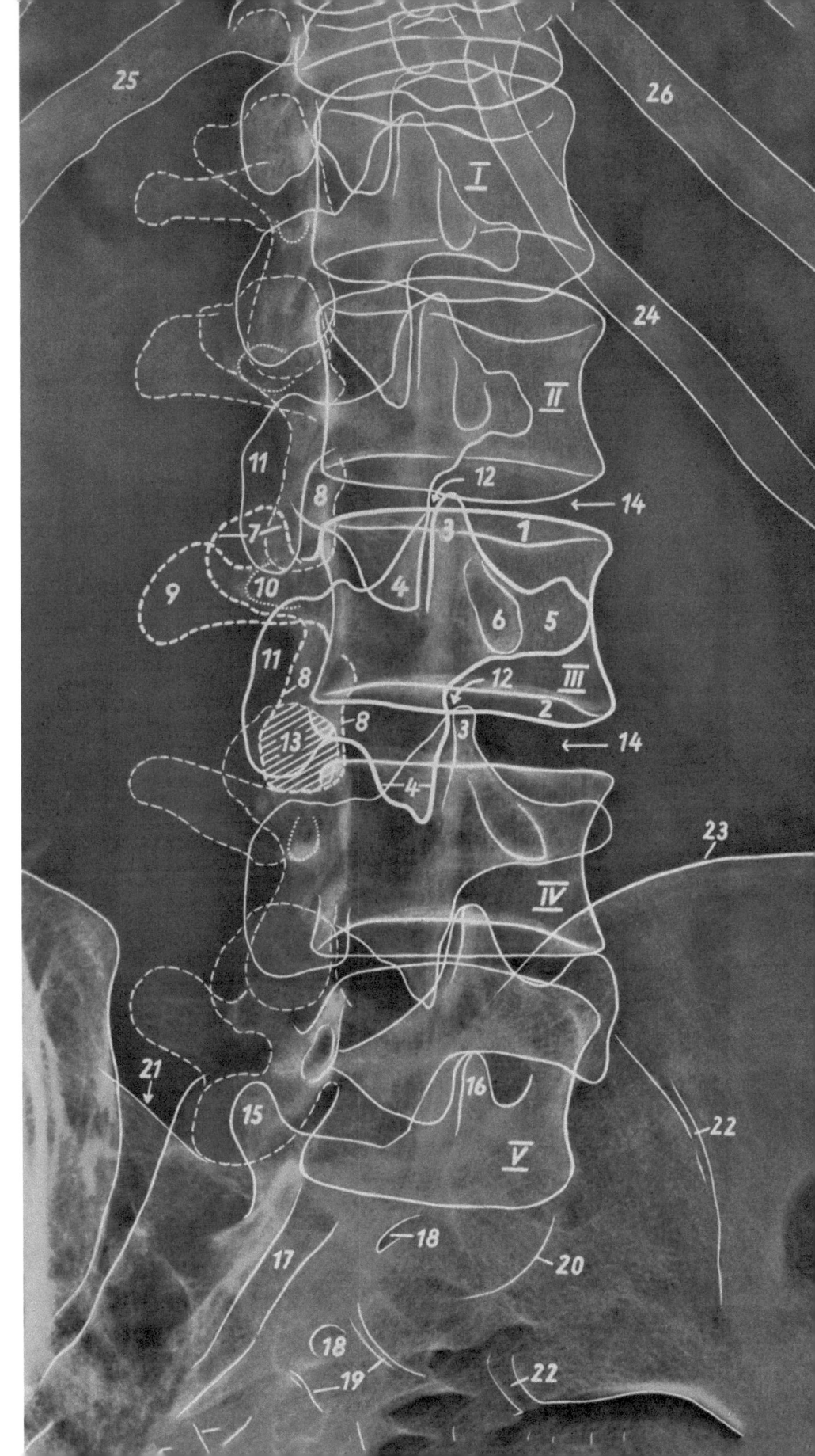

◀ **Aufnahme 54**
LENDENWIRBELSÄULE SCHRÄG

I–V Vertebrae lumbales I bis V

1 Oberer Rand des Corpus vertebrae lumbalis III
2 Unterer Rand des Corpus vertebrae lumbalis III
3 Processus articularis superior (filmnah)
4 Processus articularis inferior (filmnah)
5 Processus costarius (filmnah)
6 Pediculus arcus vertebralis (filmnah)
7 Processus articularis superior (filmfern) – – –
8 Processus articularis inferior (filmfern) – – –
9 Processus costarius (filmfern) – – –
10 Pediculus arcus vertebralis (filmfern) ...
11 Processus spinosus
12 Articulatio intervertebralis, orthograd getroffener Anteil (filmnah)
13 Articulatio intervertebralis (filmfern), Gelenkfläche schraffiert
14 Discus intervertebralis
15 Processus articularis superior ossis sacri (filmfern)
16 Processus articularis superior ossis sacri (filmnah)
17 Canalis sacralis, frei projizierter Teil
18 Foramen sacrale
19 Lineae transversae ossis sacri
20 Rand der Facies pelvina ossis sacri
21 Articulatio sacro-iliaca (filmfern)
22 Articulatio sacro-iliaca (filmnah)
23 Crista iliaca (filmnah)
24 Costa sinistra XII
25 Costa dextra XII
26 Costa sinistra XI

Aufnahme 55 und 56 ▶
5. LENDENWIRBEL (bei Röhrenkippung und in „Steinschnittlage")

a   Ausschnitt aus einer Aufnahme der Lendenwirbelsäule bei üblicher Einstellung (Einstellung wie Aufnahme 52)
b   Ausschnitt aus einer Aufnahme mit Röhrenkippung (Einstellung der Aufnahme 55)
c   Ausschnitt aus einer Aufnahme in „Steinschnittlage" (Einstellung der Aufnahme 56)

1   Zwischenraum zwischen Corpus vertebrae lumbalis V und Corpus vertebrae sacralis I nicht frei projiziert
2   Bei Röhrenkippung Zwischenraum zwischen Corpus vertebrae lumbalis V und Corpus vertebrae sacralis I frei projiziert
3   In „Steinschnittlage" Zwischenraum zwischen Corpus vertebrae lumbalis V und Corpus vertebrae sacralis I meist noch etwas deutlicher frei projiziert
4   Unterer Rand des Corpus vertebrae lumbalis V
5   Oberer Rand des Corpus vertebrae sacralis I (bei a durch das Corpus vertebrae lumbalis V überlagert)
6   Orthograd getroffener Abschnitt der Articulatio intervertebralis, hier bei a und c links deutlicher als rechts, bedingt durch Linksverdrehung der Lendenwirbelsäule

×   Bogenschlußunregelmäßigkeit des 5. Lendenwirbelkörpers und des ersten Kreuzbeinsegmentes

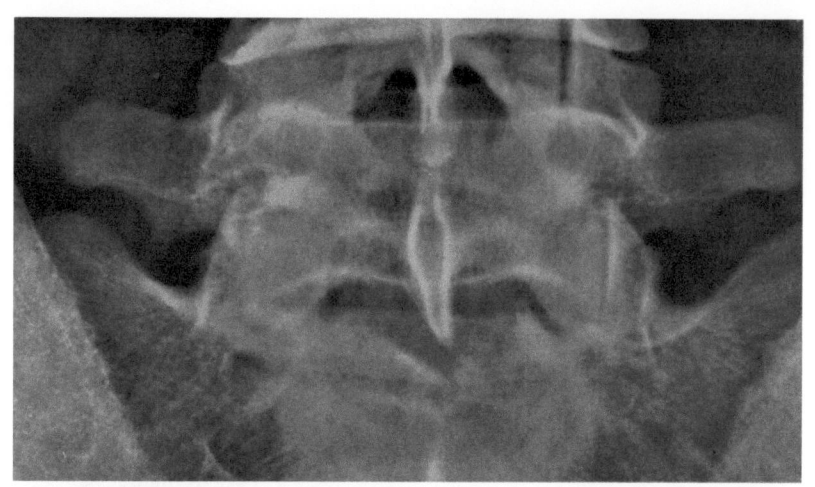
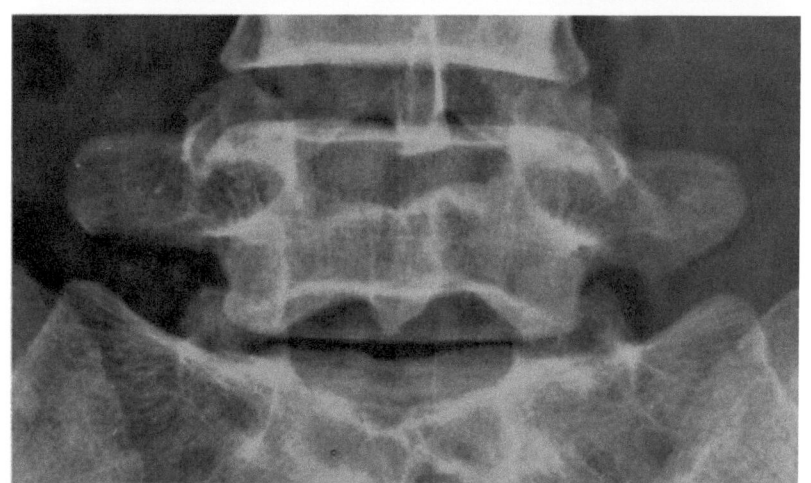
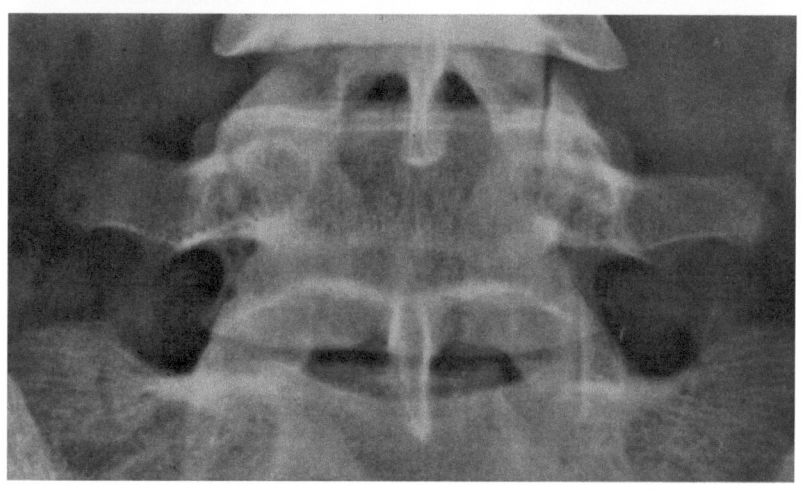

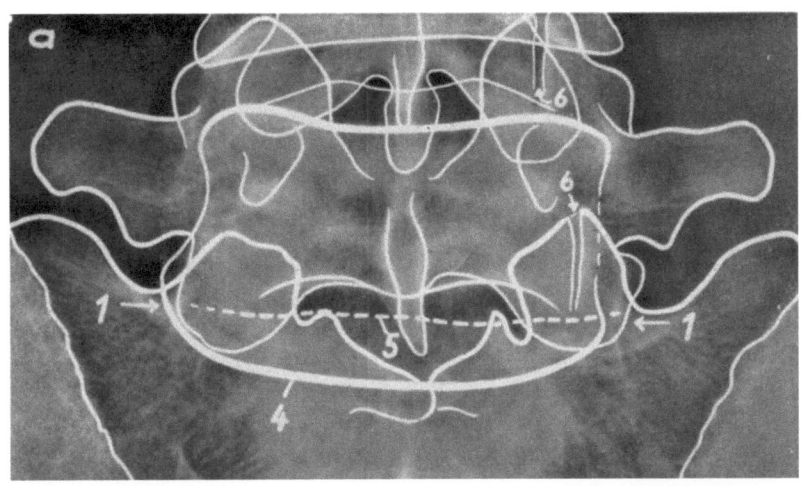

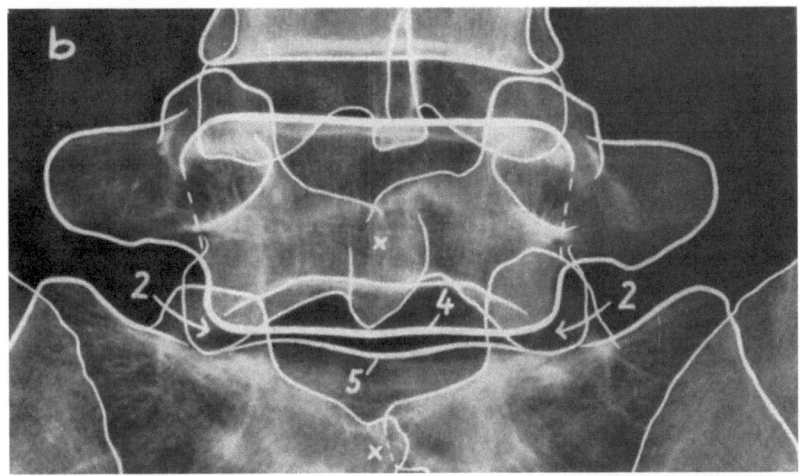

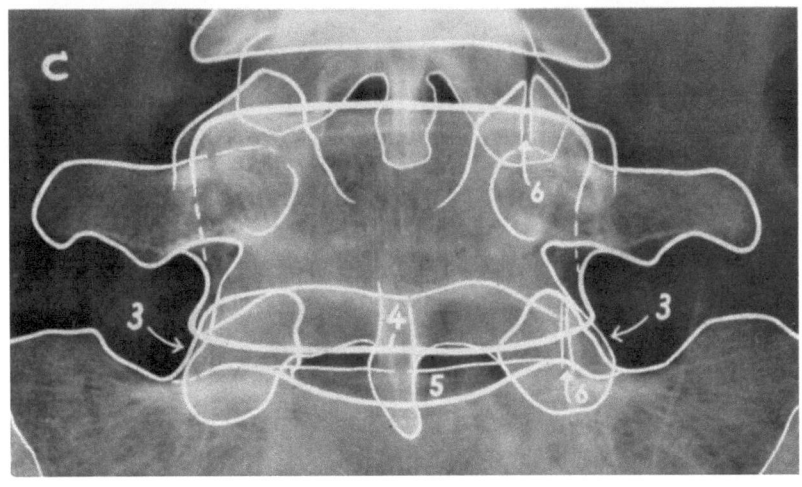

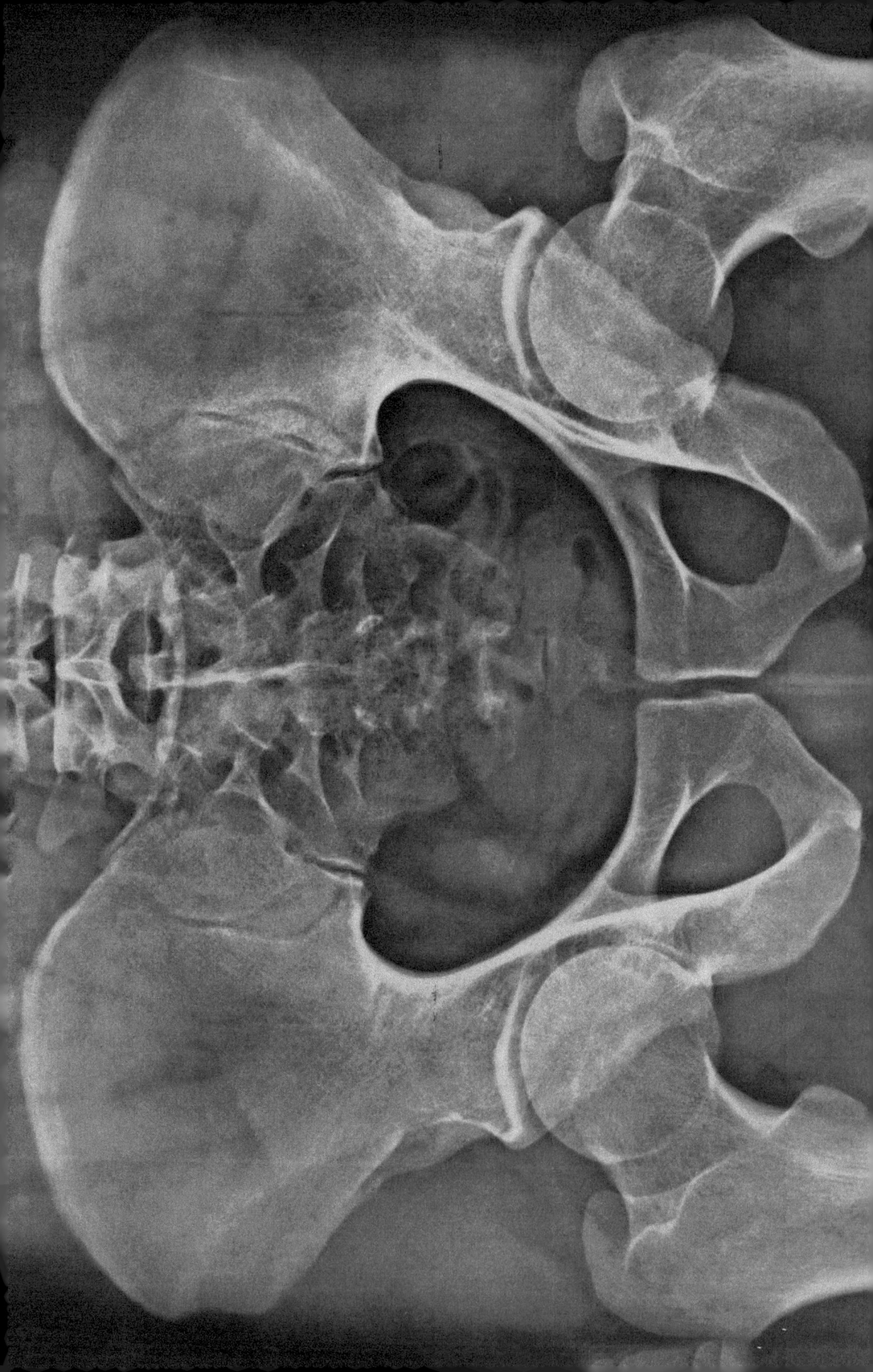

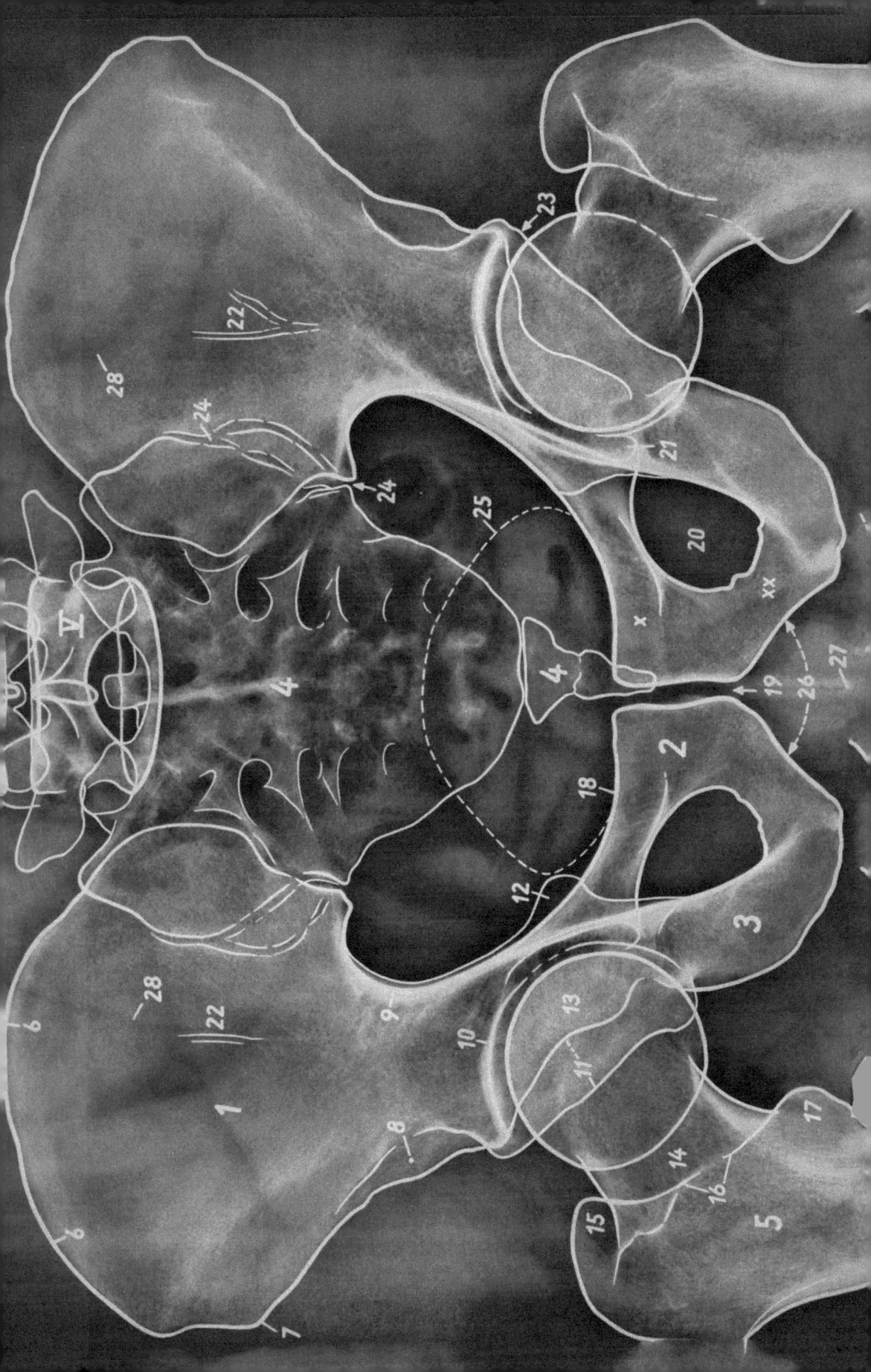

◀ Aufnahme 57
BECKENÜBERSICHT VON VORNE NACH HINTEN

1 Ala ossis ilii
2 Os pubis
3 Os ischii
4 Os sacrum und vertebrae coccygeae (nähere Bezeichnungen s. Aufnahme 59 und 60)
5 Femur
6 Crista iliaca
7 Spina iliaca anterior superior
8 Spina iliaca anterior inferior
9 Orthograde Projektion eines Teiles der inneren Beckenwand
10 Dach des Acetabulum
11 Vorderer (– – –) und hinterer (——) Rand des Acetabulum
12 Spina ischiadica
13 Caput femoris
14 Collum femoris
15 Trochanter major
16 Crista intertrochanterica
17 Trochanter minor
18 Pecten ossis pubis
19 Symphysis pubica
20 Foramen obturatum
21 „Köhlersche Tränenfigur" (projektionsbedingte Zeichnung im Bereich der Pfanne)
22 Canalis nutricius (inkonstant), hier ergänzt zu der oft typischen Y-Form
23 Articulatio coxae
24 Articulatio sacro-iliaca
25 Rand der Harnblase
26 Angulus (bei Frauen Arcus) subpubicus
27 Rima ani
28 Rand des M. psoas

V Vertebra lumbalis V
× Grenze zwischen dem Ramus superior und dem Ramus inferior ossis pubis
×× Sogenannte ischiopubische Grenze, häufiger Sitz von Verknöcherungsanomalien

Aufnahme 58 ▶
BECKENÜBERSICHT SEITLICH

1 Ala ossis ilii (filmnah)
2 Ala ossis ilii (filmfern)
3 Vertebrae coccygeae
4 Promonturium
5 Facies pelvina (ossis sacri)
6 Crista iliaca (filmnah)
7 Crista iliaca (filmfern)
8 Spina iliaca posterior inferior (filmnah)
9 Spina iliaca posterior inferior (filmfern)
10 Incisura ischiadica major (filmnah)
11 Incisura ischiadica major (filmfern)
12 Spina ischiadica (filmnah)
13 Spina ischiadica (filmfern)
14 Incisura ischiadica minor (filmnah)
15 Incisura ischiadica minor (filmfern)
16 Gegend des Tuber ischiadicum beiderseits
17 Os pubis beiderseits (filmnaher und filmferner Rand größtenteils nebeneinanderprojiziert)
18 Gegend der Symphysis pubica
19 Foramina obturata (größtenteils übereinanderprojiziert)
20 Spina iliaca anterior inferior (filmnah)
21 Spina iliaca anterior inferior (filmfern)
22 Spina iliaca anterior superior (filmnah)
23 Spina iliaca anterior superior (filmfern)
24 Acetabulum (filmnah)
25 Acetabulum (filmfern)
26 Caput femoris (filmnah)
27 Caput femoris (filmfern)
28 Trochanter major (filmnah)
29 Trochanter major (filmfern)
30 Femur (filmnah)
31 Femur (filmfern)
32 Vorderränder der Facies auriculares (ossis sacri) filmfern und filmnah, größtenteils nebeneinanderprojiziert

IV., V. Vertebrae lumbales IV und V
I–V Vertebrae sacrales I bis V

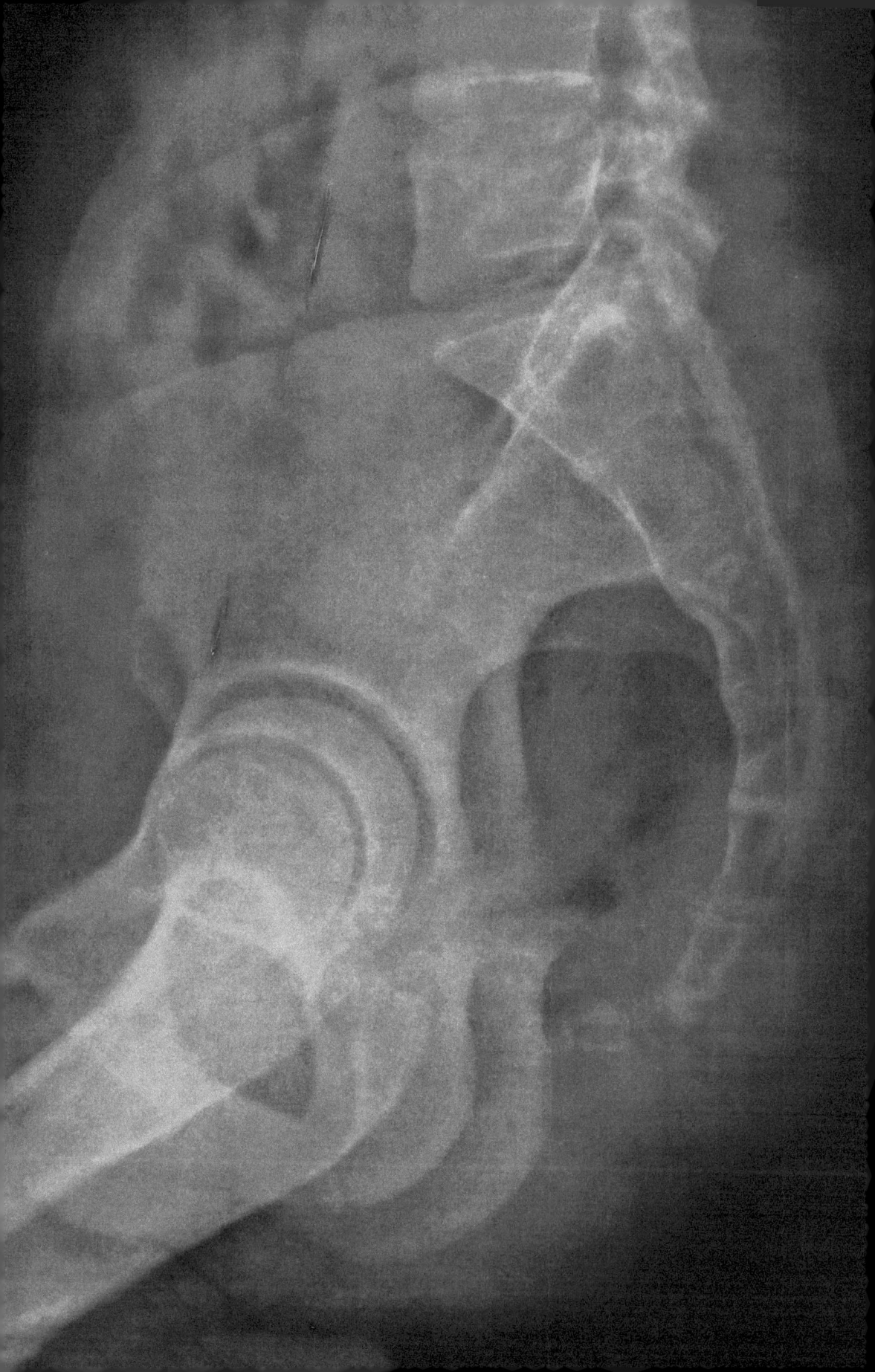

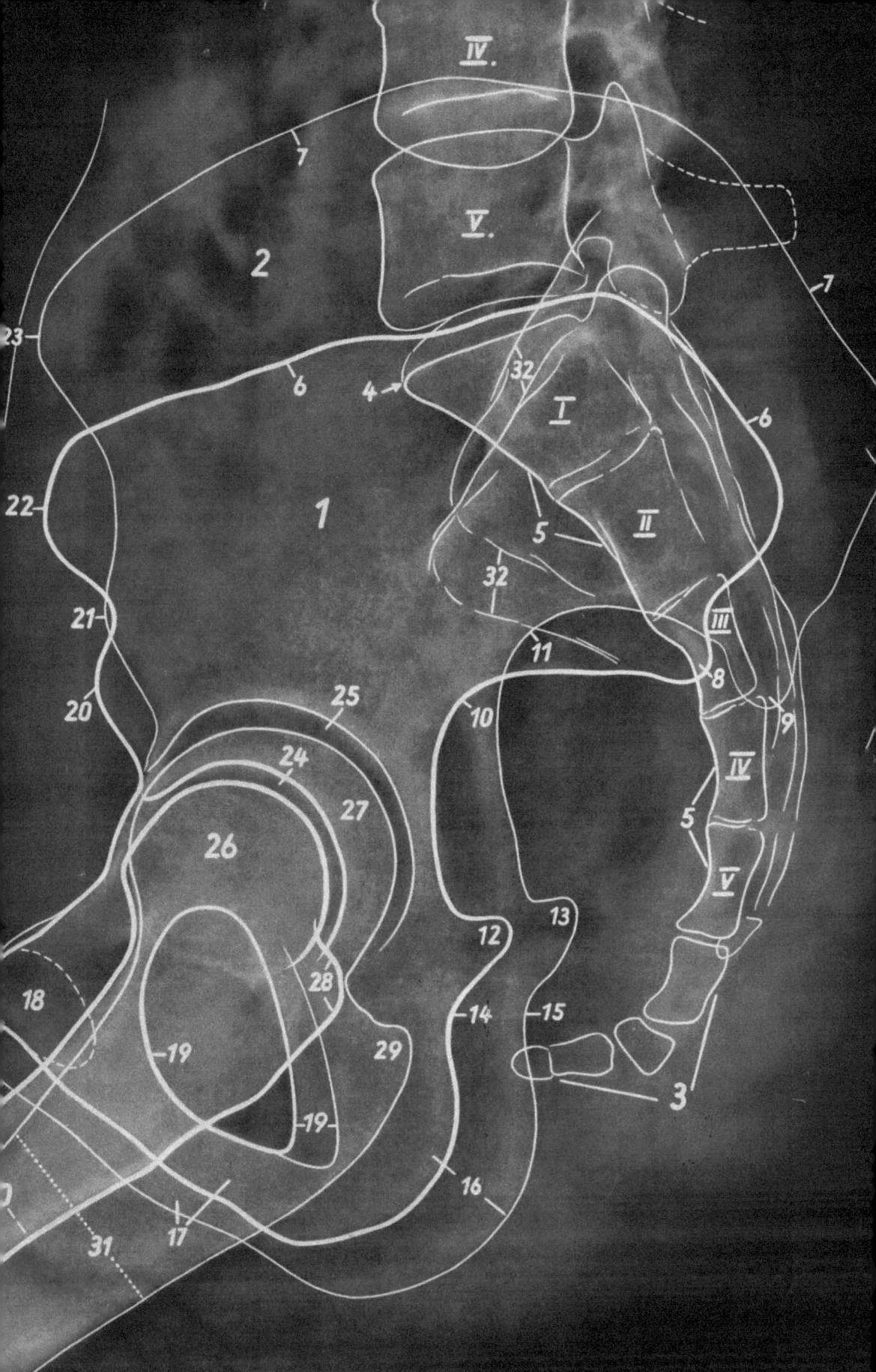

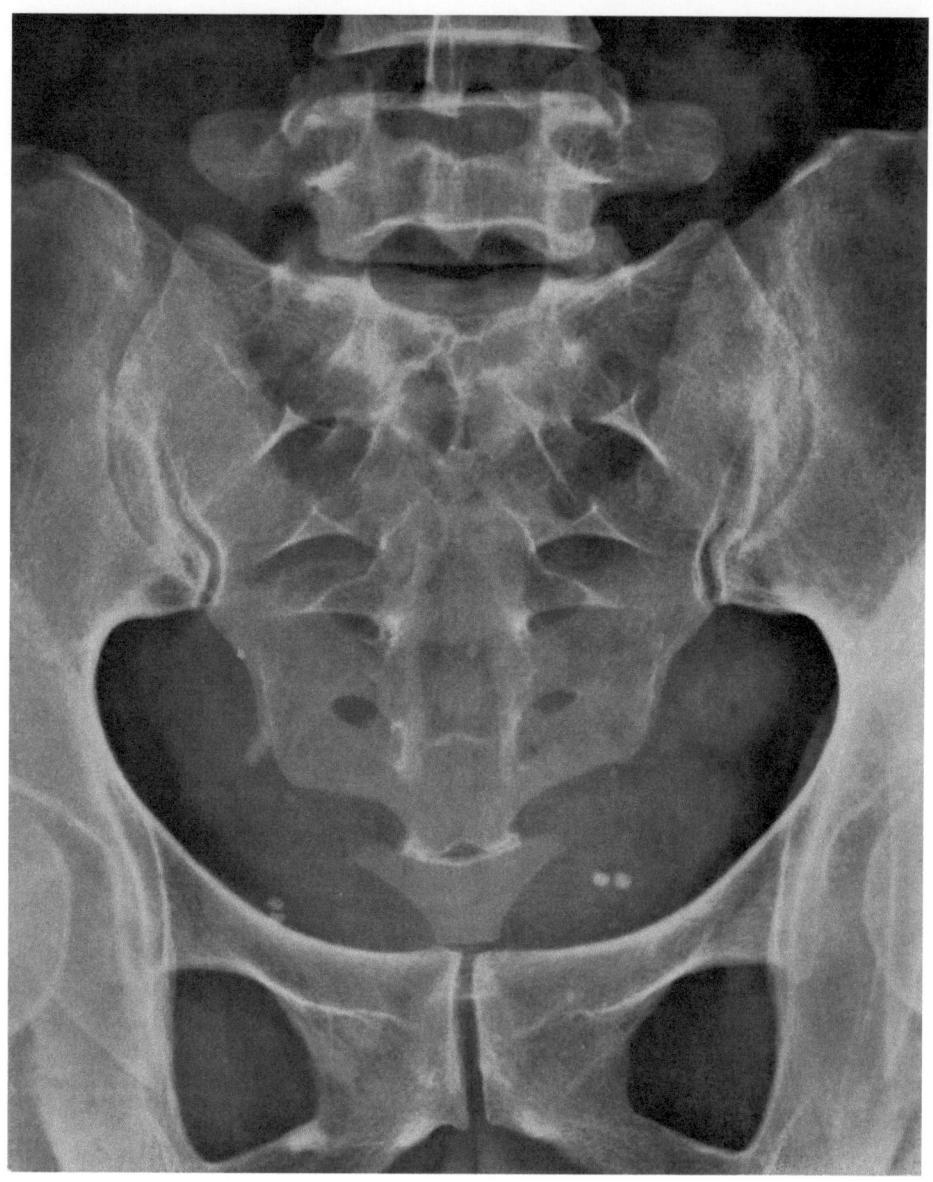

Aufnahme 59
KREUZ- UND STEISSBEIN VON VORNE NACH HINTEN

V Vertebra lumbalis V
1 Oberer Rand des Corpus vertebrae sacralis I
2 Processus articularis superior ossis sacri
3 Pars lateralis ossis sacri
4 Crista sacralis mediana (im ersten Kreuzbeinsegment besteht eine Bogenschlußunregelmäßigkeit, belanglose Anomalie)
5 Crista sacralis intermedia
6 Crista sacralis lateralis

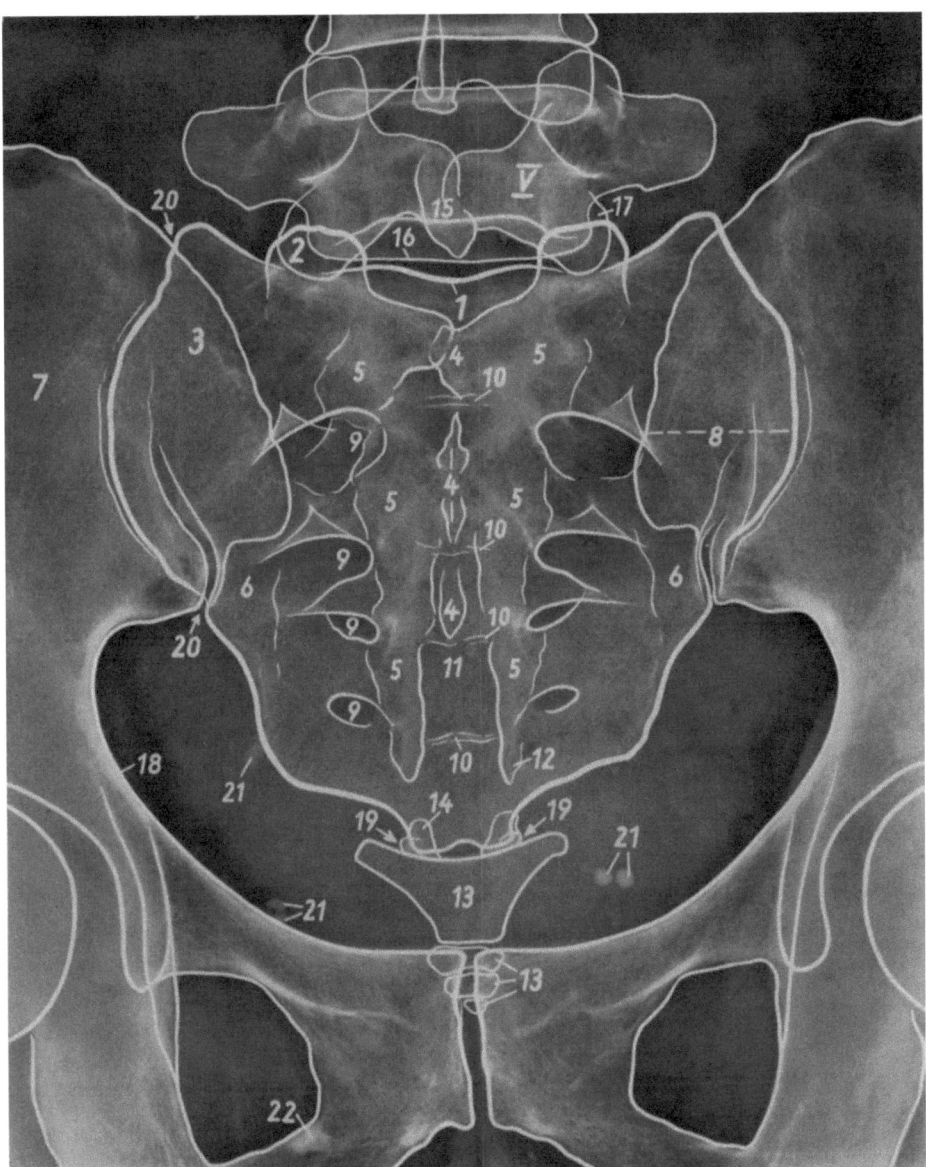

7 Os ilium
8 Facies auricularis (ossis sacri)
9 Foramina sacralia
10 Lineae transversae (ossis sacri)
11 Hiatus sacralis
12 Cornu sacrale
13 Vertebrae coccygeae
14 Cornu coccygeum
15 Processus spinosus vertebrae lumbalis V (auch hier besteht eine Bogenschlußunregelmäßigkeit)
16 Unterer Rand des Corpus vertebrae lumbalis V
17 Processus articularis inferior vertebrae lumbalis V
18 Orthograde Projektion eines Teiles der inneren Beckenwand
19 Juncturae sacrococcygeae
20 Articulatio sacro-iliaca
21 Venensteine
22 Compactainsel

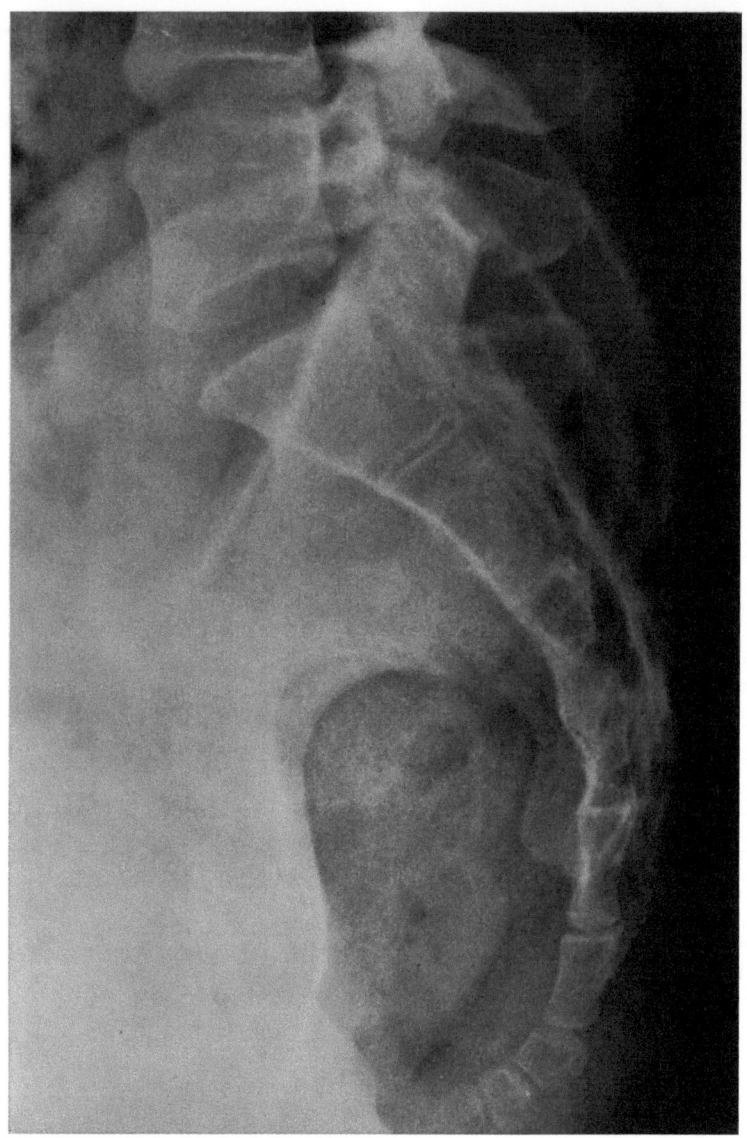

Aufnahme 60
Kreuz- und Steissbein seitlich

I–V Vertebrae sacrales I bis V

1. Alae ossis ilii (filmnah und filmfern übereinanderprojiziert)
2. Promonturium
3. Vertebrae coccygeae I bis IV
4. Vertebra lumbalis IV
5. Vertebra lumbalis V
6. Crista iliaca (filmfern)
7. Crista iliaca (filmnah)
8. Incisura ischiadica major (filmfern)
9. Incisura ischiadica major (filmnah)
10. Spinae ischiadicae (filmnah und filmfern größtenteils übereinanderprojiziert)
11. Processus spinosus vertebrae lumbalis V

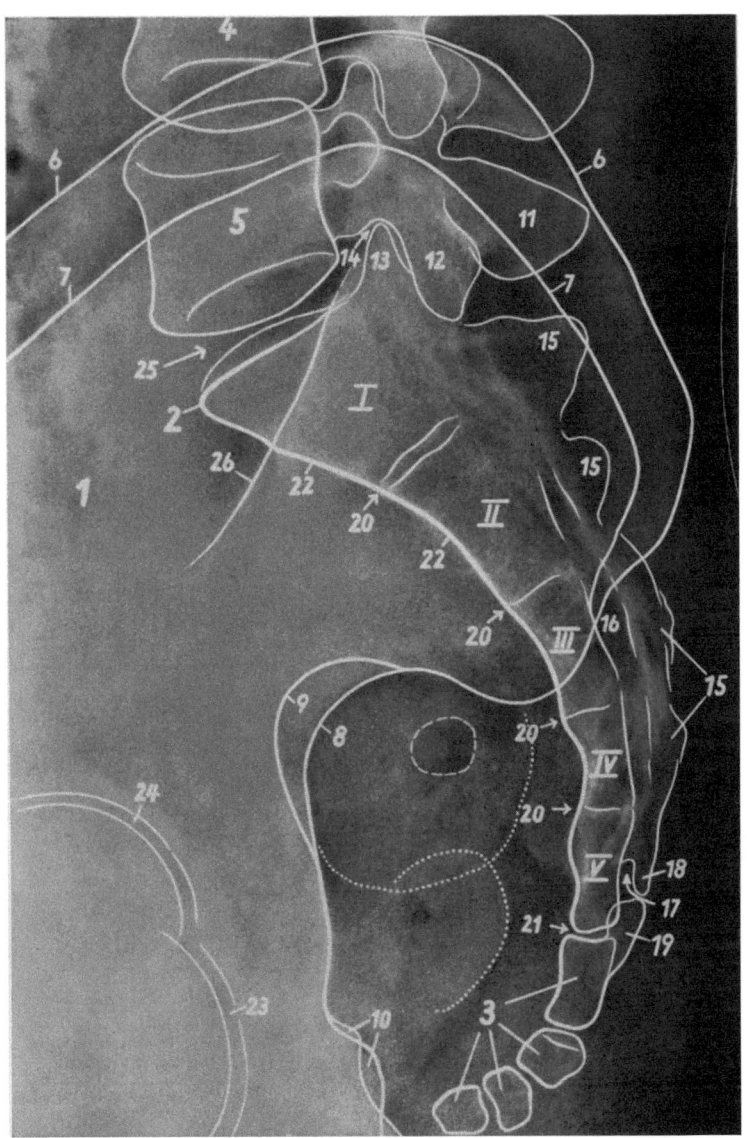

| 12 | Processus articularis inferior vertebrae lumbalis V
| 13 | Processus articularis superior ossis sacri
| 14 | Articulatio intervertebralis zwischen Vertebra lumbalis V und Vertebra sacralis I
| 15 | Crista sacralis mediana
| 16 | Canalis sacralis
| 17 | Hiatus sacralis
| 18 | Cornu sacrale
| 19 | Cornu coccygeum
| 20 | Grenze der miteinander verwachsenen Vertebrae sacrales
| 21 | Juncturae sacrococcygeae
| 22 | Facies pelvina (ossis sacri)
| 23 | Articulatio coxae (filmfern)
| 24 | Articulatio coxae (filmnah)
| 25 | Discus intervertebralis zwischen Vertebra lumbalis V und Vertebra sacralis I
| 26 | Articulationes sacro-iliacae (filmnah u. -fern, teils übereinanderprojiziert)
..... fester Darminhalt
– – – Darmluft

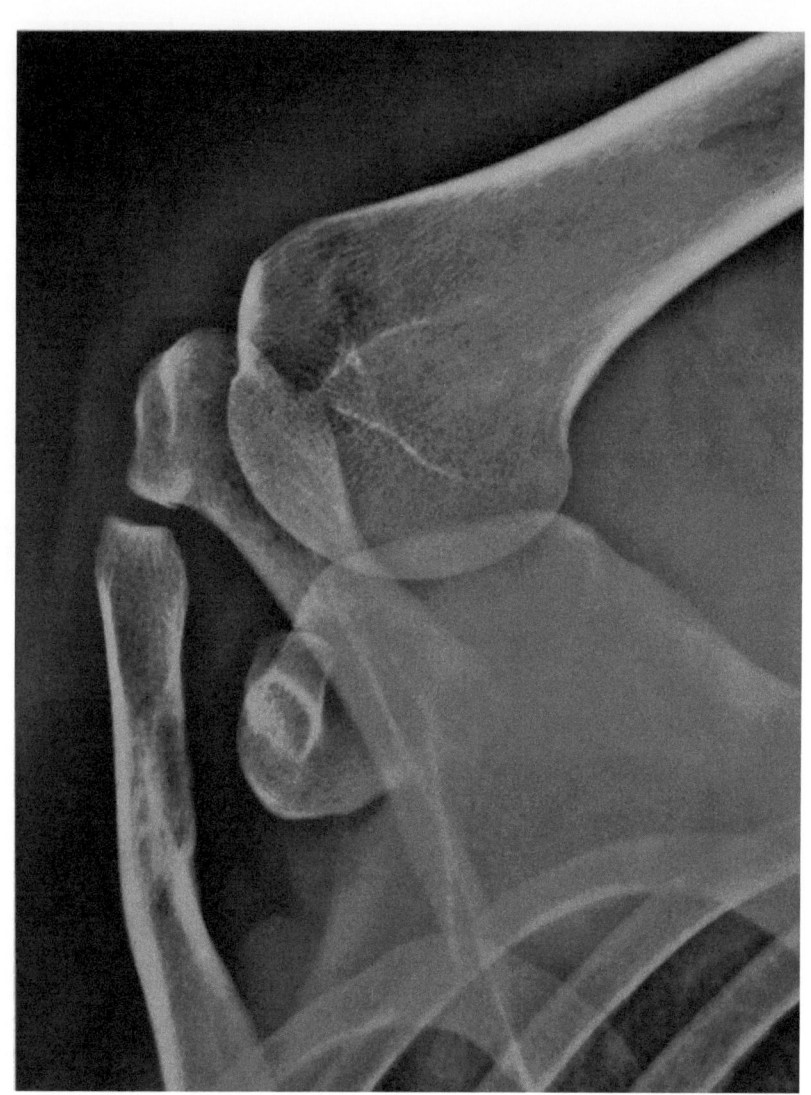

Aufnahme 61
SCHULTERGELENK
VON VORNE NACH HINTEN

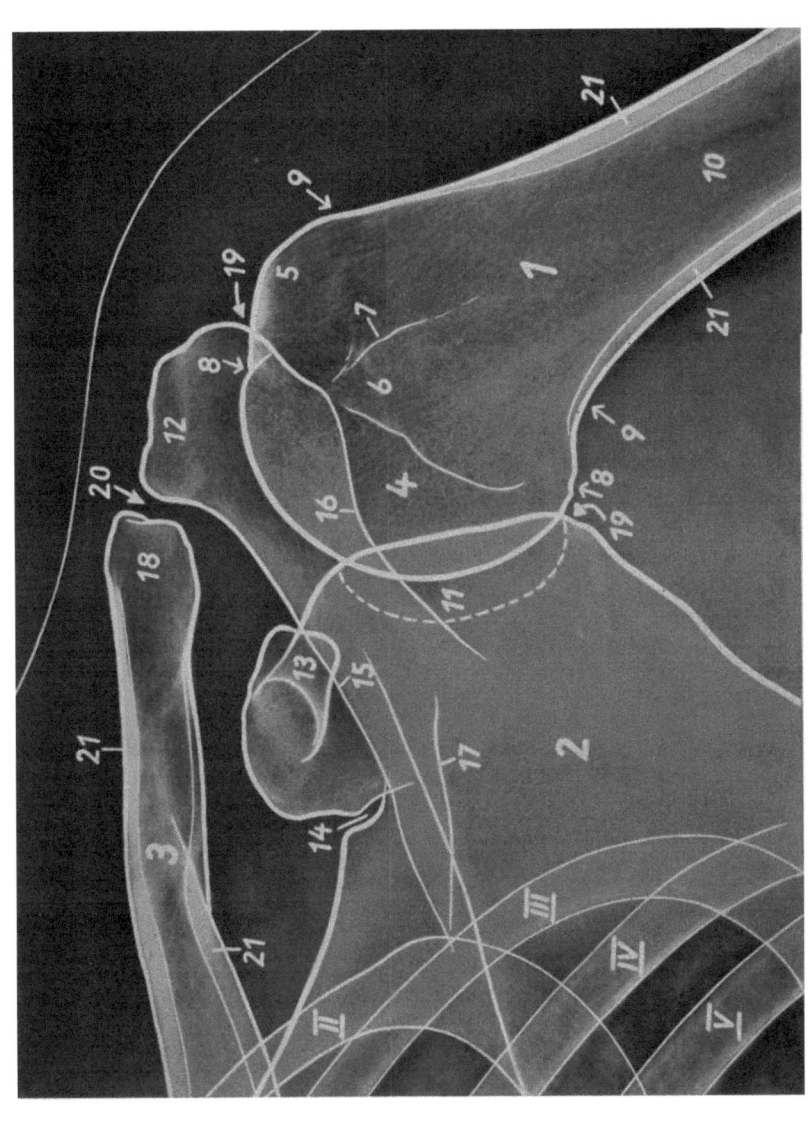

1 Humerus
2 Scapula
3 Clavicula
4 Caput humeri
5 Tuberculum majus
6 Tuberculum minus
7 Sulcus intertubercularis (humeri)
8 Collum anatomicum
9 Collum chirurgicum
10 Cavum medullare humeri
11 Cavitas glenoidalis (scapulae) (- - - = vorderer Rand, —— = hinterer Rand)
12 Acromion
13 Processus coracoideus
14 Incisura scapulae
15 Oberer Rand der Spina scapulae
16 Unterer Rand der Spina scapulae
17 Projektion eines Teiles der schrägstehenden Spina scapulae (Basis)
18 Extremitas acromialis (claviculae)
19 Articulatio humeri
20 Articulatio acromioclavicularis
21 Compacta

II–V Costae II bis V

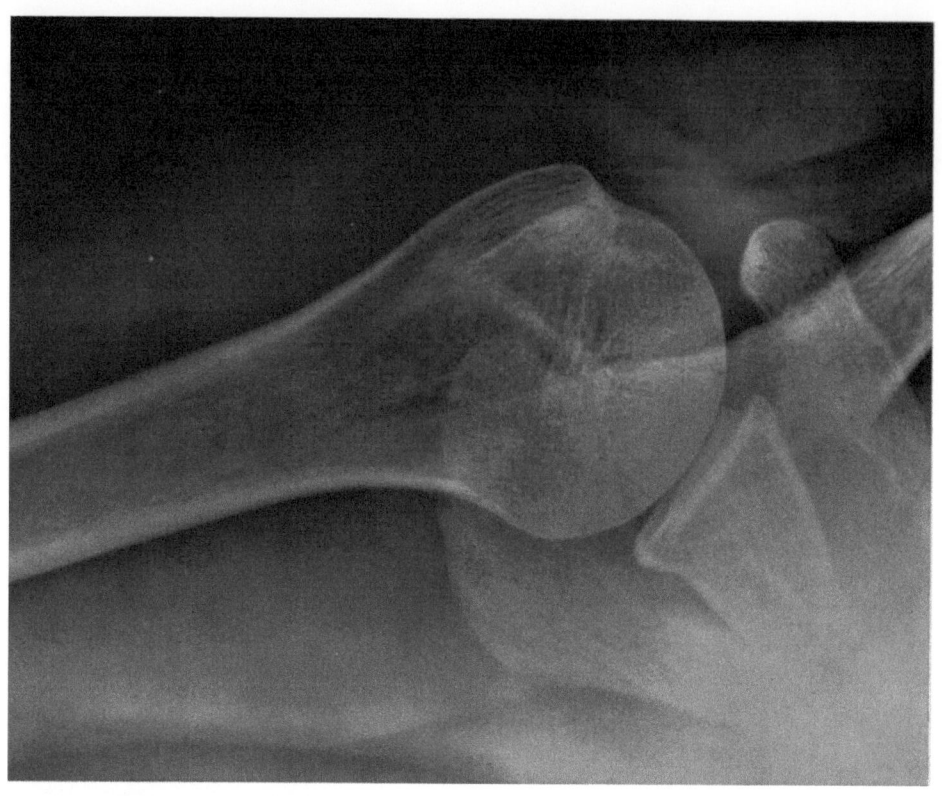

Aufnahme 62
SCHULTERGELENK AXIAL

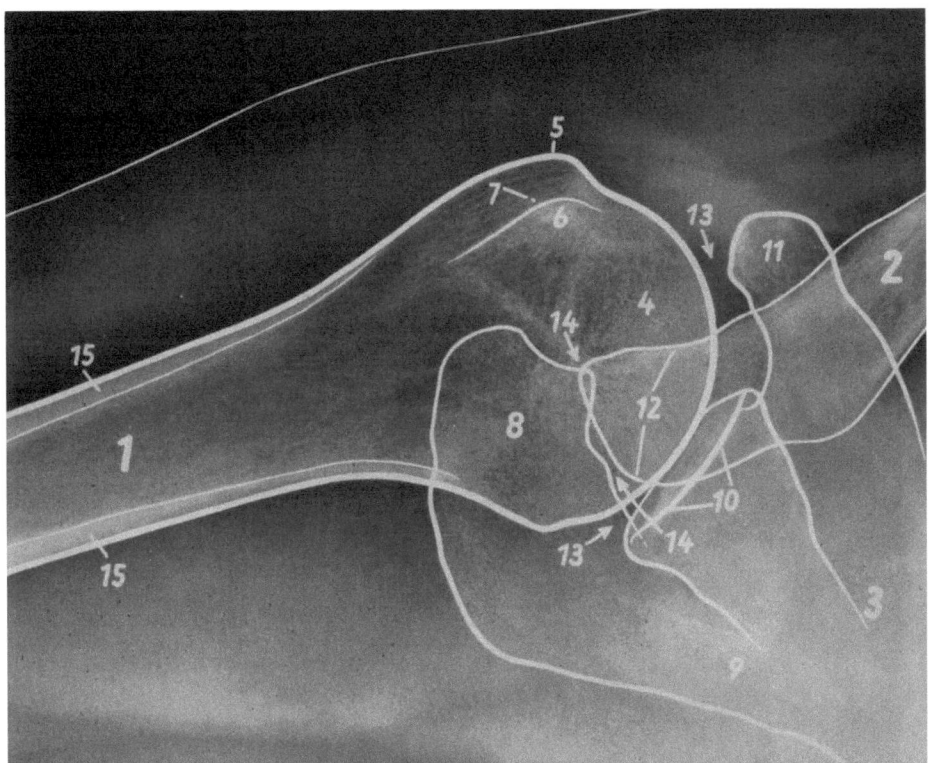

1	Humerus	6	Tuberculum majus	11	Processus coracoideus
2	Clavicula	7	Sulcus intertubercularis	12	Extremitas acromialis
3	Scapula		humeri		(claviculae)
4	Caput humeri	8	Acromion	13	Articulatio humeri
5	Tuberculum minus	9	Spina scapulae	14	Articulatio acromioclavicularis
		10	Rand der Cavitas glenoidalis (scapulae)	15	Compacta

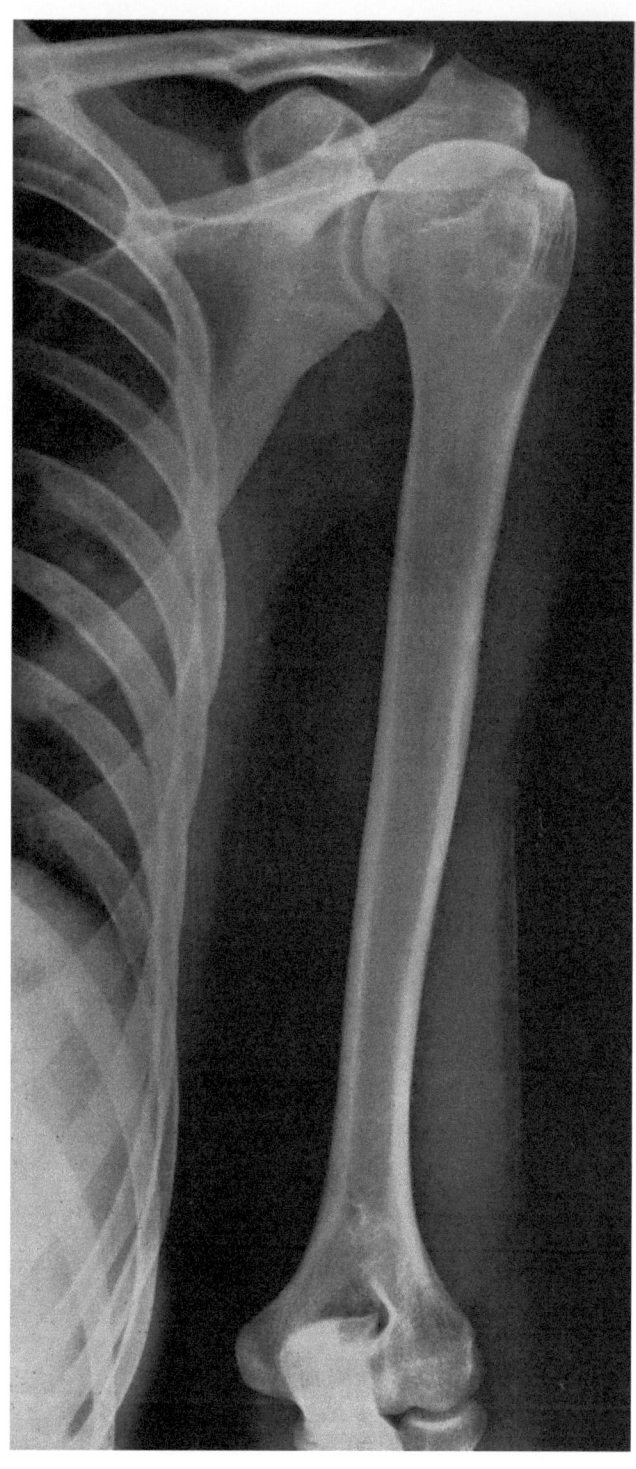

Aufnahme 63 a
OBERARM VON
VORNE NACH HINTEN
(im Liegen)

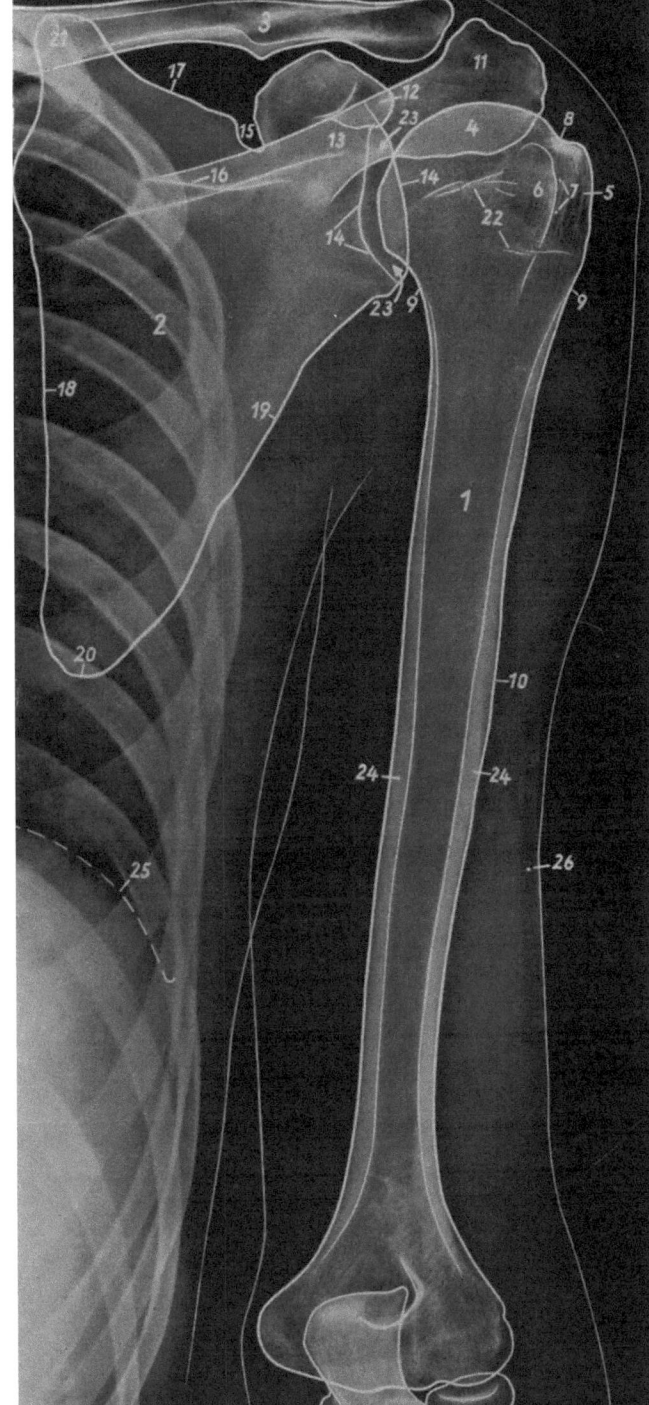

1 Humerus
2 Scapula
3 Clavicula
4 Caput humeri
5 Tuberculum majus
6 Tuberculum minus
7 Sulcus intertubercularis (humeri)
8 Collum anatomicum
9 Collum chirurgicum
10 Tuberositas deltoidea
11 Acromion
12 Processus coracoideus
13 Spina scapulae
14 Rand der Cavitas glenoidalis (scapulae)
15 Incisura scapulae
16 Rand der Fossa supraspinata
17 Margo superior scapulae
18 Margo medialis scapulae
19 Margo lateralis scapulae
20 Angulus inferior scapulae
21 Angulus superior scapulae
22 Epiphysenlinien
23 Articulatio humeri
24 Compacta
25 Diaphragma
26 Subkutanes Fett

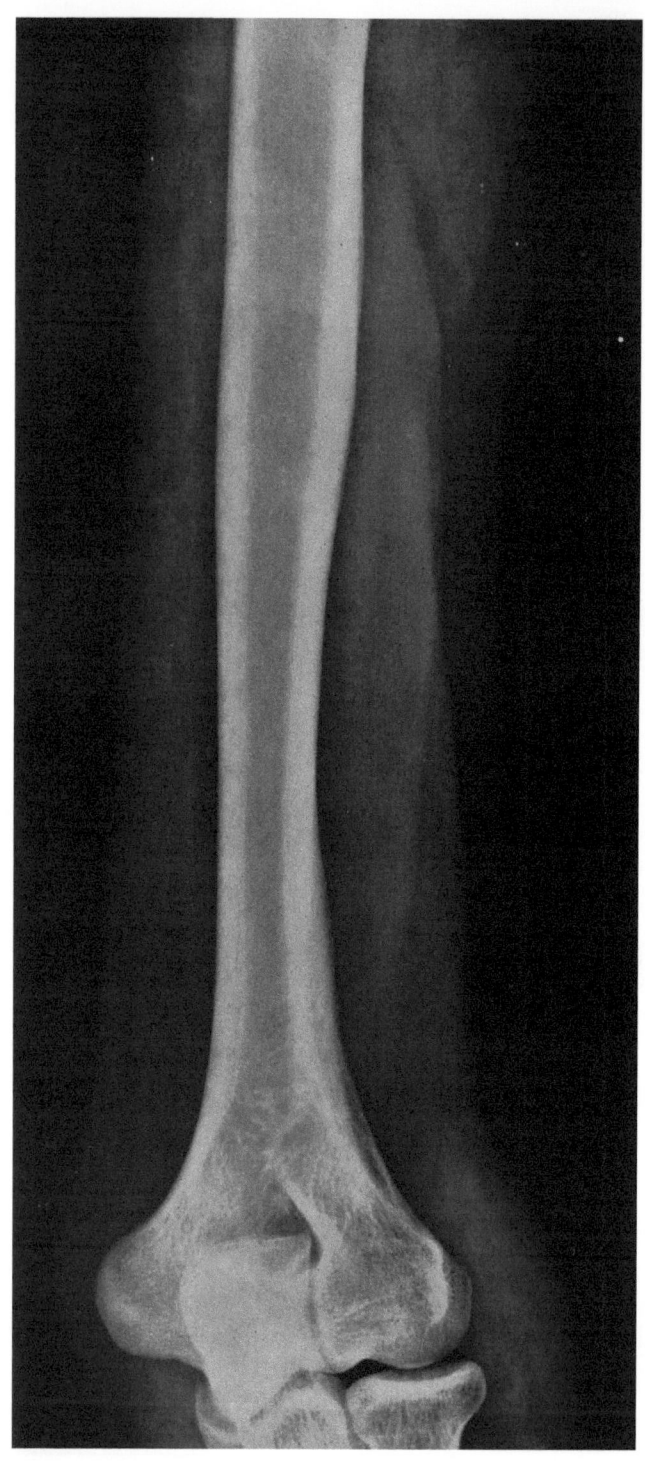

Aufnahme 63 b
OBERARM VON
VORNE NACH HINTEN
(im Sitzen)

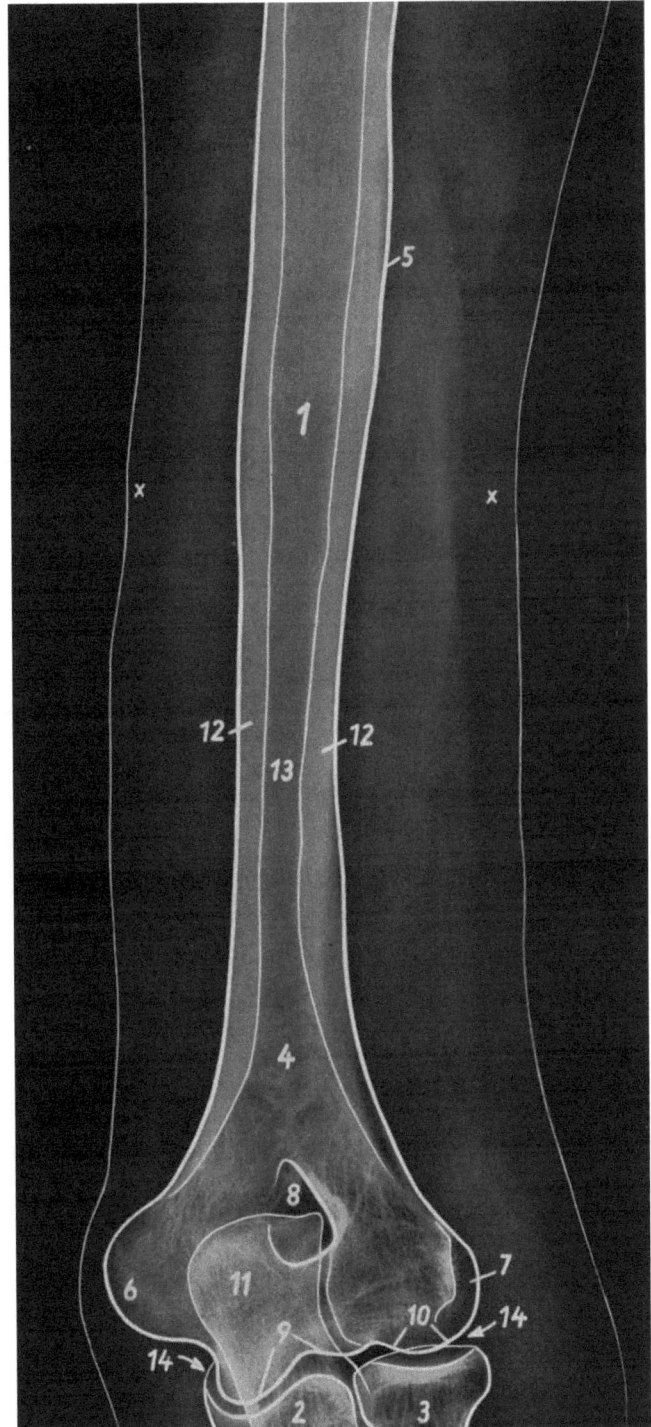

1 Humerus
2 Ulna
3 Caput radii
4 Distales Endstück des Humerus
5 Tuberositas deltoidea
6 Epicondylus medialis humeri
7 Epicondylus lateralis humeri
8 Fossa olecrani und Fossa coronoidea humeri ineinanderprojiziert (manchmal findet sich hier ein ausgesprochenes Foramen)
9 Trochlea humeri
10 Capitulum humeri
11 Olecranon
12 Compacta
13 Cavum medullare
14 Articulatio cubiti
× Subkutanes Fett, darunter Muskulatur

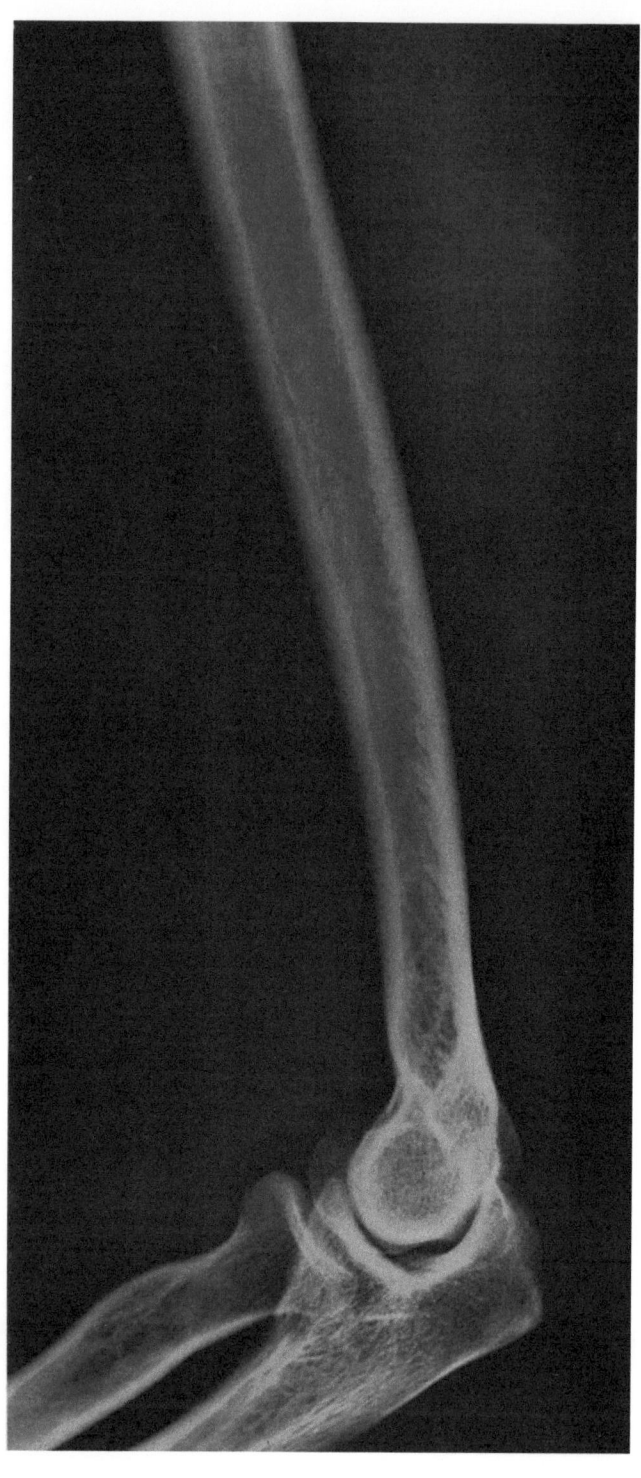

Aufnahme 64
OBERARM SEITLICH
(im Liegen und
im Sitzen)

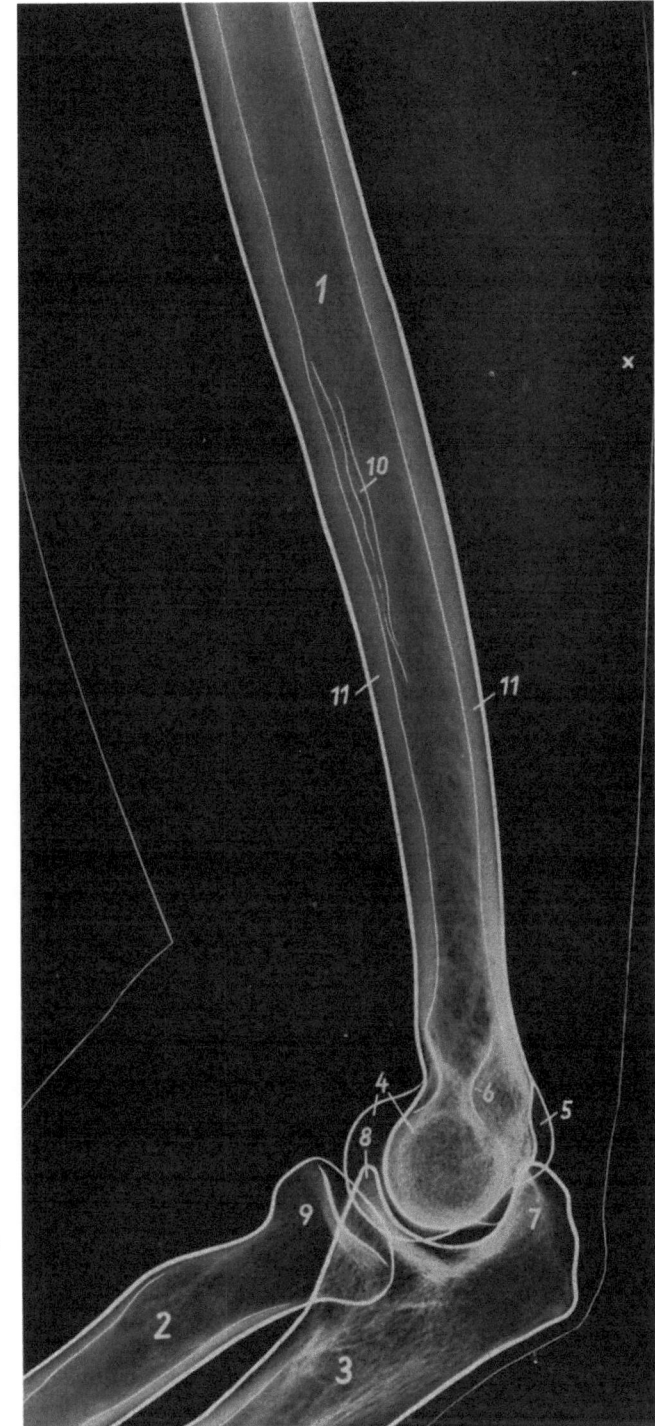

1 Humerus
2 Radius
3 Ulna
4 Trochlea humeri
5 Epicondylus medialis humeri
6 Fossa olecrani
7 Olecranon
8 Processus coronoideus (ulnae)
9 Caput radii
10 Canalis nutricius humeri
11 Compacta
× Subkutanes Fett darunter Muskulatur

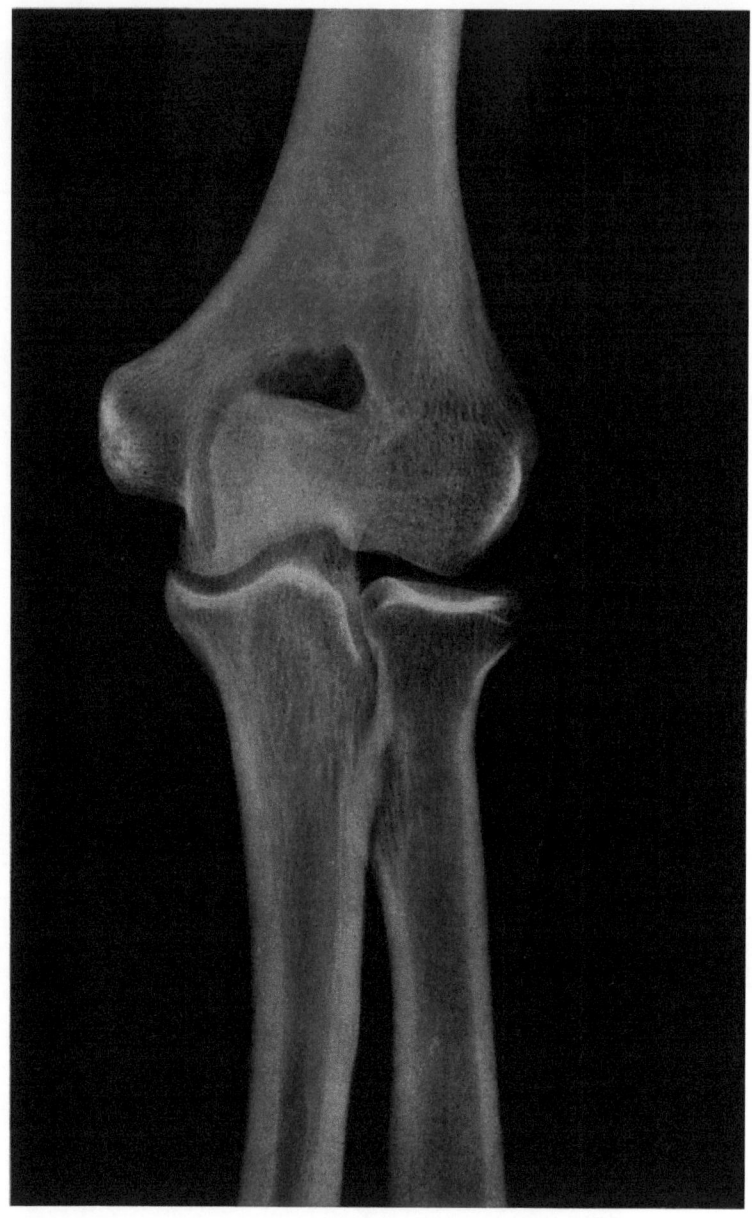

Aufnahme 65
ELLENBOGENGELENK VON VORNE NACH HINTEN

1. Distales Endstück des Humerus
2. Ulna
3. Radius
4. Epicondylus medialis humeri
5. Epicondylus lateralis humeri

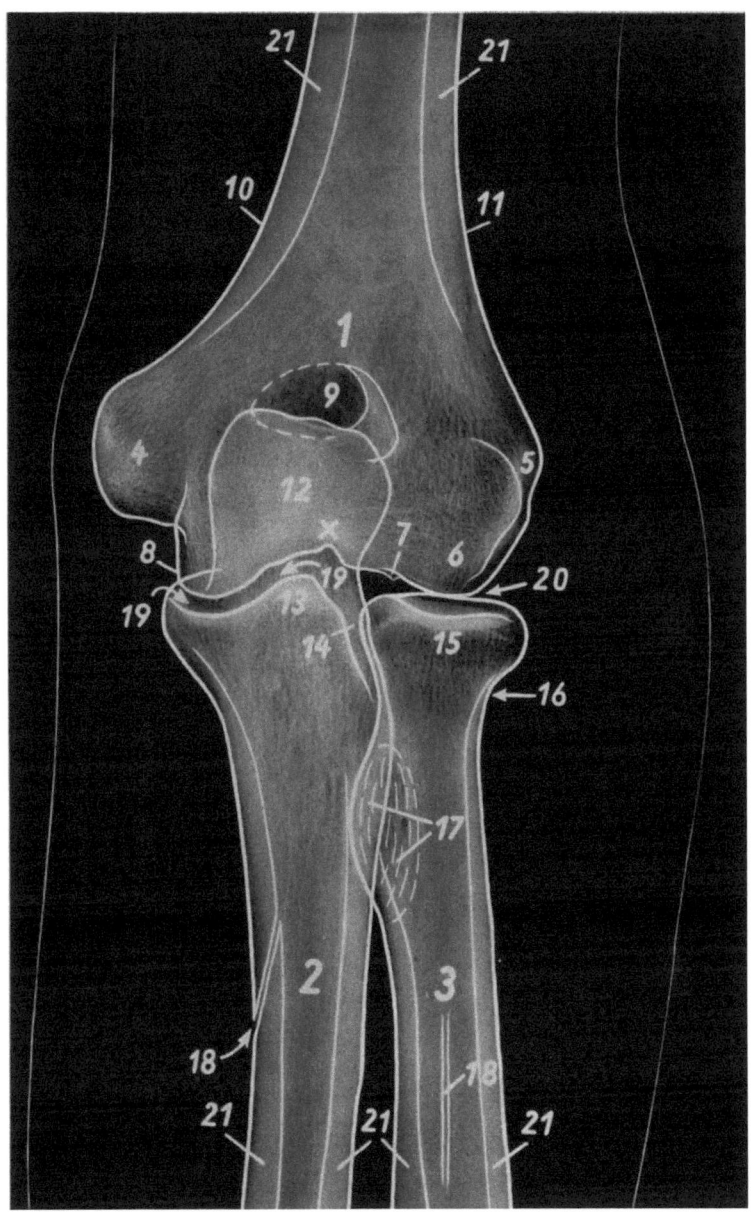

6 Capitulum humeri	11 Margo lateralis humeri	18 Canalis nutricius
7 **Lateraler** Rand der Trochlea humeri	12 Olecranon	19 Articulatio humero-ulnaris
8 Medialer Rand der Trochlea humeri	13 Processus coronoideus (ulnae)	20 Articulatio humero-radialis
9 **Fossa olecrani**	14 Incisura radialis ulnae	21 Compacta
10 Margo medialis humeri	15 Caput radii	× belanglose Anomalie der Trochlea humeri
	16 Collum radii	
	17 Tuberositas radii	

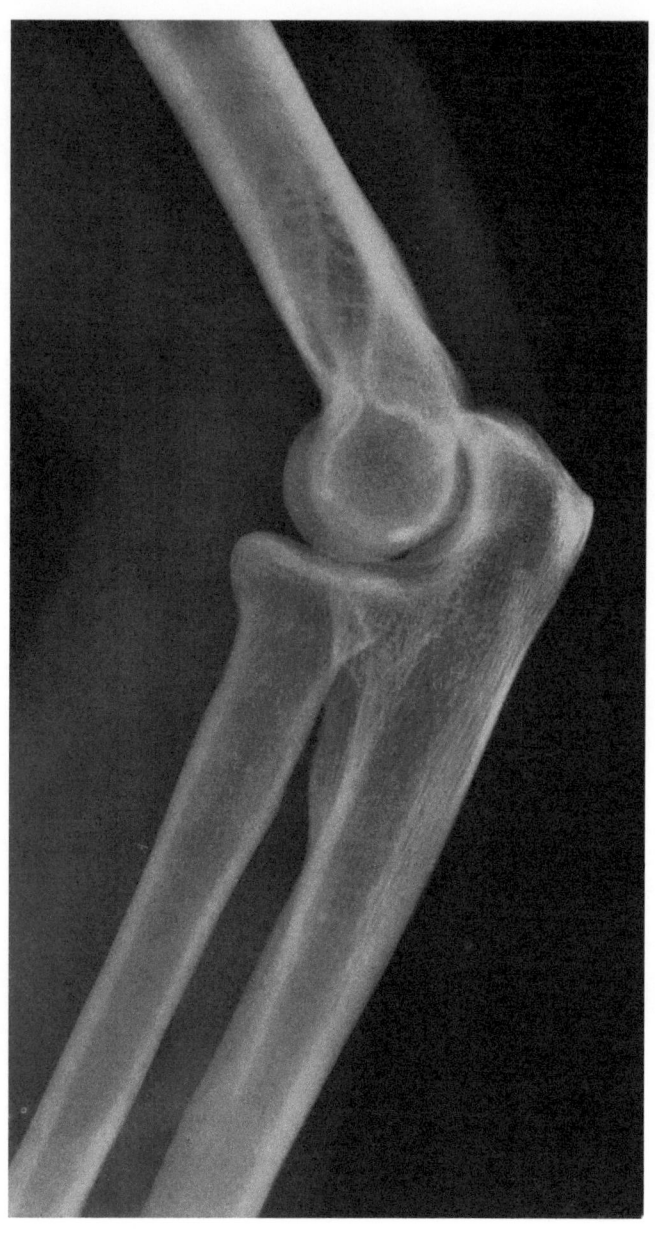

Aufnahme 66
Ellenbogengelenk seitlich

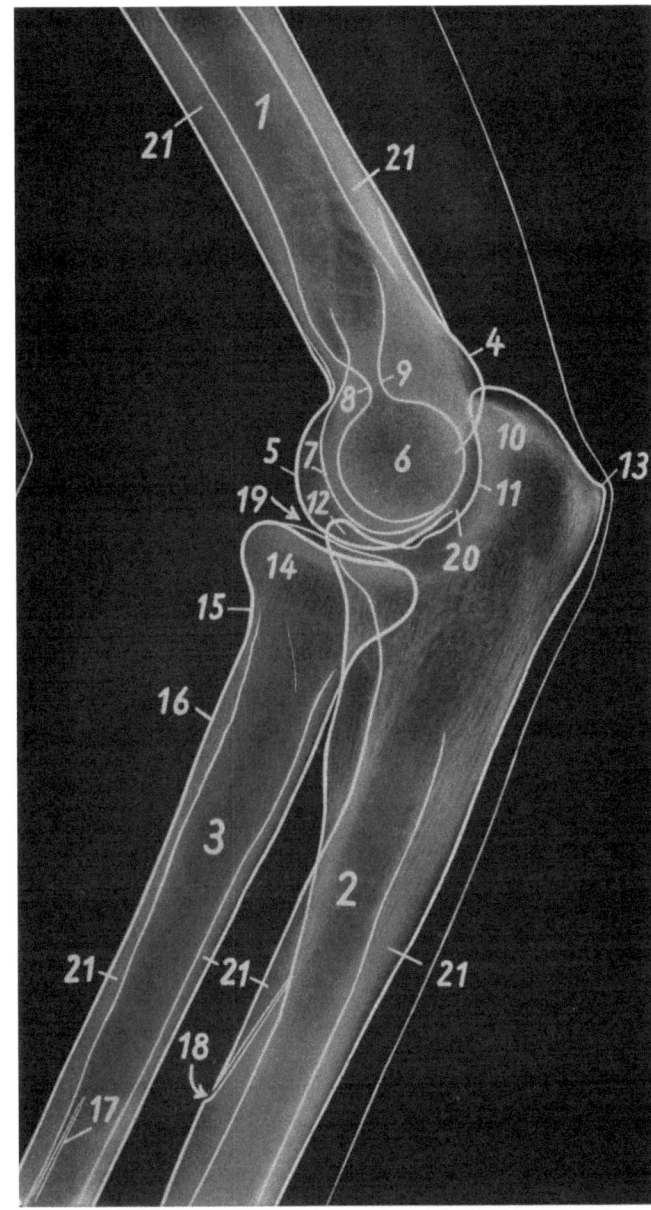

1 Humerus
2 Ulna
3 Radius
4 Epicondylus medialis humeri
5 Epicondylus lateralis humeri
6 Capitulum humeri
7 Rand der Trochlea humeri
8 Fossa coronoidea
9 Fossa olecrani
10 Olecranon
11 Incisura trochlearis
12 Processus coronoideus (ulnae)
13 Ansatzstelle des M. triceps brachii
14 Caput radii
15 Collum radii
16 Gegend der auf der Volarseite gelegenen Tuberositas radii
17 Canalis nutricius radii
18 Canalis nutricius ulnae
19 Articulatio humeroradialis
20 Articulatio humeroulnaris
21 Compacta

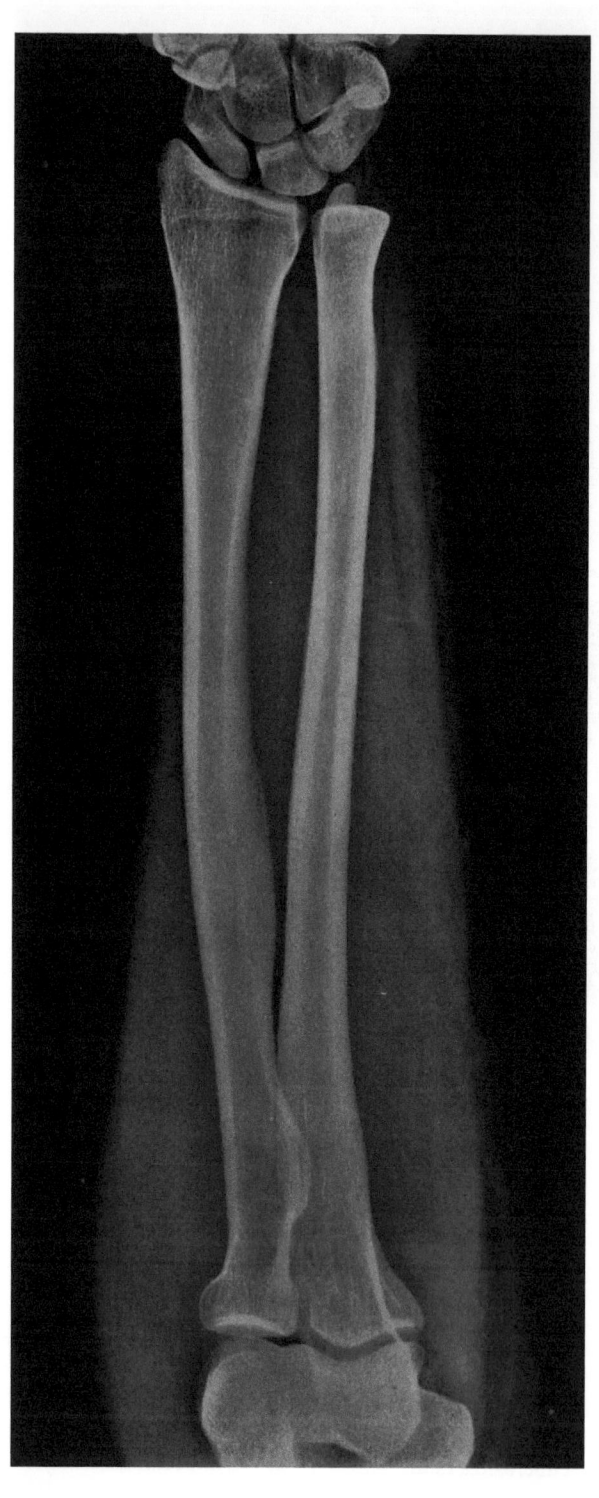

Aufnahme 67
UNTERARM VON
VORNE NACH HINTEN

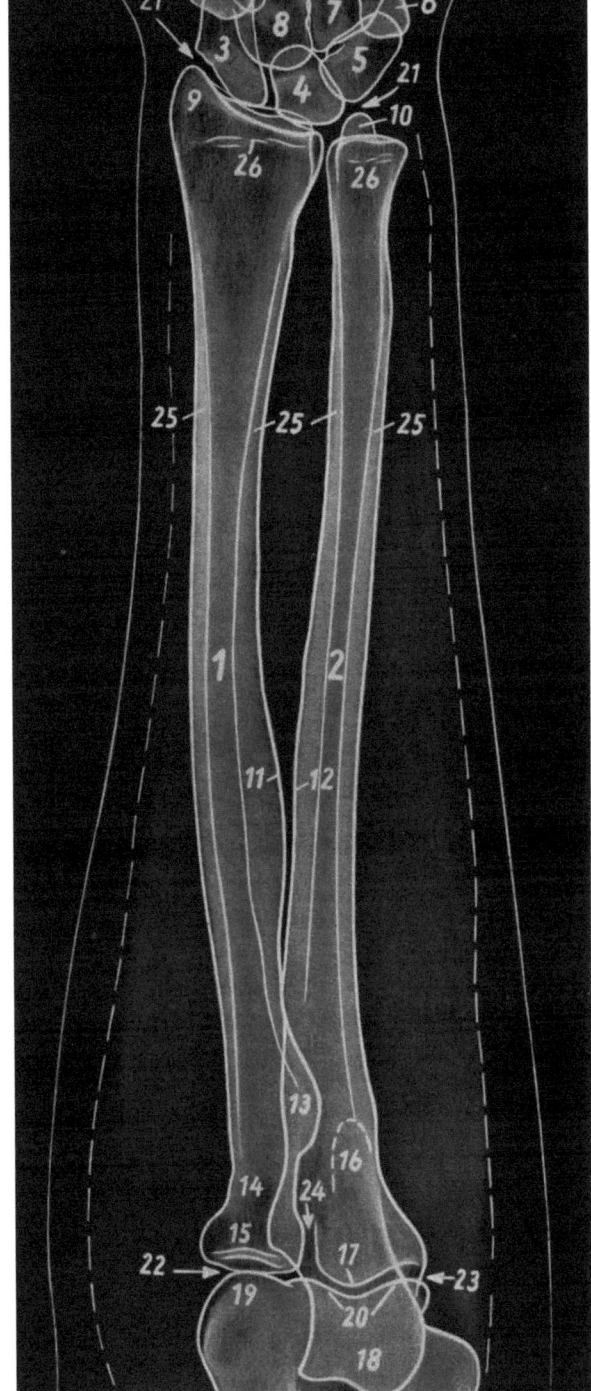

1 Radius
2 Ulna
3 Os scaphoideum (nach J.N.A. naviculare manus)
4 Os lunatum
5 Os triquetrum
6 Os pisiforme
7 Os hamatum
8 Os capitatum
9 Processus styloideus radii
10 Processus styloideus ulnae
11 Margo interossea radii
12 Margo interossea ulnae
13 Tuberositas radii
14 Collum radii
15 Caput radii
16 Tuberositas ulnae
17 Processus coronoideus (ulnae)
18 Olecranon
19 Capitulum humeri
20 Trochlea humeri
21 Articulatio radiocarpea
22 Articulatio humero-radialis
23 Articulatio humero-ulnaris
24 Articulatio radio-ulnaris proximalis
25 Compacta
26 Epiphysenlinien
— — — Grenze der Muskulatur

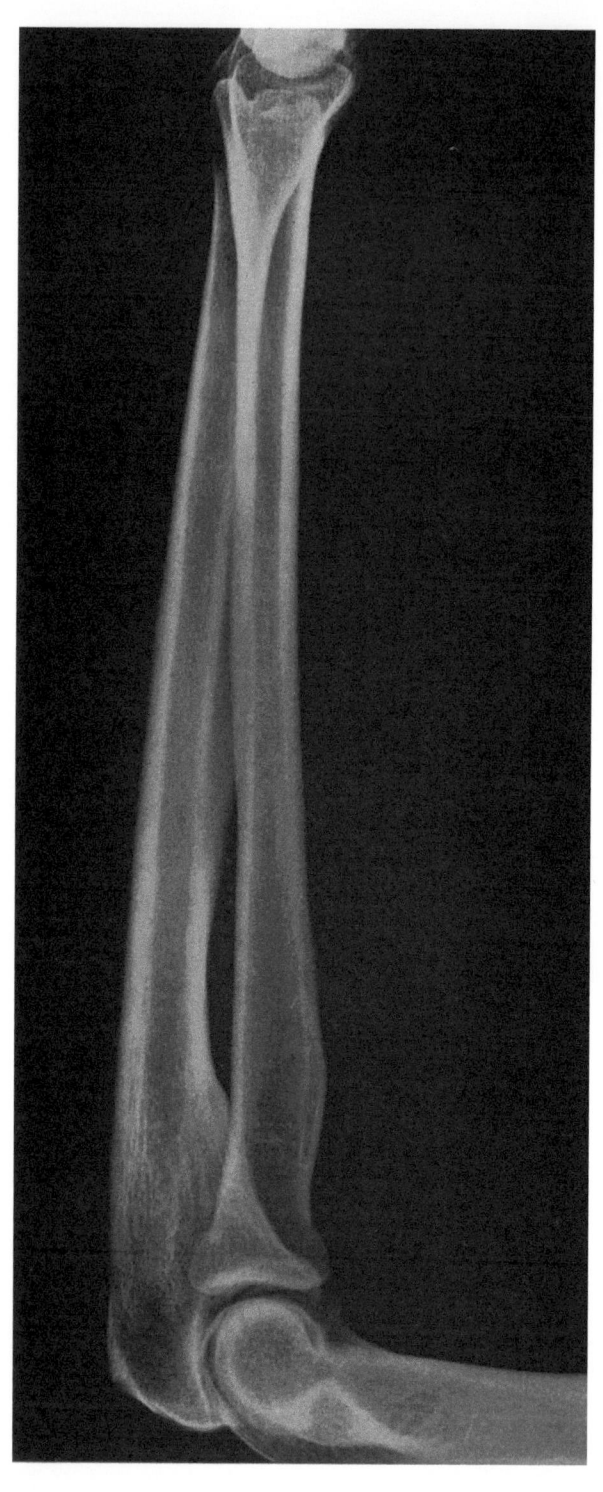

Aufnahme 68
UNTERARM SEITLICH

1 Ulna
2 Radius
3 Os lunatum
4 Humerus
5 Processus styloideus ulnae
6 Processus styloideus radii
7 Margo interossea ulnae, der sich zum Teil in den Radius projiziert, sichtbar durch den Machschen Effekt
8 Tuberositas ulnae
9 Processus coronoideus ulnae
10 Olecranon
11 Caput radii
12 Tuberositas radii
13 Articulatio radiocarpea
14 Articulatio cubiti
15 Cavum medullare ulnae
16 Cavum medullare radii
17 Compacta
× **Gegend der Trochlea**

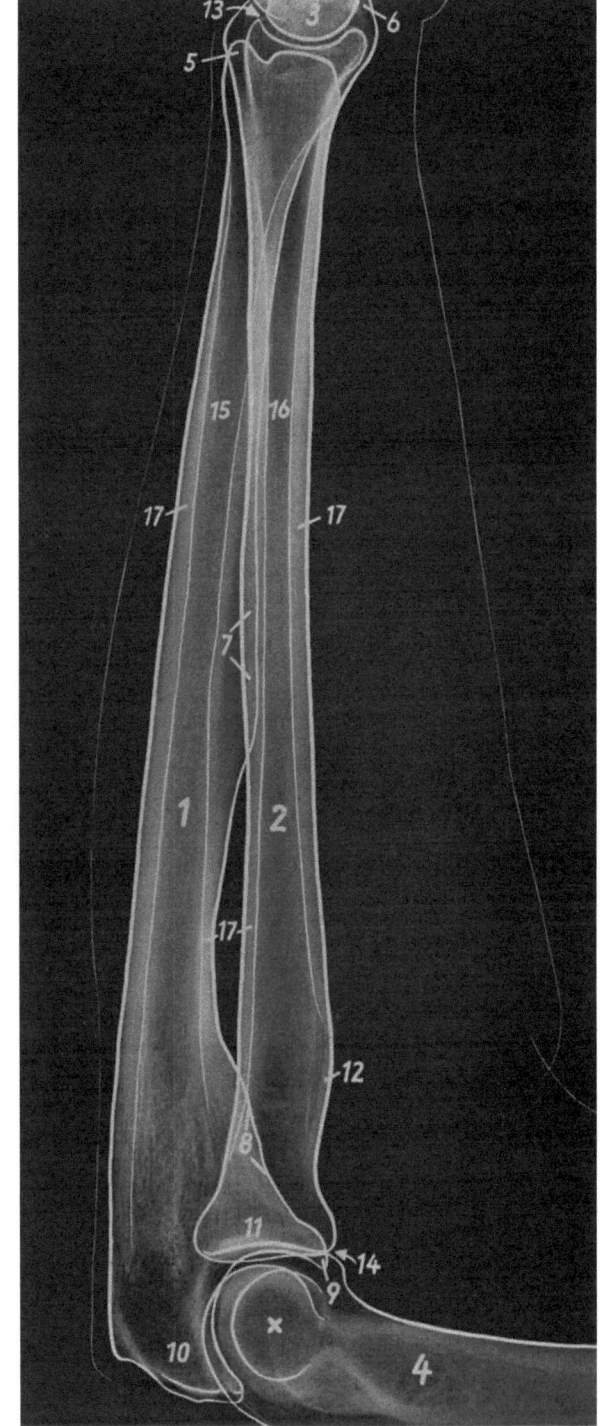

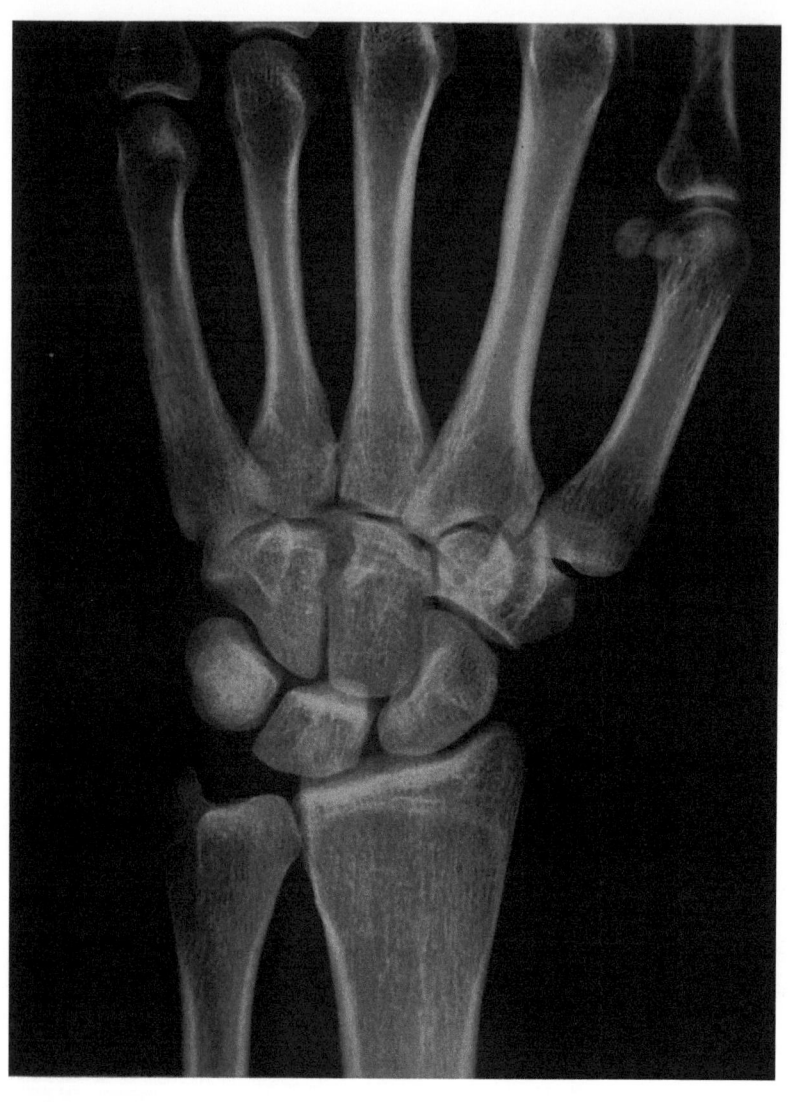

Aufnahme 69
HANDGELENK UND HANDWURZEL SAGITTAL

1 Radius 2 Ulna 3 Processus styloideus radii 4 Processus styloideus ulnae 5 Caput ulnae 6 Gegend des Discus articularis 7 Articulatio radiocarpea	8 Os scaphoideum (bisher os naviculare manus) 9 Os lunatum 10 Os triquetrum 11 Os pisiforme 12 Os trapezium (bisher os multangulum majus) 13 Os trapezoideum (bisher os multangulum minus) 14 Os capitatum 15 Os hamatum 16 Hamulus ossis hamati	17 Articulatio intercarpea 18 Articulatio carpometacarpea 19–23 Ossa metacarpalia I bis V 24–28 Basis der Ossa metacarpalia I bis V 29–33 Capita der Ossa metacarpalia I bis V 34 Ossa sesamoidea 35 Grenze des Daumenballens

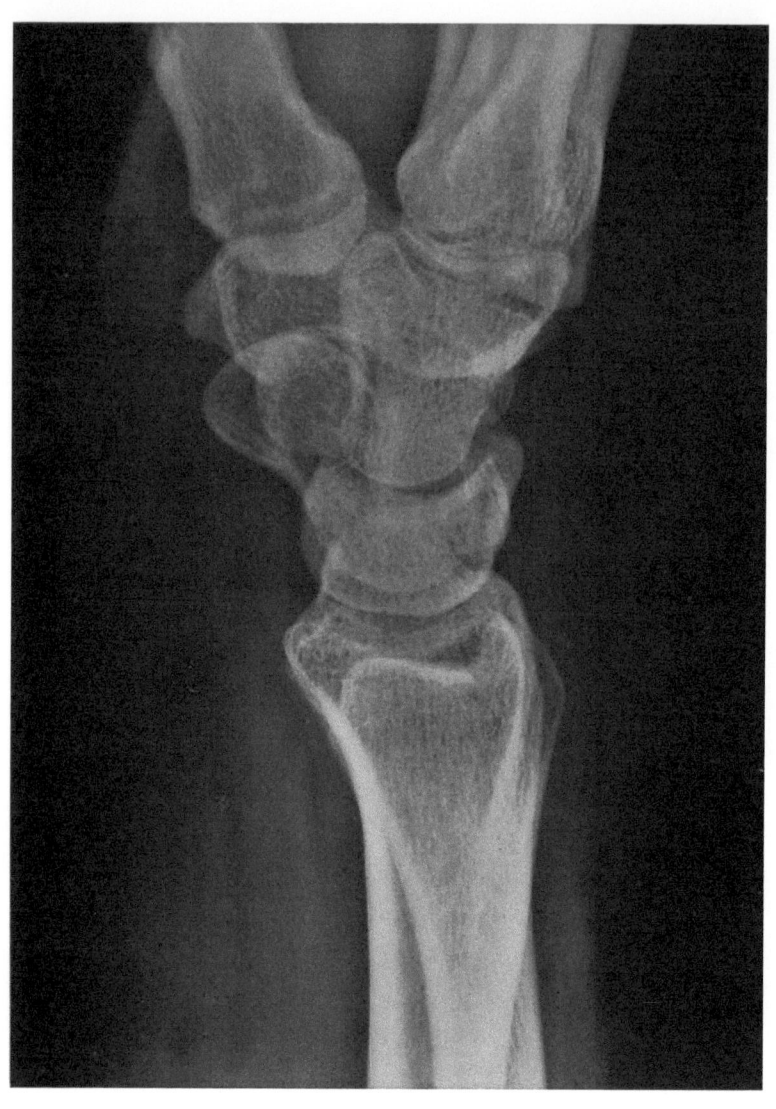

Aufnahme 70
HANDGELENK UND HANDWURZEL SEITLICH
(Feinstfokusvergrößerungsaufnahme)

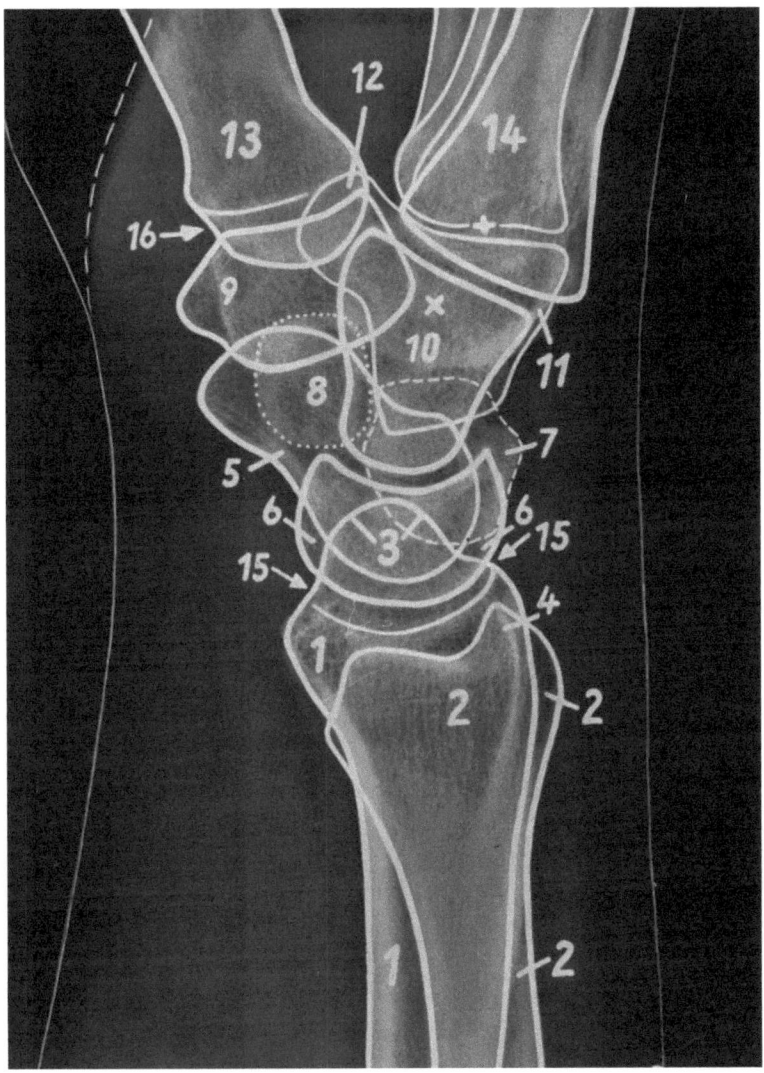

1 Radius	9 Os trapezium	14 Ossa metacarpalia II bis V übereinanderprojiziert
2 Ulna	× Lage des Os trapezoideum, Begrenzung hier durch Übereinanderprojektion nicht zu erkennen	15 Articulatio radiocarpea
3 Processus styloideus radii		16 Articulatio carpometacarpea pollicis
4 Processus styloideus ulnae		+ Gegend der ineinanderprojizierten Gelenkspalten der Articulationes carpometacarpeae II bis V
5 Os scaphoideum	10 Os capitatum	
6 Os lunatum	11 Os hamatum	
7 Os triquetrum	12 Hamulus ossis hamati	
8 Os pisiforme	13 Os metacarpale I	

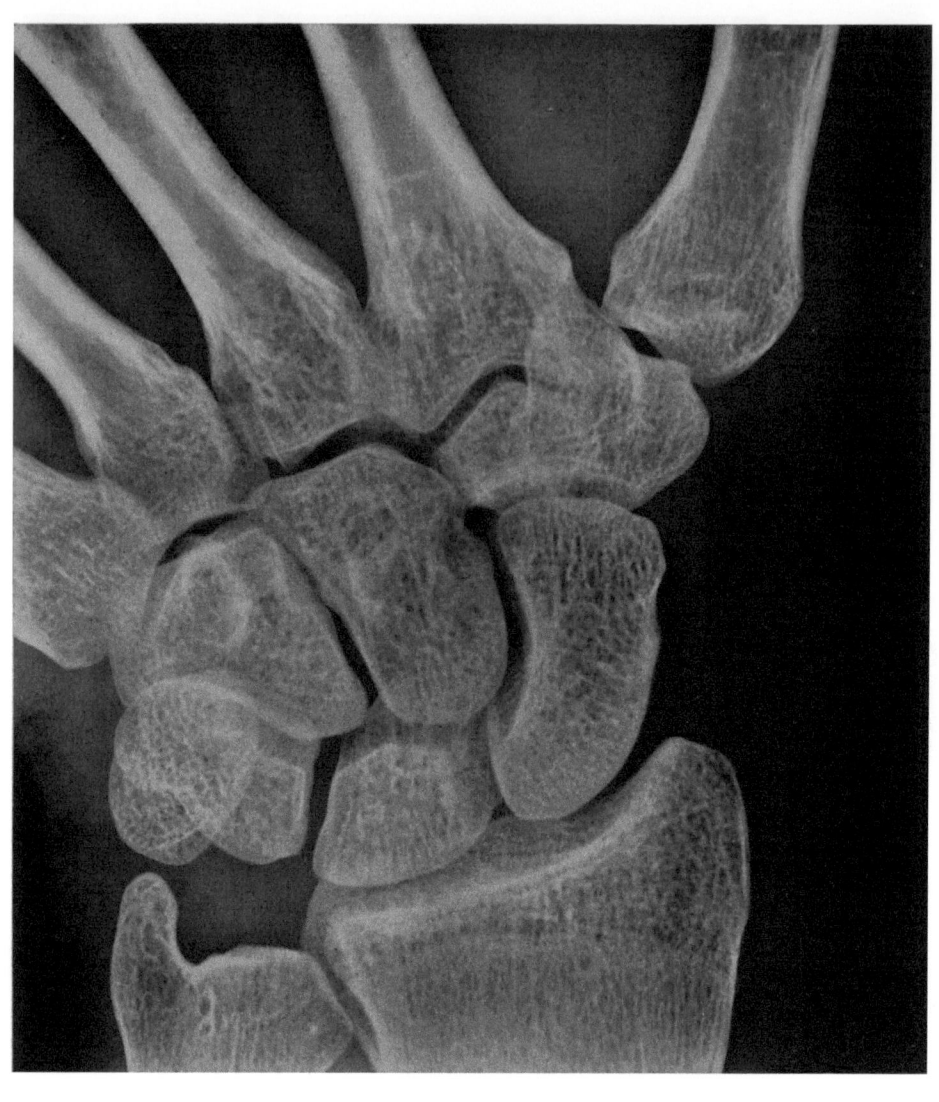

Aufnahme 71
BESONDERE EINSTELLUNG DES KAHNBEINS
(Feinstfokusvergrößerungsaufnahme)

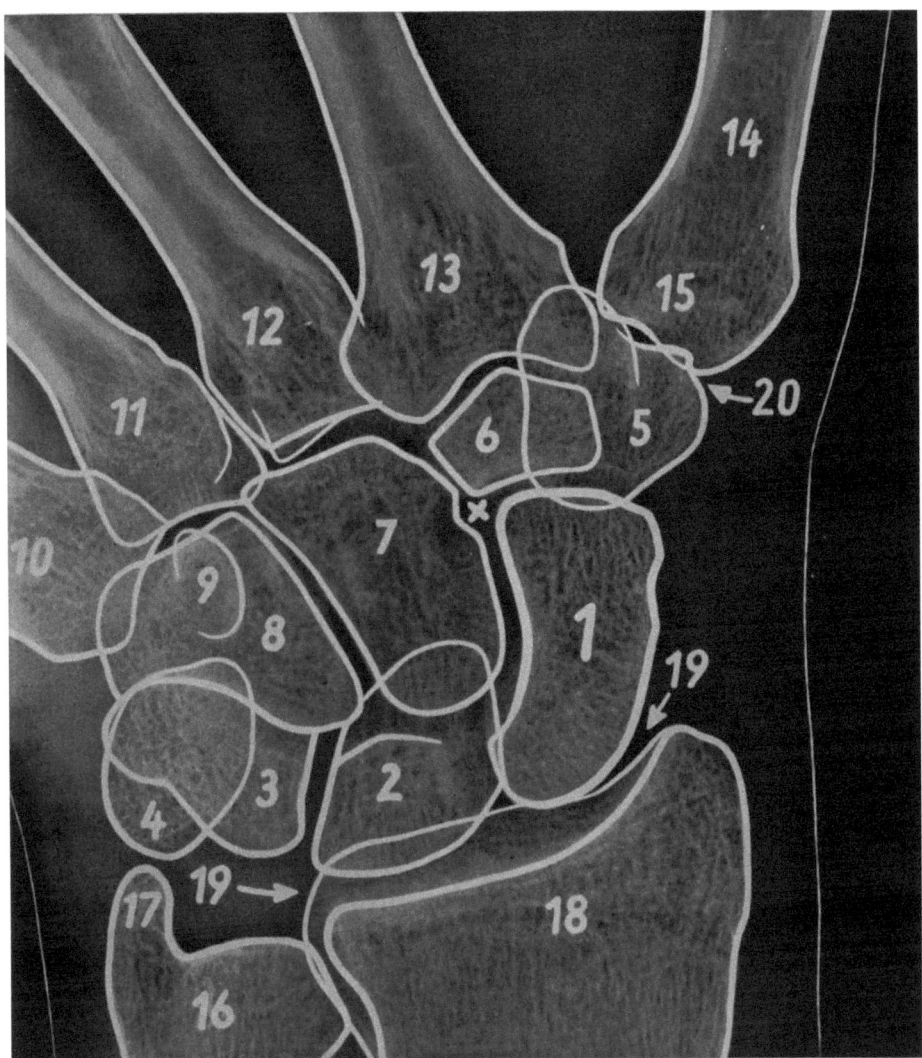

	7 Os capitatum	17 Processus styloideus
	8 Os hamatum	ulnae
	9 Hamulus ossis hamati	18 Radius
1 Os scaphoideum	10–13 Ossa metacarpalia	19 Articulatio radiocarpea
2 Os lunatum	V bis II (Basis)	20 Articulatio carpometa-
3 Os triquetrum	14 Os metacarpale I (Corpus)	carpea pollicis
4 Os pisiforme	15 Basis des Os metacar-	× Lage eines gelegentlich
5 Os trapezium	pale I	vorkommenden Os cen-
6 Os trapezoideum	16 Ulna	trale

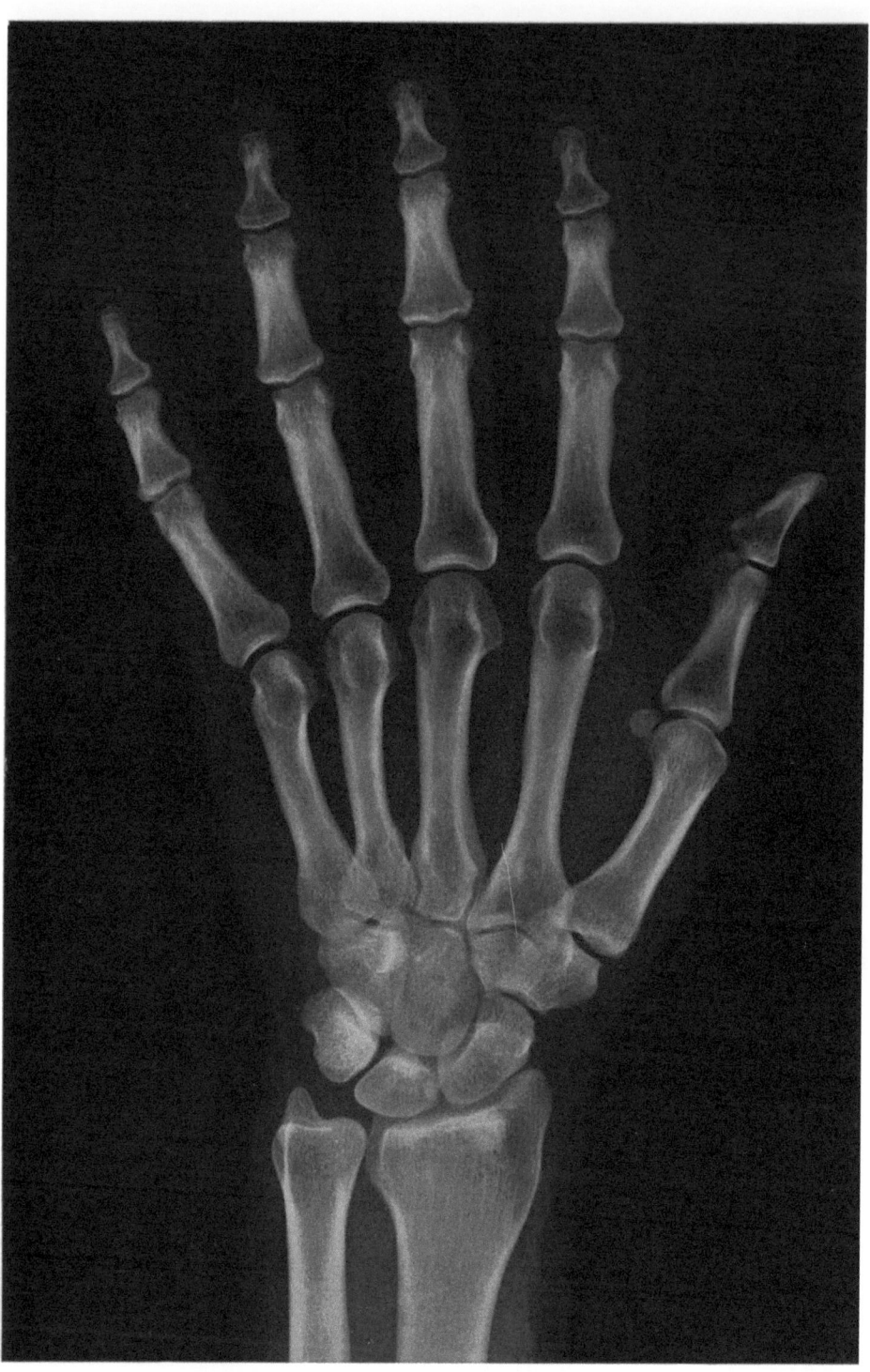

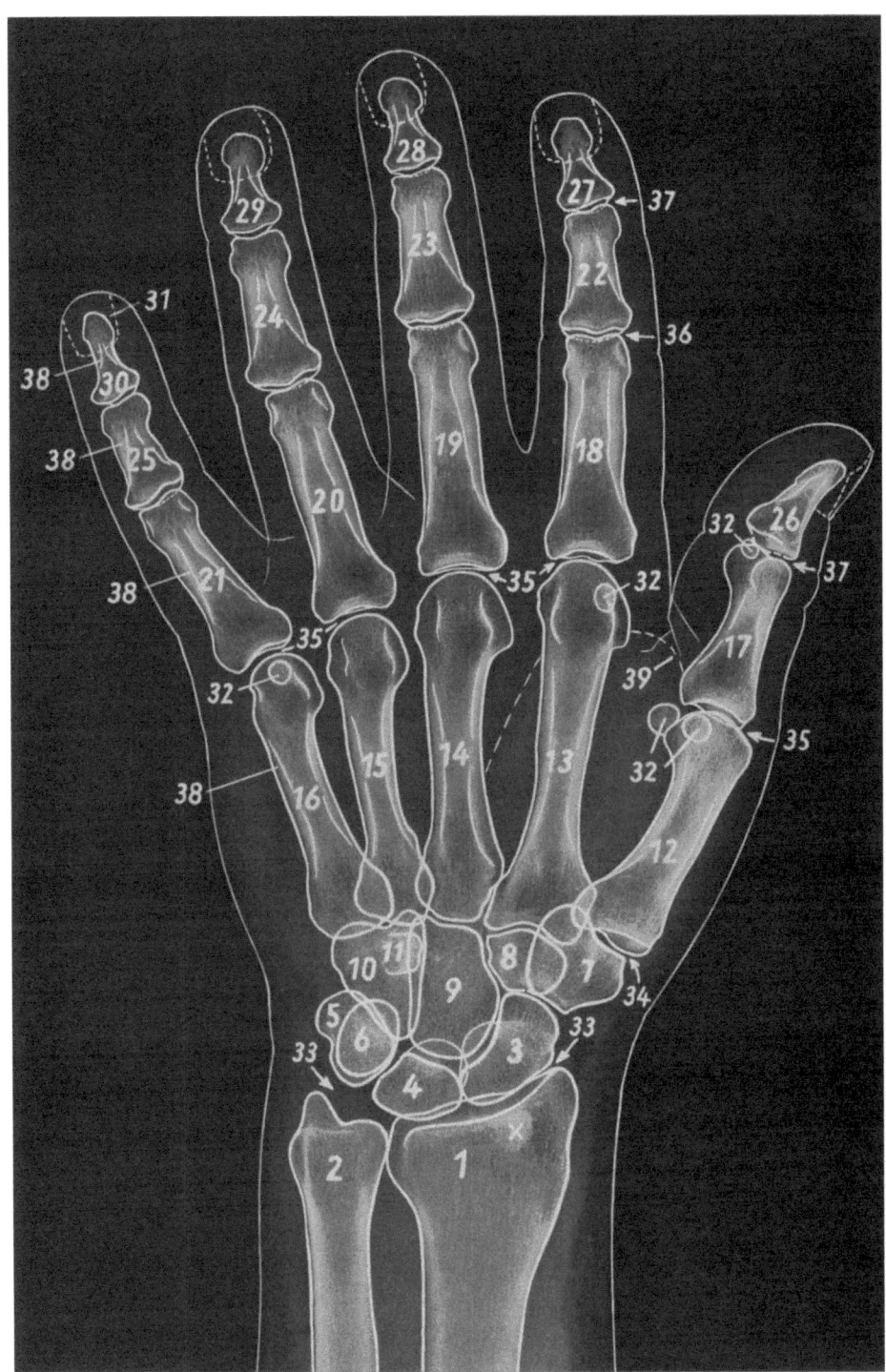

◀ Aufnahme 72
HAND SAGITTAL

1 Radius
2 Ulna
3 Os scaphoideum
4 Os lunatum
5 Os triquetrum
6 Os pisiforme
7 Os trapezium
8 Os trapezoideum
9 Os capitatum
10 Os hamatum
11 Hamulus ossis hamati
12–16 Ossa metacarpalia I bis V
17–21 Phalanges proximales
22–25 Phalanges mediae
26–30 Phalanges distales
31 Nagelbett
32 Ossa sesamoidea
33 Articulatio radiocarpea
34 Articulatio carpometacarpea pollicis
35 Articulationes metacarpophalangeae
36 Articulatio interphalangea proximalis indicis
37 Articulationes interphalangeae distales pollicis et indicis
38 Compacta
39 Grenze des Daumenballens
× Compacta-Insel

Aufnahme 73 ▶
HAND SCHRÄG

1 Radius
2 Ulna
3 Os scaphoideum
4 Os lunatum
5 Os triquetrum
6 Os pisiforme (– – –)
7 Os trapezium
8 Os trapezoideum
9 Os capitatum
10 Os hamatum
11 Hamulus ossis hamati
12–16 Ossa metacarpalia I–V
17–21 Phalanges proximales
22–25 Phalanges mediae
26–30 Phalanges distales
31 Nagelbett
32 Ossa sesamoidea
33 Articulatio radiocarpea
34 Articulatio carpometacarpea pollicis
35 Articulationes metacarpophalangeae
36 Articulationes interphalangeae proximales indicis, pollicis et digiti medii
37 Articulationes interphalangeae distales indicis, pollicis et digiti medii
38 Compacta
39 Rand des Daumenballens

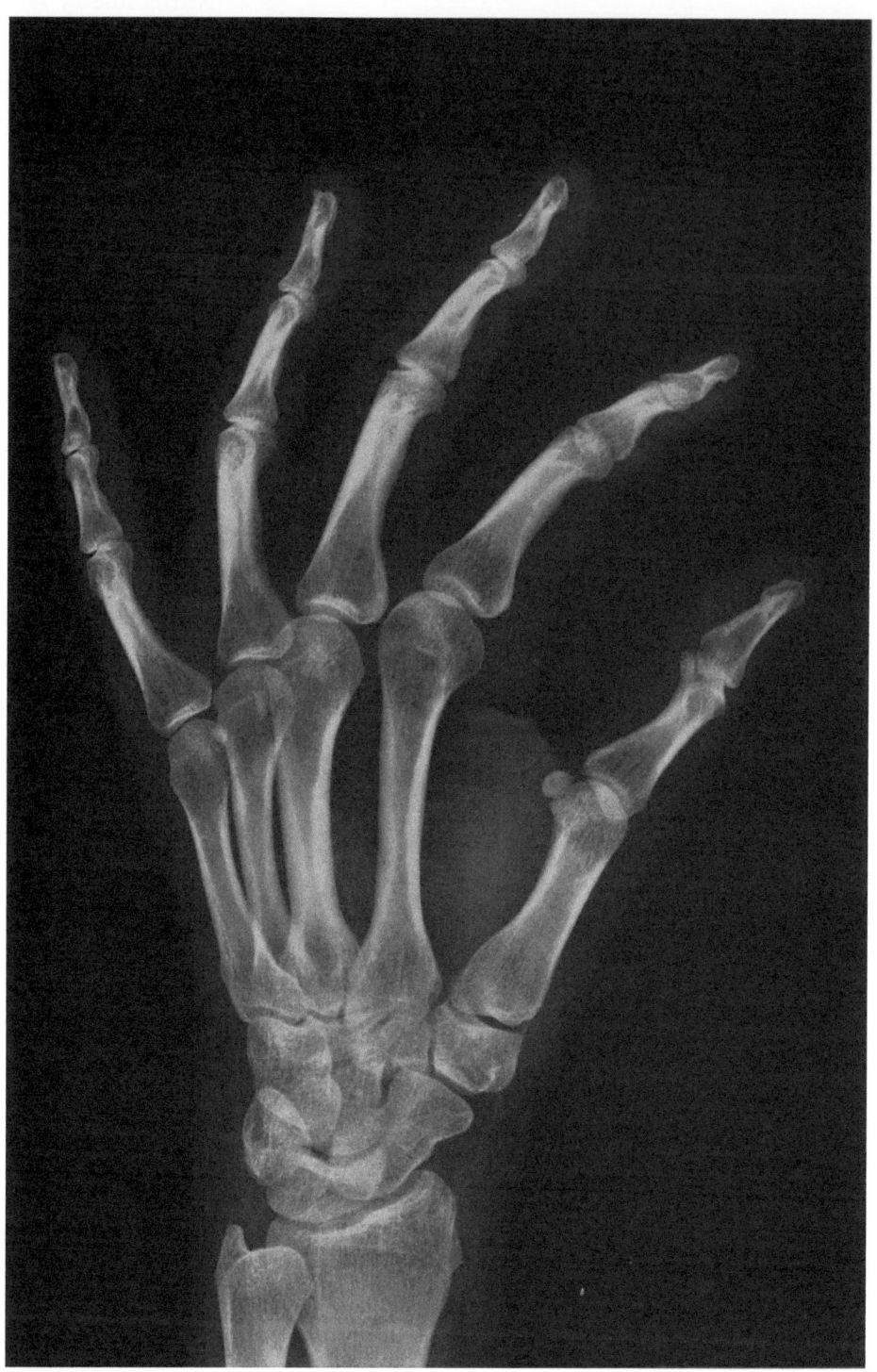

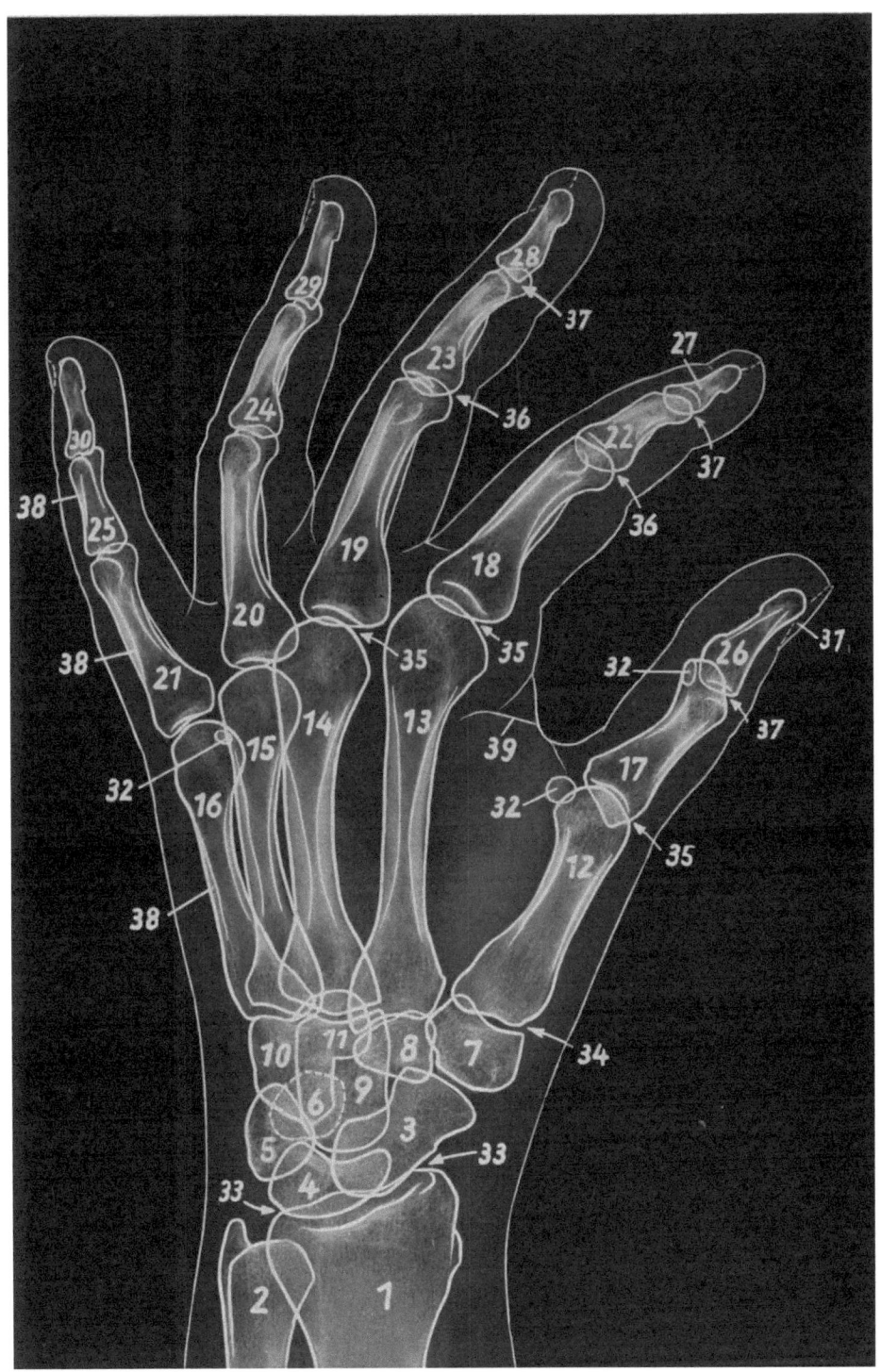

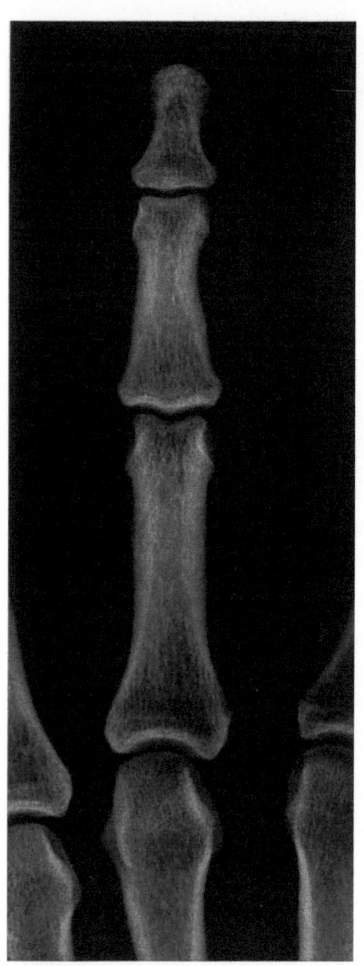 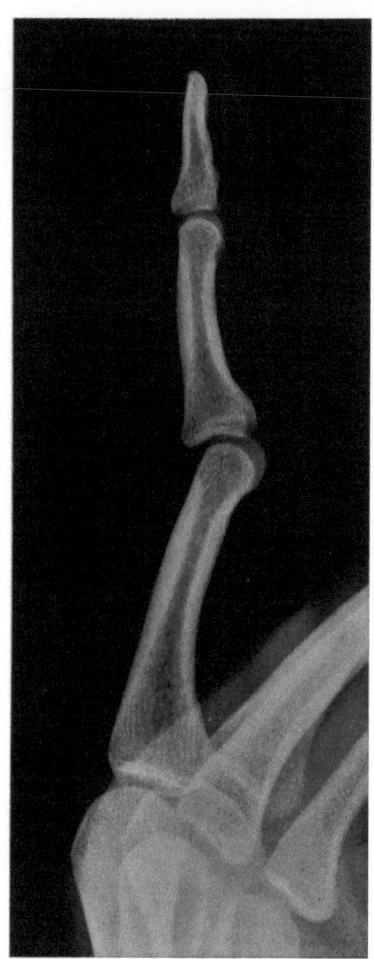

Aufnahme 74 und 75
FINGER EINZELN SAGITTAL UND SEITLICH (außer Daumen)

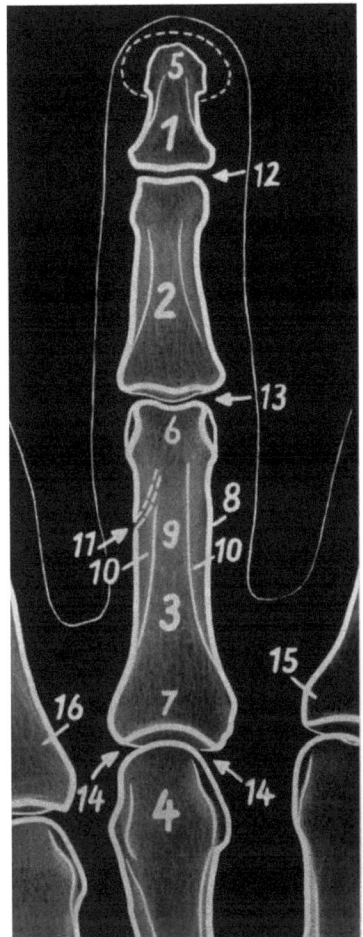
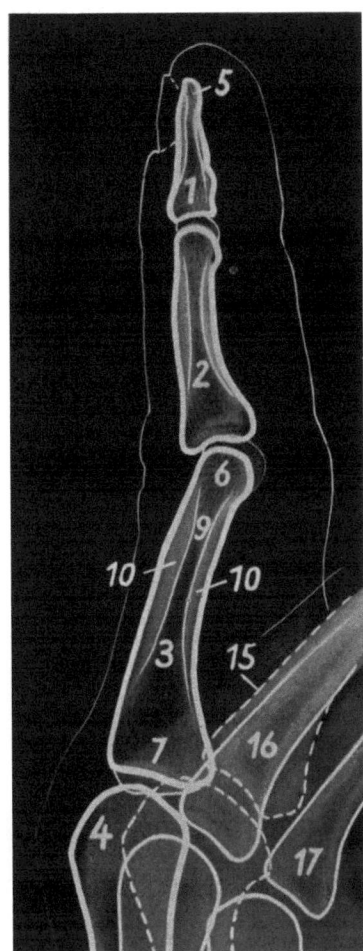

1 Phalanx distalis digiti medii
2 Phalanx media digiti medii
3 Phalanx proximalis digiti medii
4 Caput ossis metacarpalis III
5 Tuberositas phalangis distalis digiti medii
6 Caput phalangis proximalis digiti medii
7 Basis phalangis proximalis digiti medii
8 Rauhigkeit für den Ansatz des M. lumbricalis
9 Cavum medullare phalangis proximalis digiti medii
10 Compacta phalangis proximalis digiti medii
11 Canalis nutricius (Richtung distalwärts, vgl. 76/11, 77/13, 77/14)
12 Articulatio interphalangea distalis digiti medii
13 Articulatio interphalangea proximalis digiti medii
14 Articulatio metacarpophalangea digiti medii
15 Index
16 Digitus anularis
17 Digitus minimus

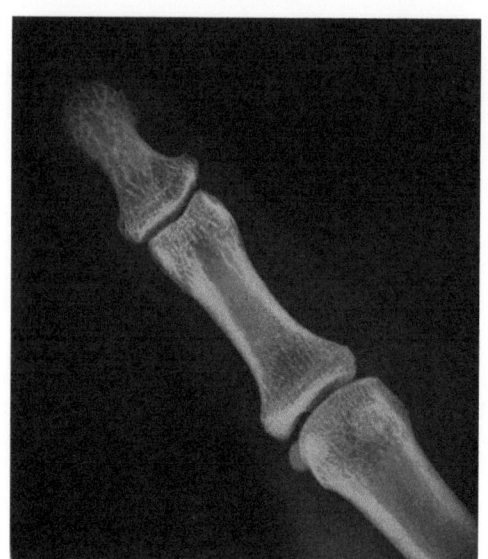

Aufnahme 76
DAUMEN SAGITTAL

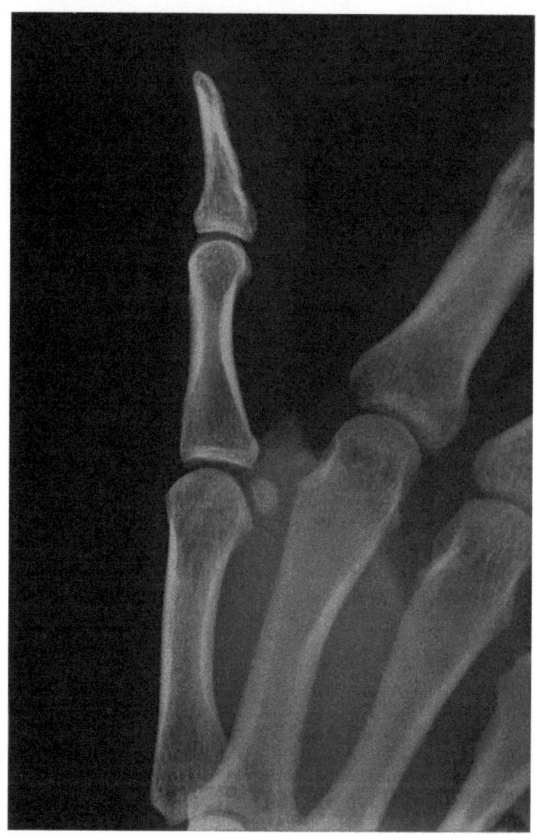

Aufnahme 77
DAUMEN SEITLICH

1 Phalanx distalis pollicis
2 Phalanx proximalis pollicis
3 Os metacarpale I
4 Tuberositas phalangis distalis pollicis
5 Basis phalangis proximalis pollicis
6 Caput phalangis proximalis pollicis
7 Caput ossis metacarpalis I
8 Articulatio interphalangea distalis pollicis
9 Articulatio metacarpophalangea pollicis
10 Ossa sesamoidea
11 Canalis nutricius ossis metacarpalis I (Richtung distalwärts, vgl. 74/11, 77/13, 77/14)
12 Compacta
13 Rand des Nagelbettes

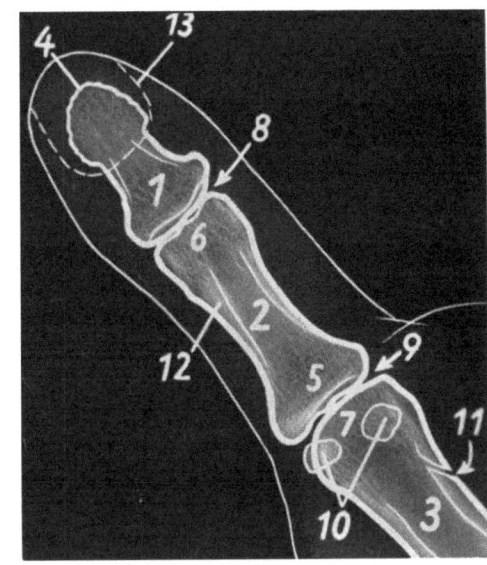

1 Phalanx distalis pollicis
2 Phalanx proximalis pollicis
3 Os metacarpale I
4 Tuberositas phalangis distalis pollicis
5 Oft vorhandene Rauhigkeit (Ansatz für den M. flexor pollicis longus)
6 Articulatio interphalangea distalis pollicis
7 Articulatio metacarpophalangea pollicis
8 Caput ossis metacarpalis I
9 Corpus ossis metacarpalis I
10 Basis ossis metacarpalis I
11 Compacta
12 Os sesamoideum
13 Canalis nutricius ossis metacarpalis I (Verlauf distalwärts, vgl. 74/11, 76/11)
14 Canalis nutricius ossis metacarpalis II (proximalwärts)
15 Os metacarpale II
16 Os metacarpale III
17 Os metacarpale IV
18 Phalanx proximalis indicis
19 Phalanx proximalis digiti medii
20 Nagelbett

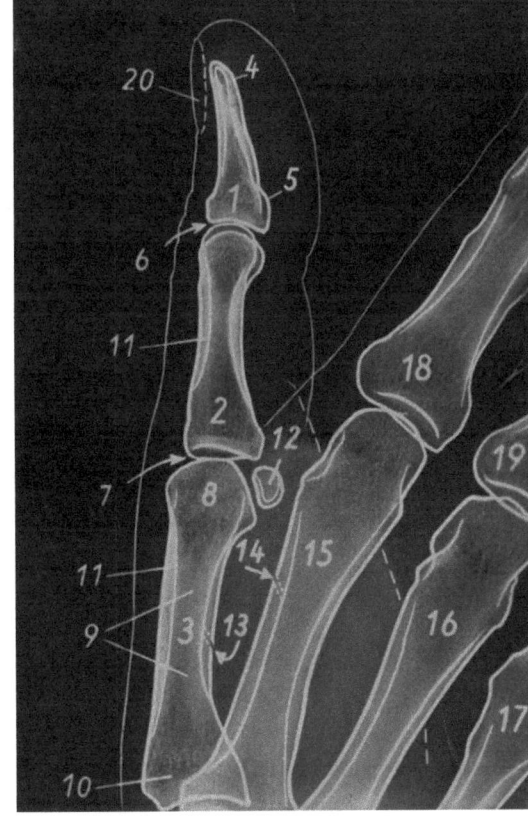

177

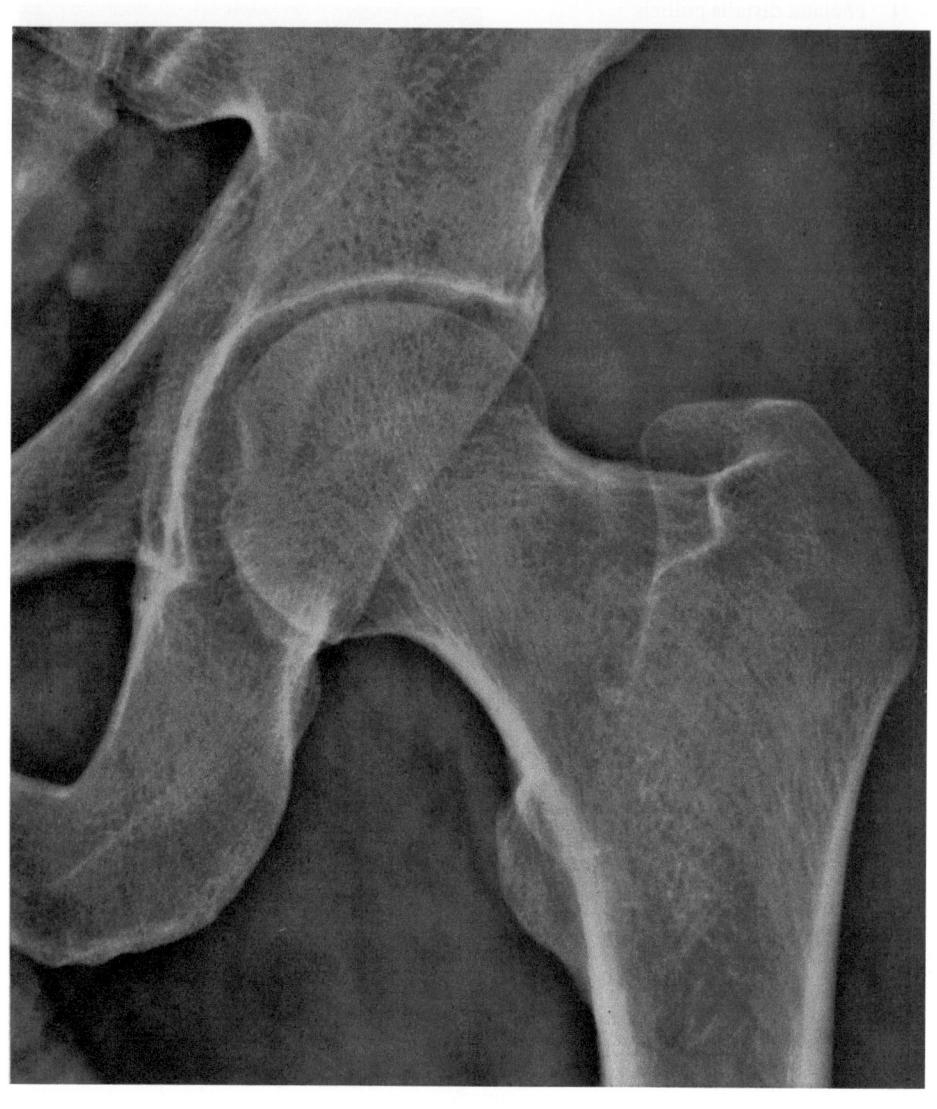

Aufnahme 78
HÜFTGELENK VON VORNE NACH HINTEN

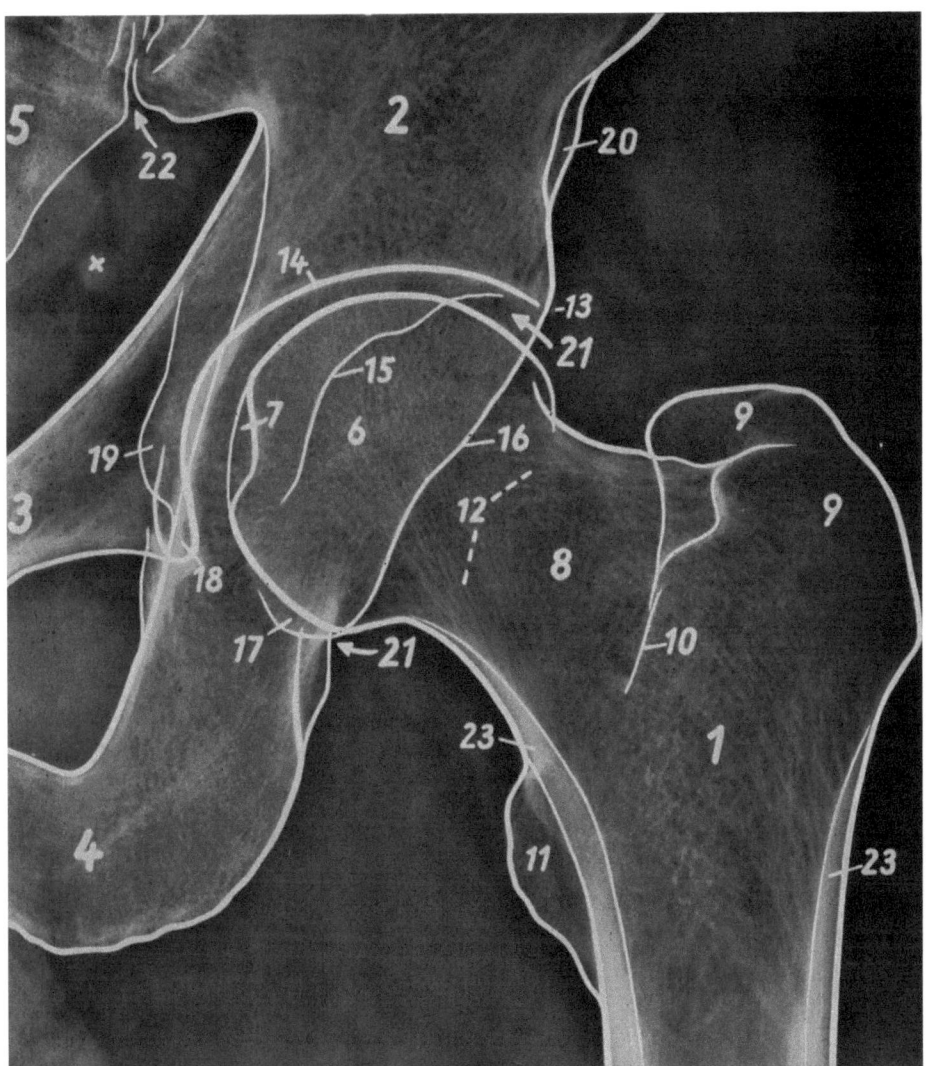

1 Femur
2 Os ilium
3 Os pubis
4 Os ischii
5 Os sacrum
6 Caput femoris
7 Fovea capitis femoris
8 Collum femoris
9 Trochanter major
10 Crista intertrochanterica
11 Trochanter minor
12 Statisch bedingte Spongiosaverdichtungen
13 Os acetabuli (akzessorisches Knöchelchen, dicht neben dem oberen Rand des Acetabulum)
14 Dach des Acetabulum
15 Acetabulum, vorderer Rand
16 Acetabulum, hinterer Rand
17 Acetabulum, unterer Rand
18 „Köhlersche Tränenfigur" (projektionsbedingte Zeichnung im Bereich der Pfanne)
19 Spina ischiadica (projiziert sich mit ihrem vorderen Abschnitt gelegentlich in das kleine Becken, s. auch Abb. 81/17)
20 Spina iliaca anterior inferior
21 Articulatio coxae
22 Articulatio sacro-iliaca
23 Compacta
× Venenstein

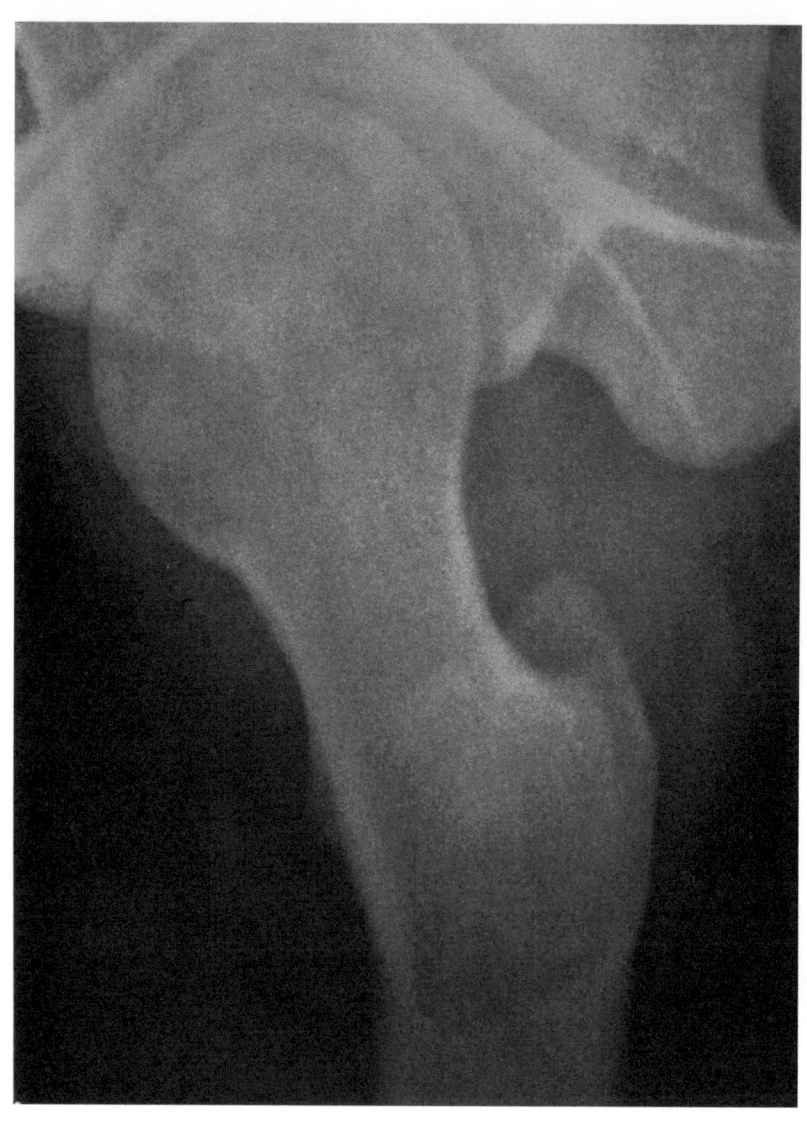

Aufnahme 79 und 80
SCHENKELHALS SEITLICH (von innen nach außen oder von außen nach innen)

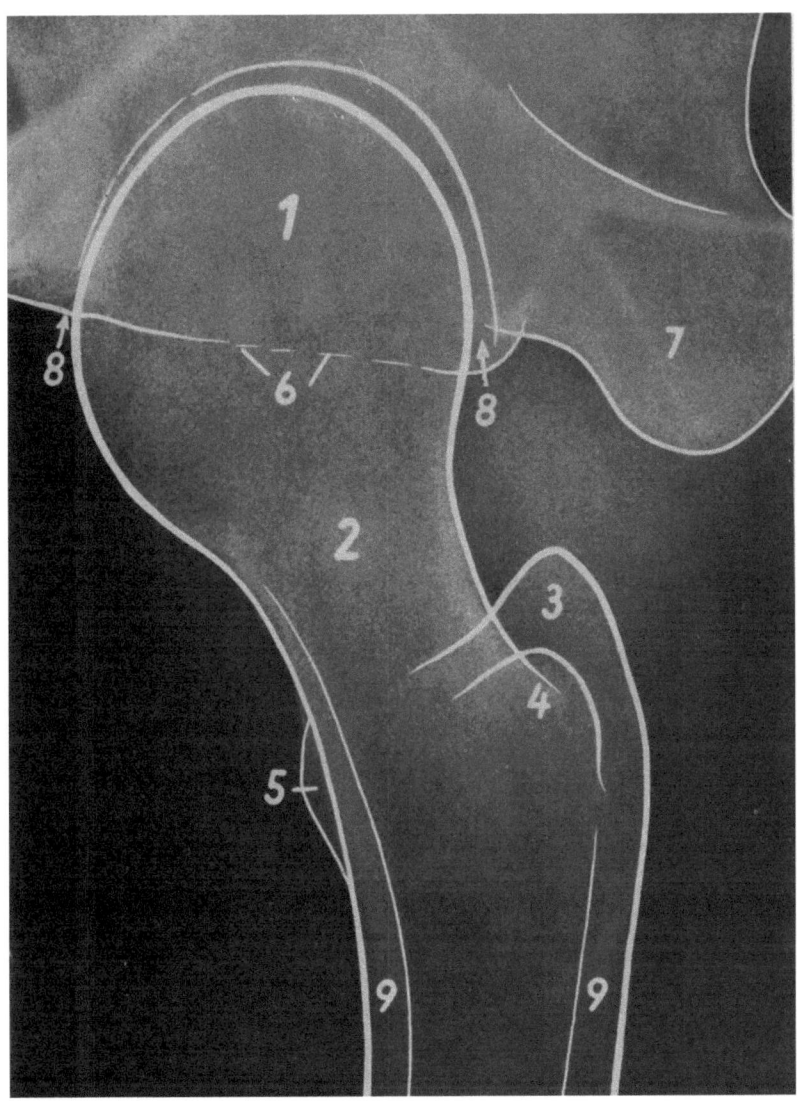

1 Caput femoris
2 Collum femoris
3 Trochanter major
4 Trochanter minor
5 Teil der Linea intertrochanterica
6 Rand des Acetabulum
7 Os ischii
8 Articulatio coxae
9 Compacta

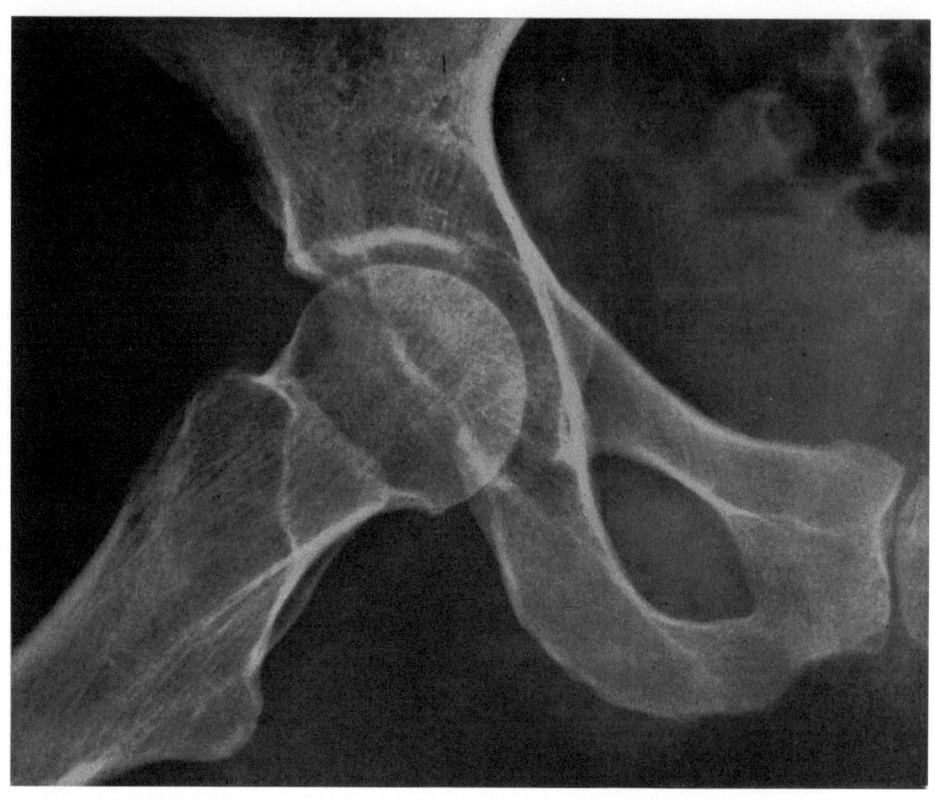

Aufnahme 81
HÜFTGELENK IN SEITLICHER ABSPREIZUNG (Lauenstein)

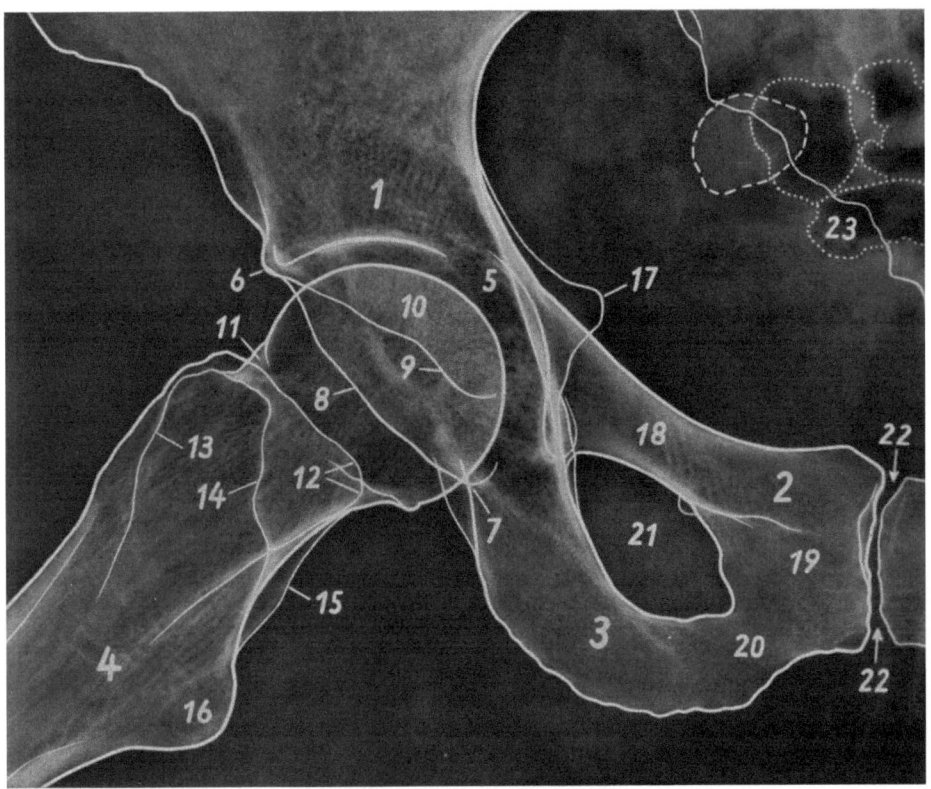

1 Os ilium	7 Acetabulum, unterer Rand	15 Crista intertrochanterica
2 Os pubis	8 Acetabulum, hinterer Rand	16 Trochanter minor
3 Os ischii		17 Spina ischiadica
4 Femur	9 Acetabulum, vorderer Rand	18 Ramus superior ossis pubis
5 Fossa acetabuli, bei „5" Pfannenbodenlinie unterteilt, Abstand der Pfannenbodenlinie vom Caput femoris (fußwärts größer als kopfwärts)	10 Caput femoris	19 Corpus ossis pubis
	11 Collum femoris	20 Ramus inferior ossis pubis
	12 Spitze des Trochanter major	21 Foramen obturatum
		22 Symphysis pubica
	13 Linea intertrochanterica	23 Os sacrum
6 Acetabulum, oberer Rand	14 Rand der Fossa intertrochanterica	– – – Fester Darminhalt
		..... Luft im Darm

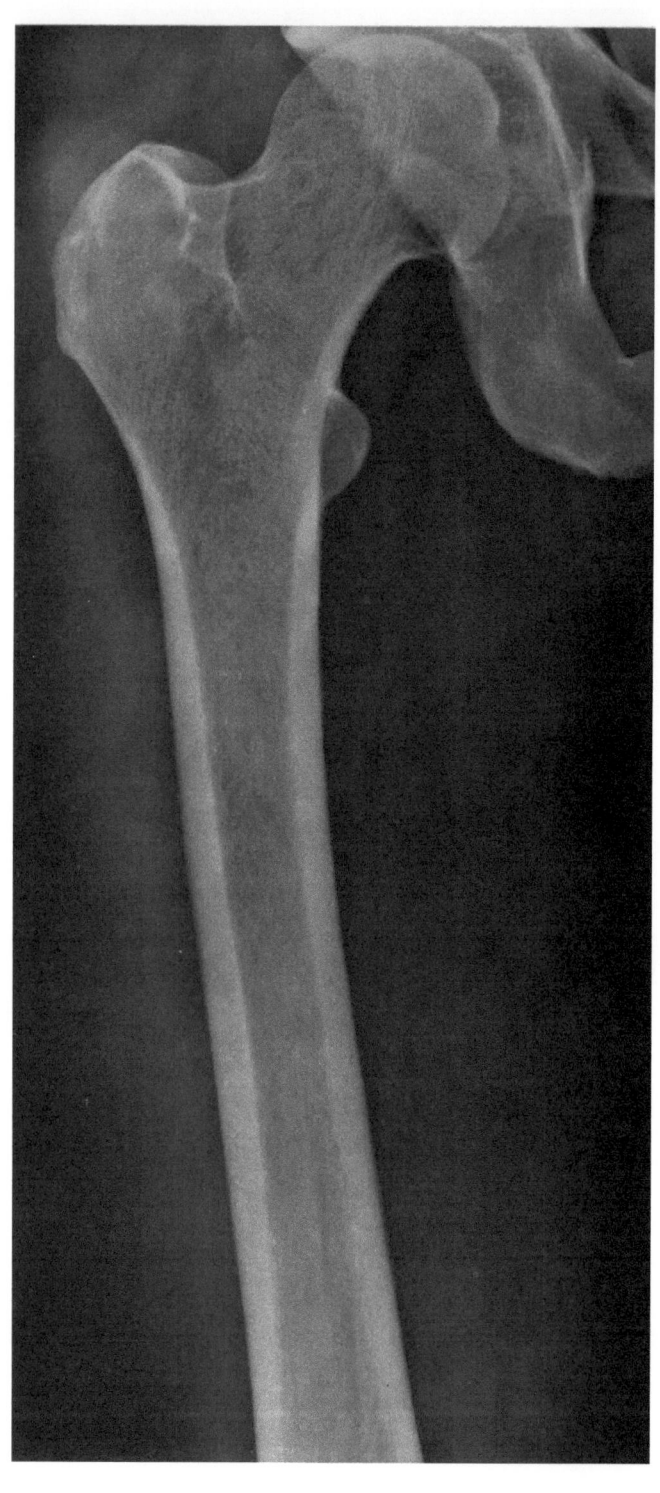

Aufnahme 82
OBERSCHENKEL VON
VORNE NACH HINTEN

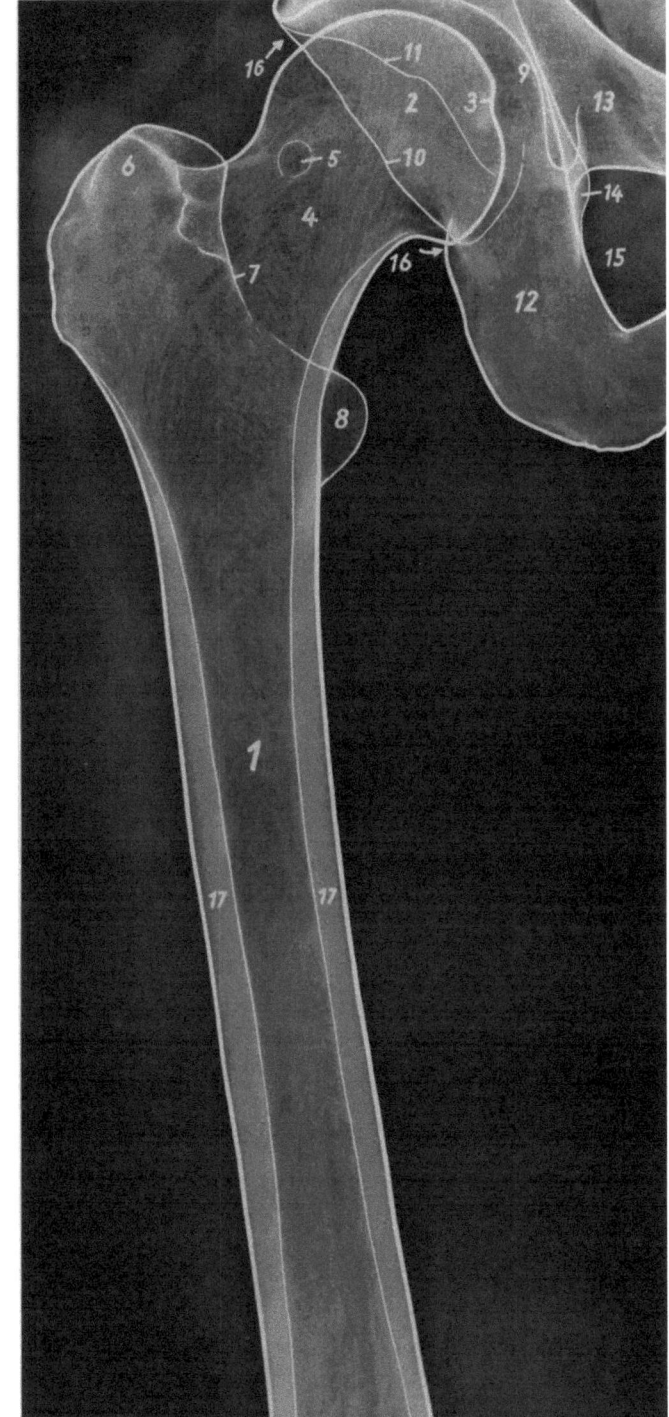

1 Femur (Corpus)
2 Caput femoris
3 Fovea capitis femoris
4 Collum femoris
5 Kleine Knochenzyste im Collum femoris
6 Trochanter major
7 Crista intertrochanterica
8 Trochanter minor
9 Fossa acetabuli
10 Acetabulum, hinterer Rand
11 Acetabulum, vorderer Rand
12 Os ischii
13 Ramus superior ossis pubis
14 Tuber ischiadicum
15 Foramen obturatum
16 Articulatio coxae
17 Compacta

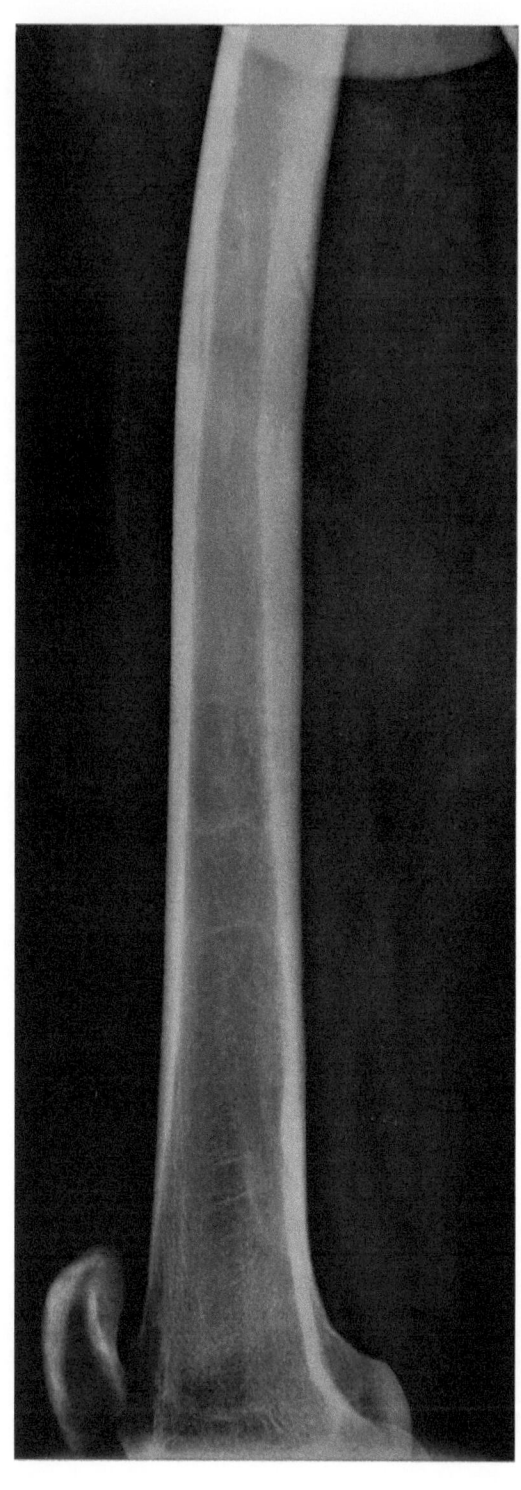

Aufnahme 83
OBERSCHENKEL SEITLICH

1 Femur
2 Patella
3 Condylus lateralis femoris
4 Condylus medialis femoris
5 Canalis nutricius
6 Compacta
7 Weichteile der Gesäßmuskulatur

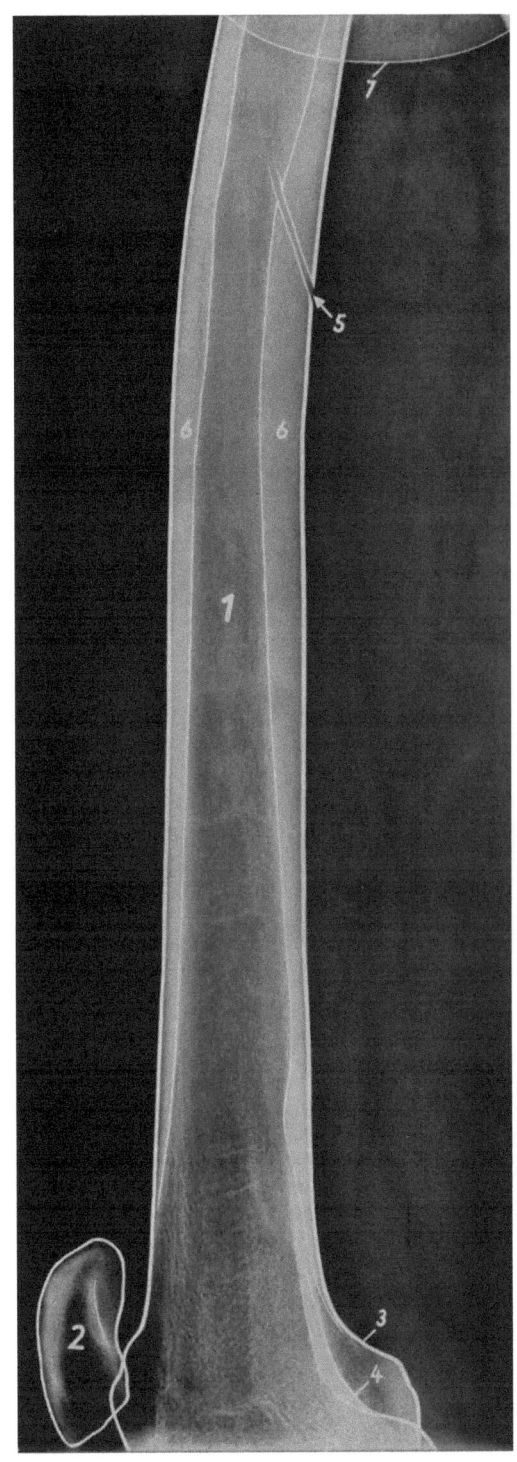

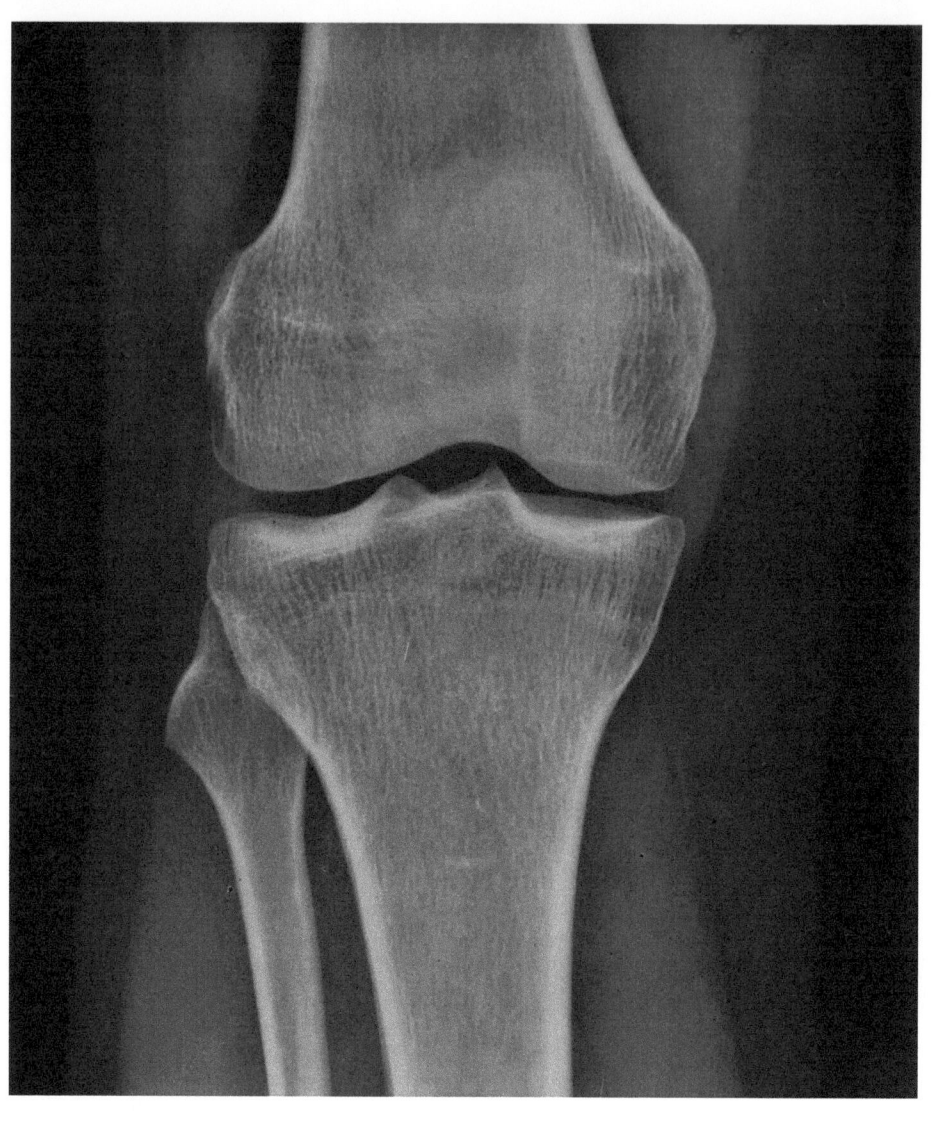

Aufnahme 84
KNIEGELENK VON VORNE NACH HINTEN

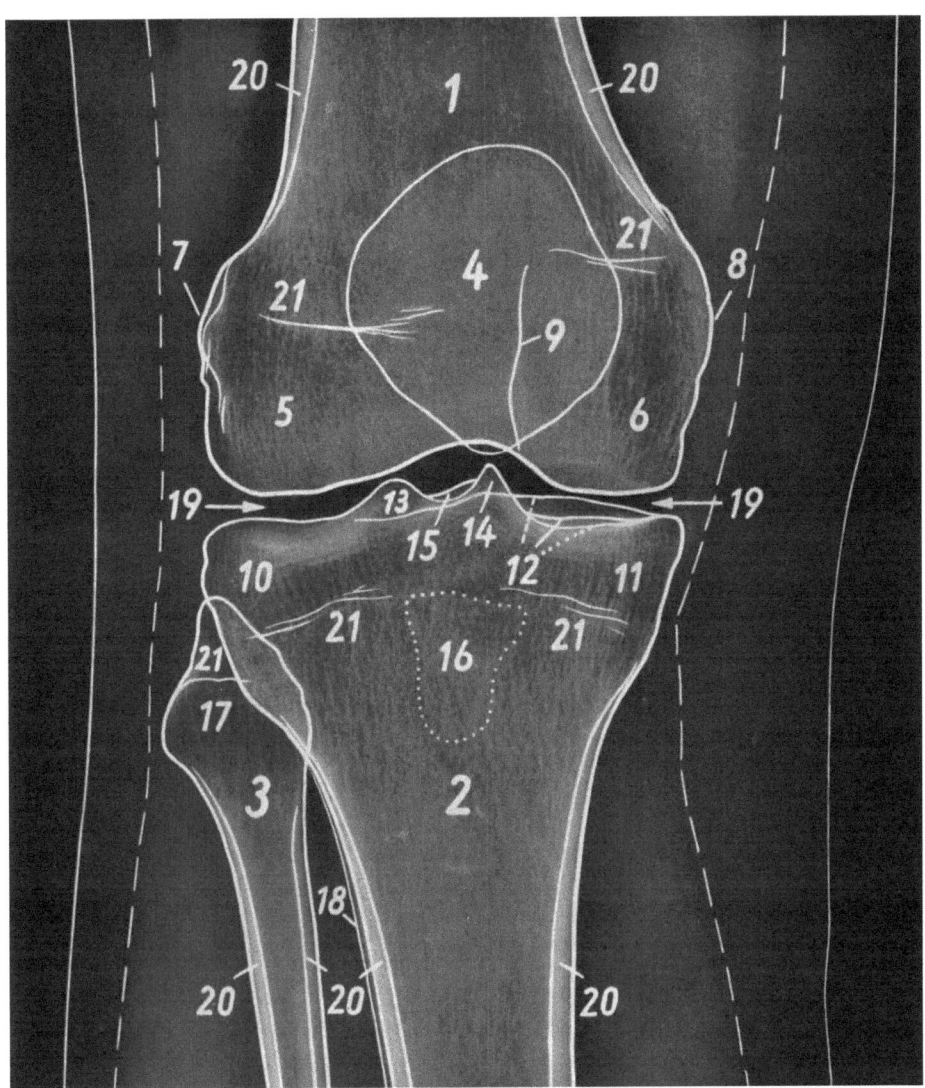

1 Femur
2 Tibia
3 Fibula
4 Patella
5 Condylus lateralis femoris
6 Condylus medialis femoris
7 Epicondylus lateralis femoris
8 Epicondylus medialis femoris
9 Condylus medialis femoris, lateraler Rand
10 Condylus lateralis tibiae
11 Condylus medialis tibiae
12 Facies articularis superior tibiae
(– – –) vorderer Rand
(——) hinterer Rand
(...) tiefster Rand
13 Tuberculum intercondylare laterale eminentiae intercondylaris
14 Tuberculum intercondylare mediale eminentiae intercondylaris
15 Teil der Eminentia intercondylaris
16 Tuberositas tibiae
17 Caput fibulae
18 Margo interossea tibiae
19 Articulatio genu (Kniegelenk)
20 Compacta
21 Epiphysenlinien
– – – Äußere Begrenzung der Muskulatur

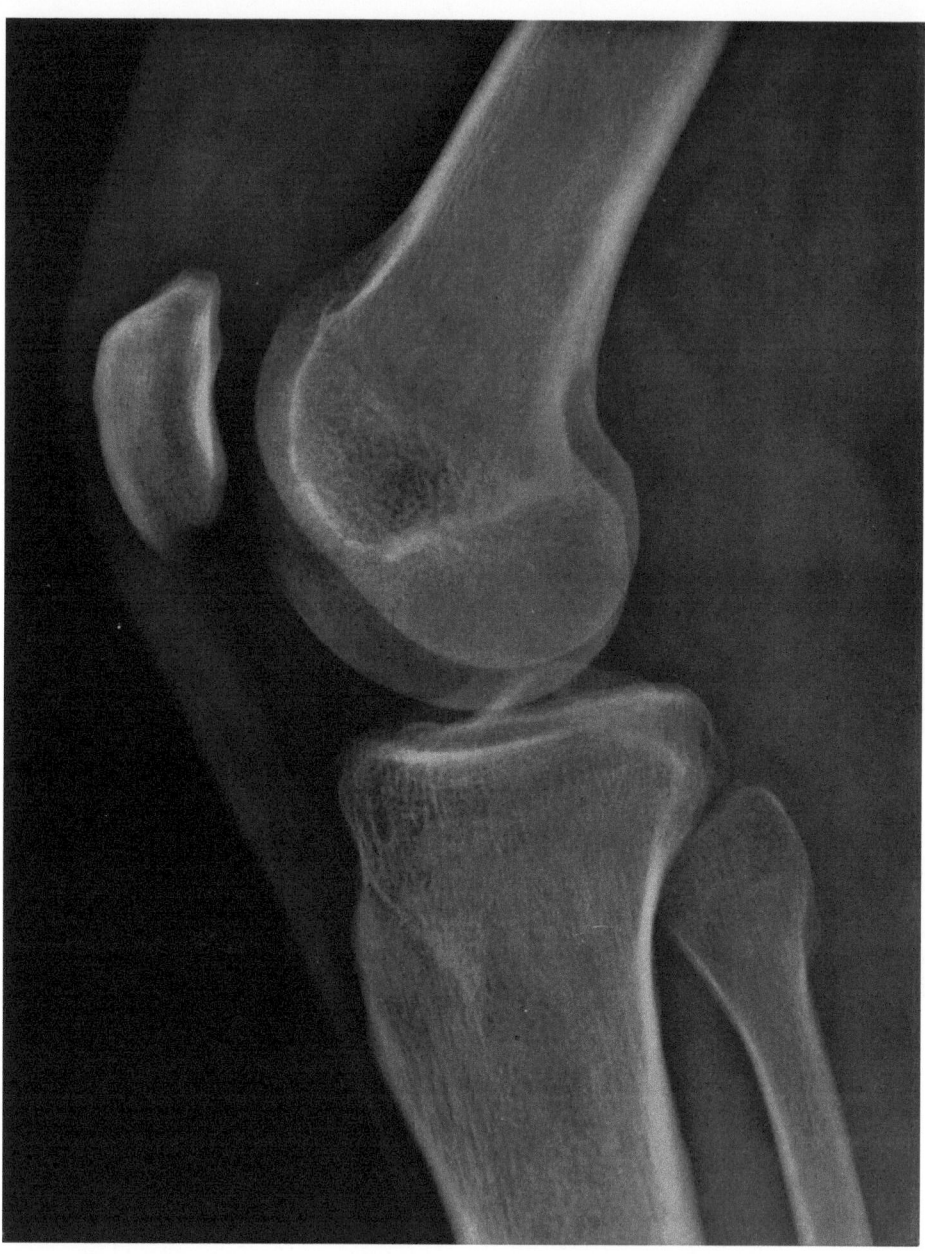

Aufnahme 85
KNIEGELENK SEITLICH

1 Femur
2 Tibia
3 Fibula
4 Patella
5 Apex patellae

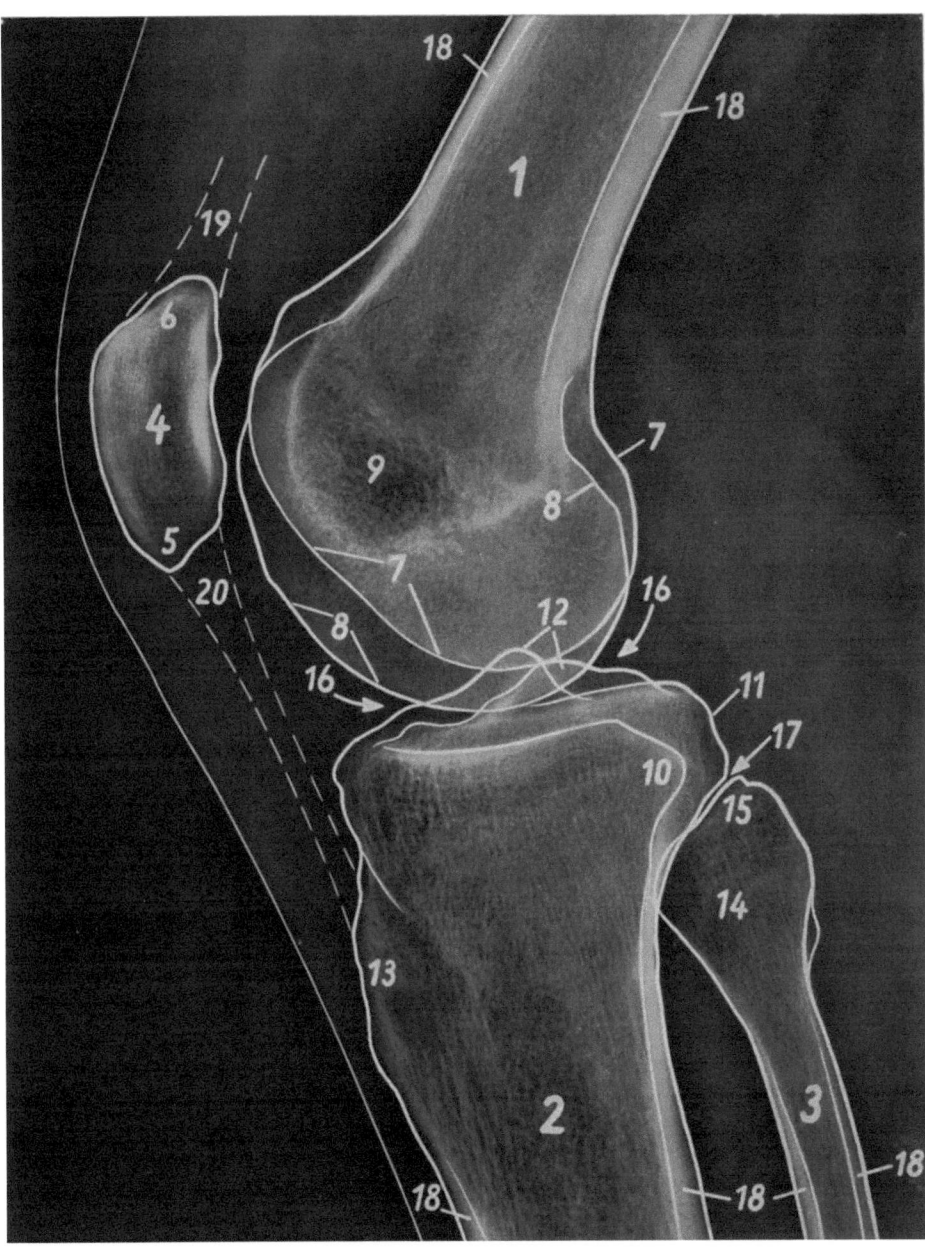

6 Basis patellae
7 Condylus lateralis femoris
8 Condylus medialis femoris
9 Ludloffscher Fleck (Strukturbesonderheit)
10 Condylus lateralis tibiae
11 Condylus medialis tibiae
12 Tubercula intercondylaria
13 Tuberositas tibiae
14 Caput fibulae
15 Apex capitis fibulae
16 Articulatio genu (Kniegelenk)
17 Articulatio tibiofibularis
18 Compacta
19 Sehne des Musculus quadriceps femoris
20 Ligamentum patellae

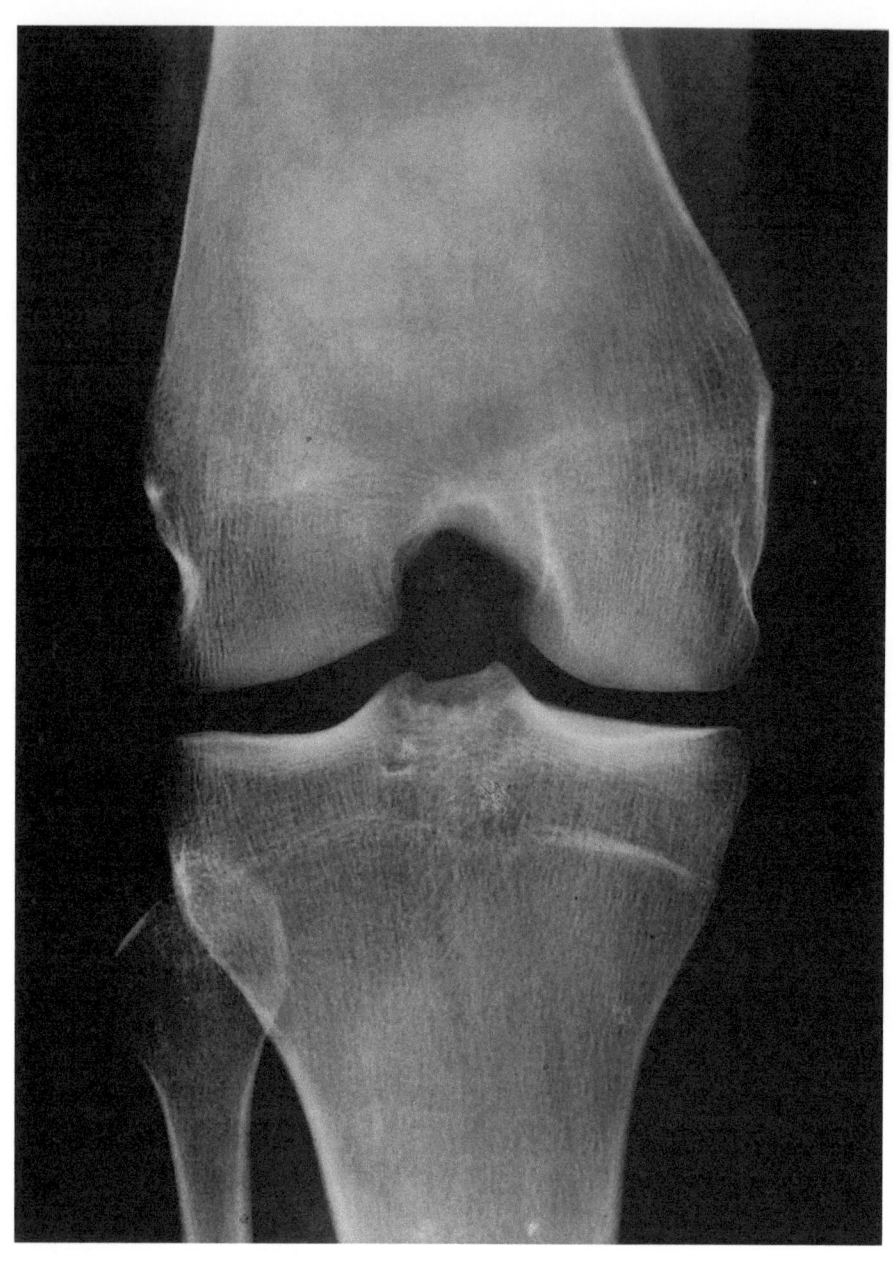

Aufnahme 86
KNIEGELENK VON VORNE NACH HINTEN (in Beugung nach Frik)

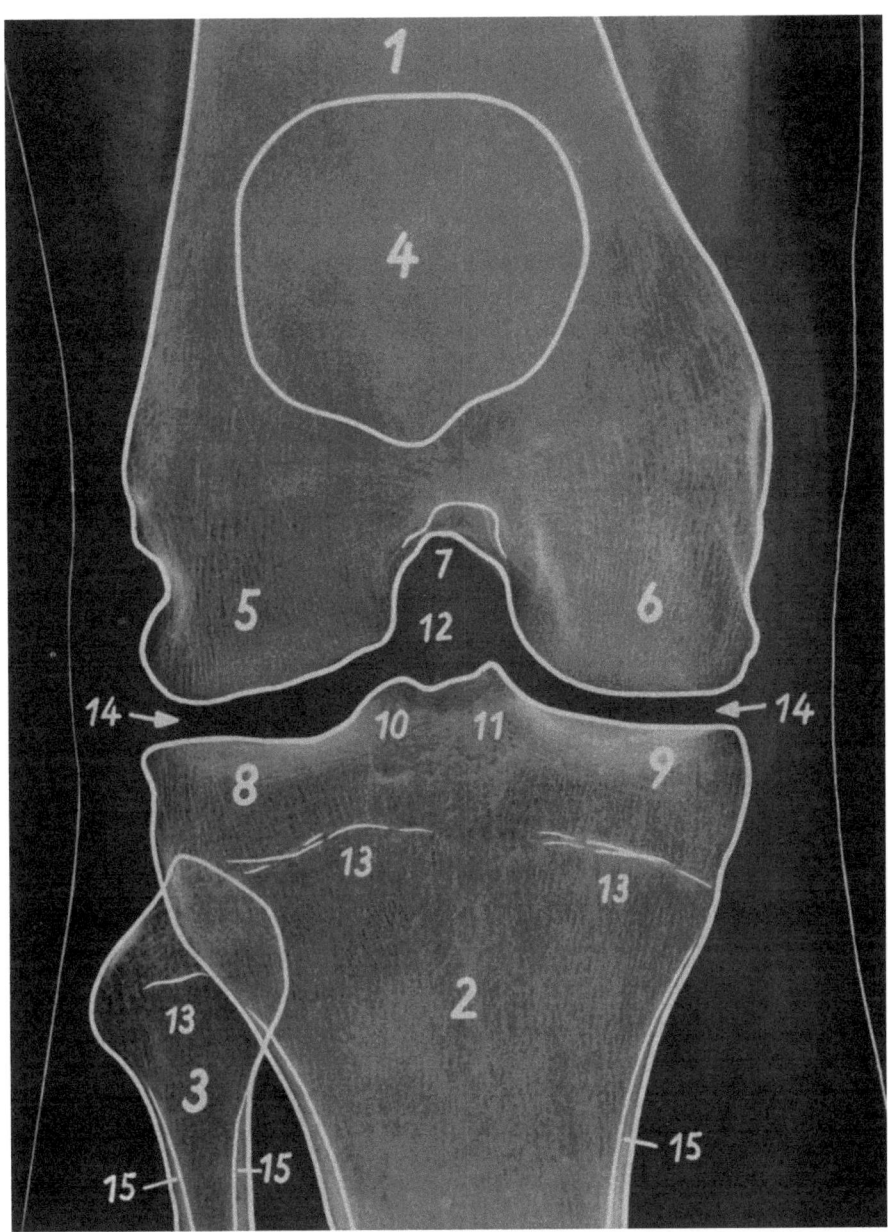

1 Femur
2 Tibia
3 Fibula
4 Patella
5 Condylus lateralis und
6 Condylus medialis femoris
7 Fossa intercondylaris femoris
8 Condylus lateralis tibiae
9 Condylus medialis tibiae
10 Tuberculum intercondylare laterale
11 Tuberculum intercondylare mediale
12 Eminentia intercondylaris
13 Epiphysenlinien
14 Articulatio genu
15 Compacta

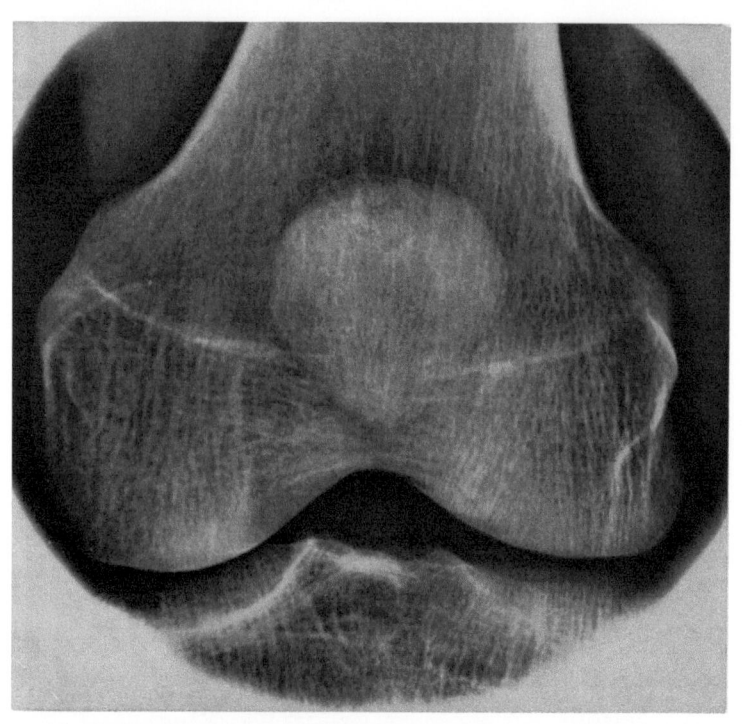

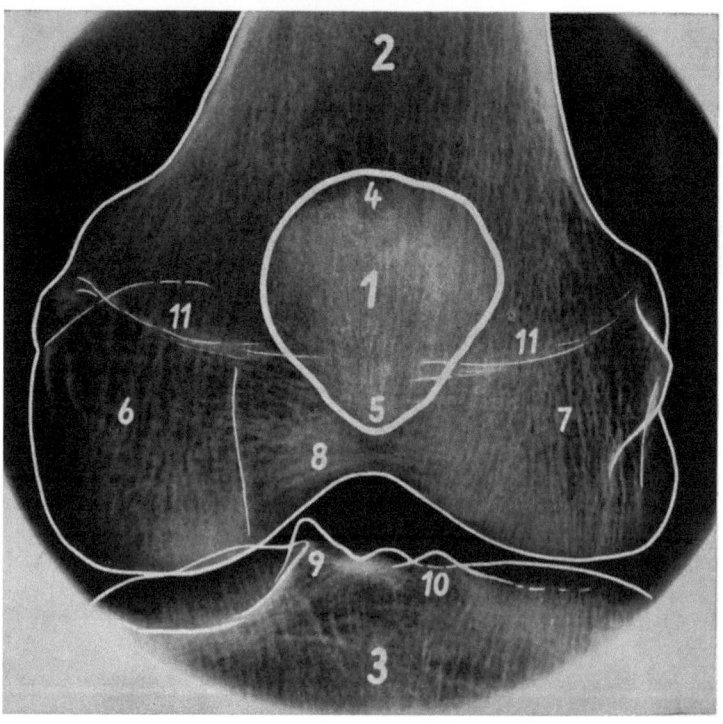

Aufnahme 87
KNIESCHEIBE VON
HINTEN NACH VORNE
(Kontaktaufnahme)

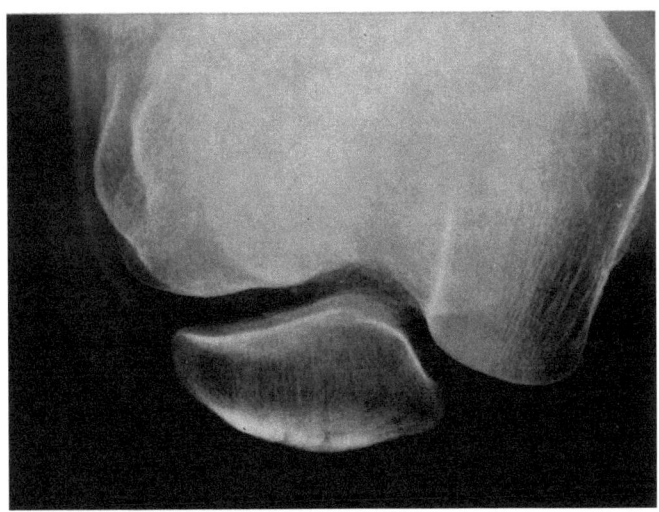

1 Patella
2 Femur
3 Tibia, fast ganz durch den Femur überlagert
4 Caput fibulae
5 Condylus lateralis femoris
6 Condylus medialis femoris
7 Proximaler Rand der Facies articularis patellae (Basis patellae)
8 Facies articularis patellae, distaler Rand
9 Teil der Facies articularis patellae

Aufnahme 88
KNIESCHEIBE AXIAL

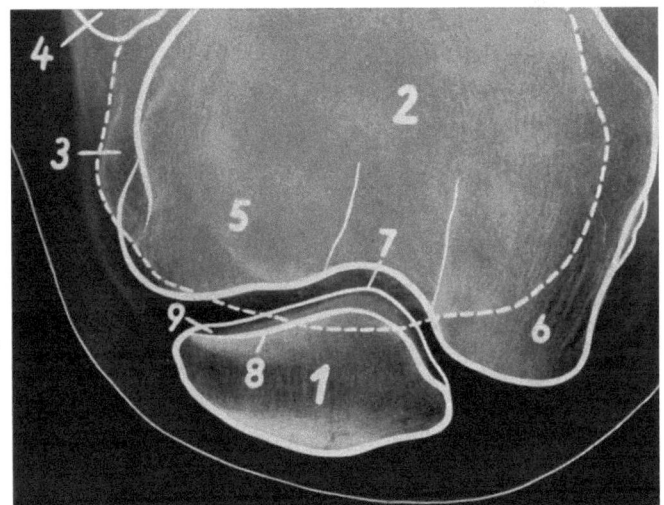

◀ Erklärung zu Aufnahme 87

1 Patella
2 Femur
3 Tibia
4 Basis patellae
5 Apex patellae
6 Condylus medialis und
7 Condylus lateralis femoris
8 Fossa intercondylaris femoris
9 Tuberculum intercondylare mediale
10 Tuberculum intercondylare laterale
11 Epiphysenlinie

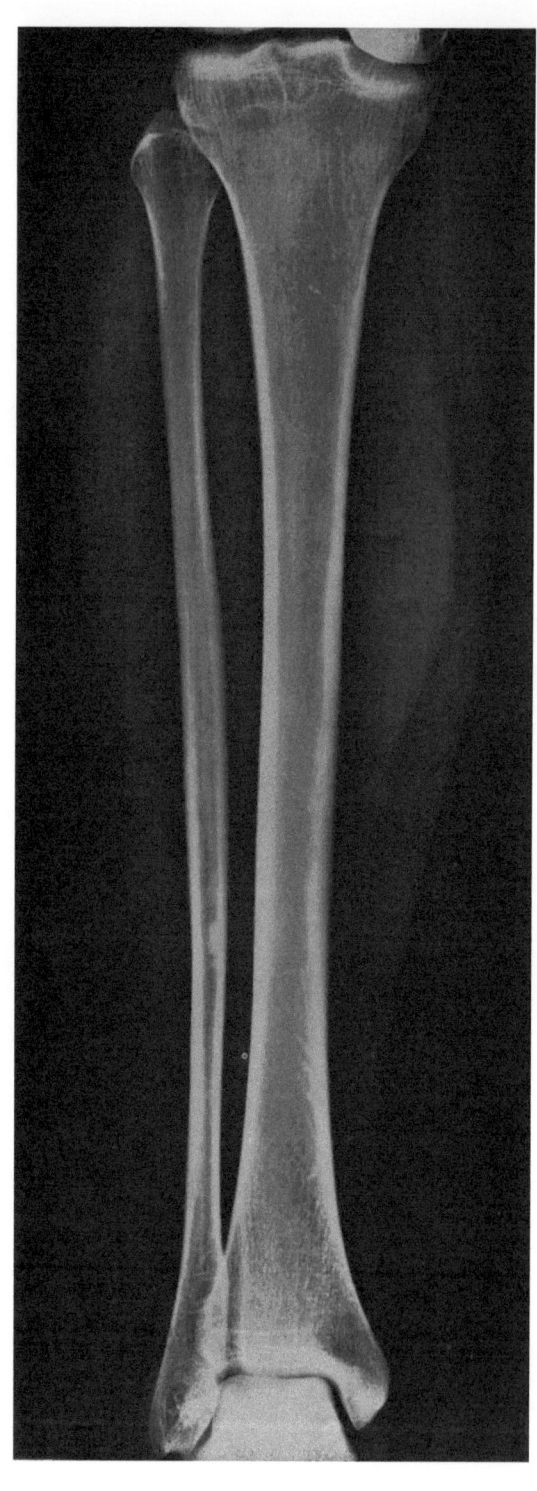

Aufnahme 89
UNTERSCHENKEL VON
VORNE NACH HINTEN

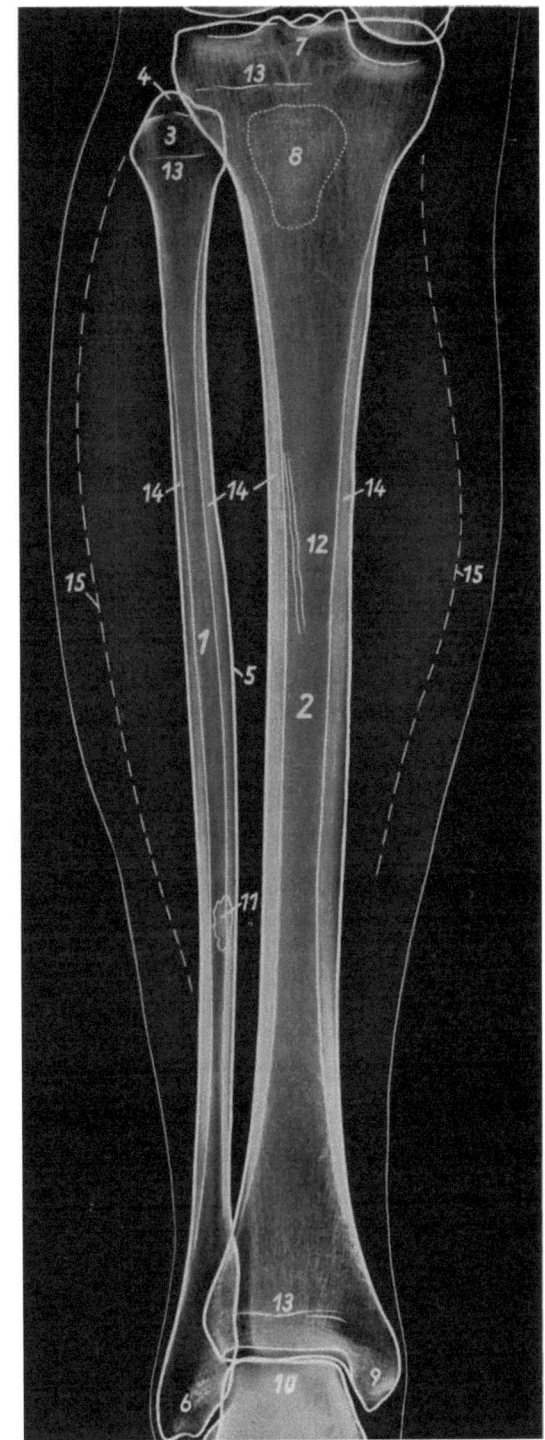

1 Fibula (Corpus)
2 Tibia (Corpus)
3 Caput fibulae
4 Apex capitis fibulae
5 Margo interossea fibulae
6 Malleolus lateralis
7 Proximales Endstück der Tibia
8 Tuberositas tibiae
9 Malleolus medialis
10 Talus
11 Compactainsel
12 Canalis nutricius
13 Epiphysenlinien
14 Compacta
15 Grenze der Unterschenkelmuskulatur

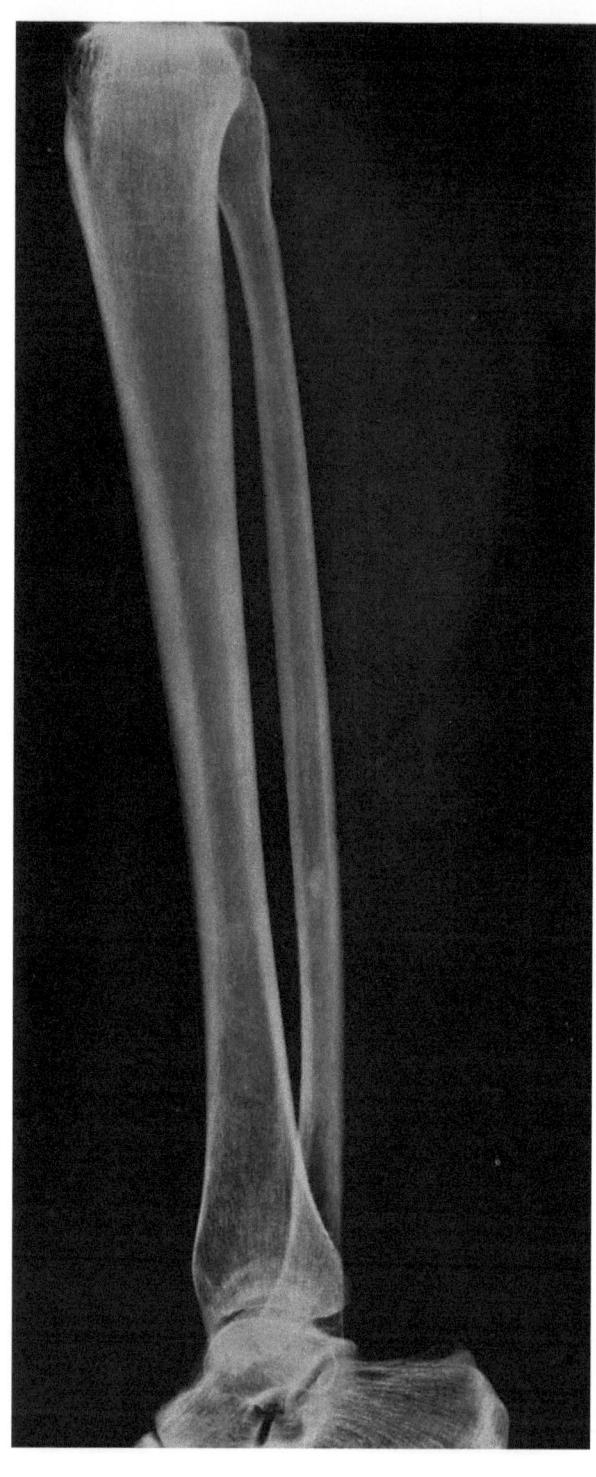

Aufnahme 90
UNTERSCHENKEL
SEITLICH

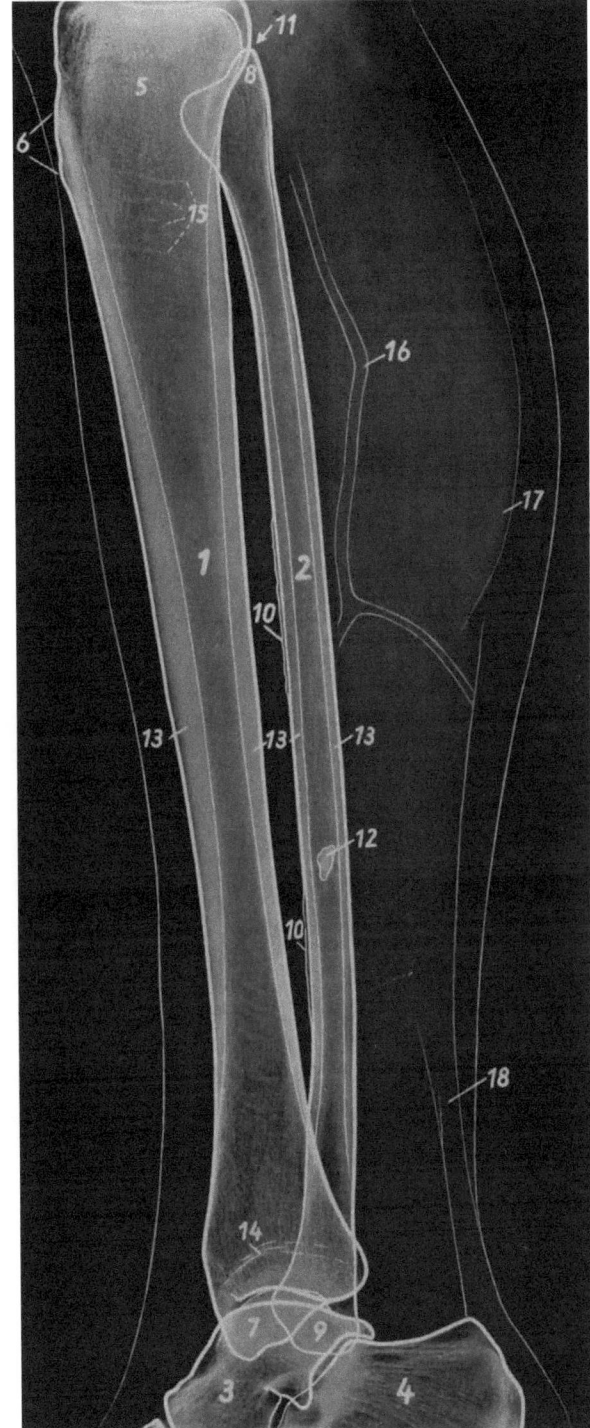

1 Tibia (Corpus)
2 Fibula (Corpus)
3 Talus
4 Calcaneus
5 Tibia, proximales Endstück
6 Tuberositas tibiae
7 Malleolus medialis
8 Caput fibulae
9 Malleolus lateralis, zum Teil übereinanderprojiziert mit dem distalen Endstück der Tibia und dem Talus
10 Margo interossea fibulae
11 Articulatio tibiofibularis
12 Compactainsel
13 Compacta
14 Epiphysenlinie
15 Sog. Jahresringe (Wachstumsschübe)
16 Vene
17 Musculus gastrocnemius
18 Achillessehne

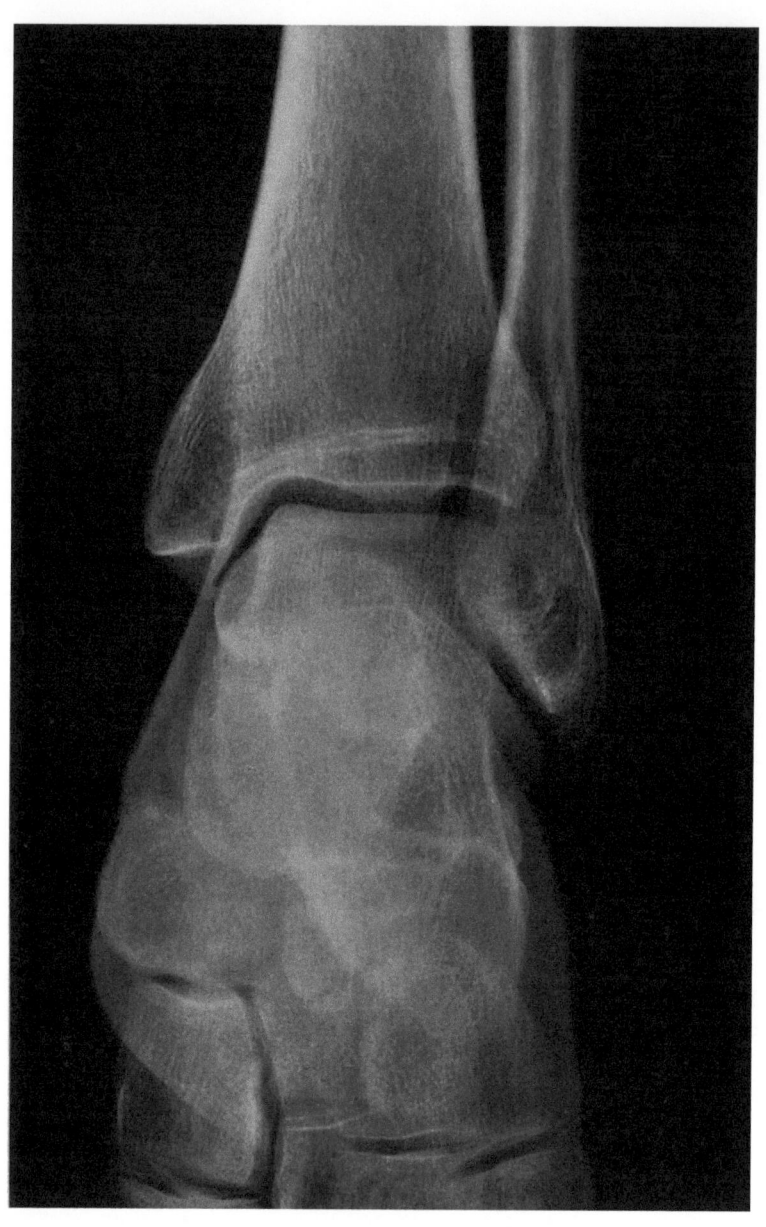

Aufnahme 91
FUSSGELENK VON VORNE NACH HINTEN

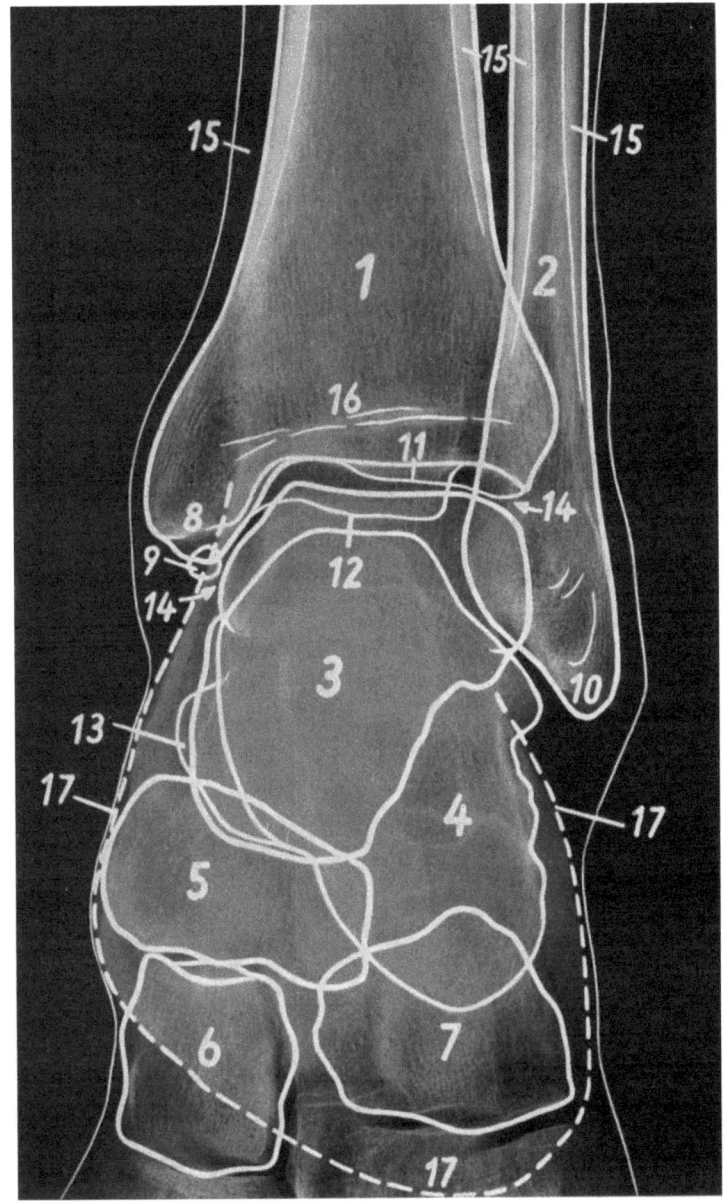

1 Tibia
2 Fibula
3 Talus und
4 Calcaneus zum größten Teil übereinanderprojiziert
5 Os naviculare
6 Os cuneiforme mediale (Os cuneiforme intermedium und Os cuneiforme laterale durch die Projektionsverhältnisse nicht differenzierbar)
7 Os cuboideum
8 Malleolus medialis
9 Os subtibiale (accessorisches Knöchelchen)
10 Malleolus lateralis
11 Vorderer Rand der Gelenkfläche der Tibia (filmfern)
12 Hinterer Rand der Gelenkfläche der Tibia (filmnah)
13 Sustentaculum talare
14 Articulatio talocruralis
15 Compacta
16 Epiphysenlinie
17 Begrenzung des Weichteilschattens der Ferse

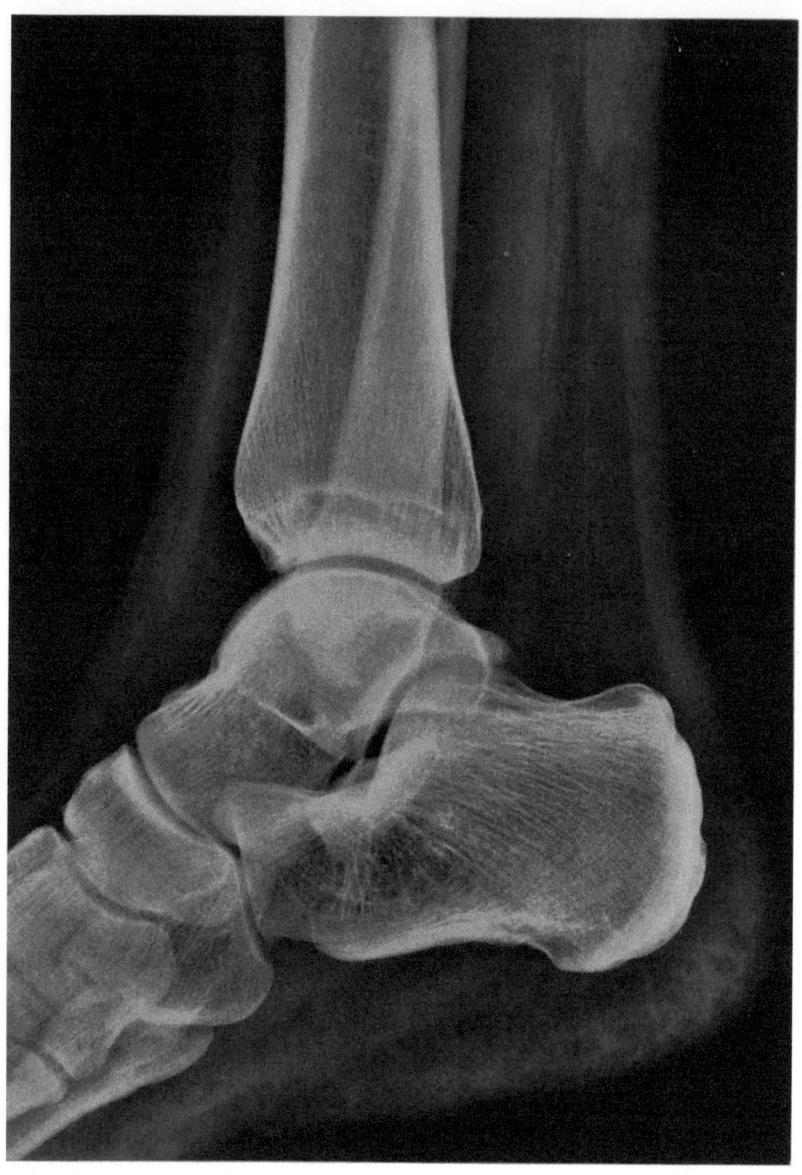

Aufnahme 92
FUSSGELENK SEITLICH

1 Tibia
2 Fibula
3 Talus
4 Calcaneus
5 Os naviculare
6 Os cuneiforme mediale und intermedium übereinanderprojiziert
7 Os cuboideum

8 Os metatarsale V
9 Ossa metatarsalia III und IV übereinanderprojiziert
10 Malleolus medialis
11 Malleolus lateralis
12 Corpus tali mit Trochlea tali
13 Unterer Rand des Corpus tali mit Processus lateralis tali
14 Collum tali
15 Caput tali
16 Processus posterior tali mit Tuberculum mediale et laterale
17 Sustentaculum talare
18 Tuber calcanei
19 Processus medialis tuberis calcanei
20 Ansatzstelle der Achillessehne
× Achillessehne
21 Articulatio talocruralis
22 Compacta

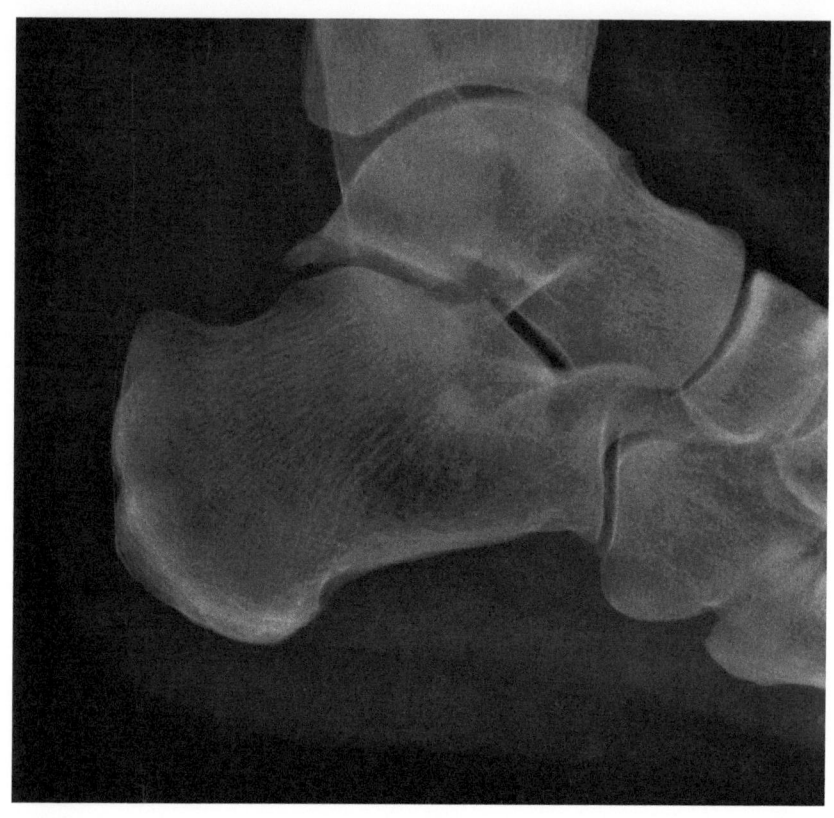

Aufnahme 93
FERSENBEIN SEITLICH

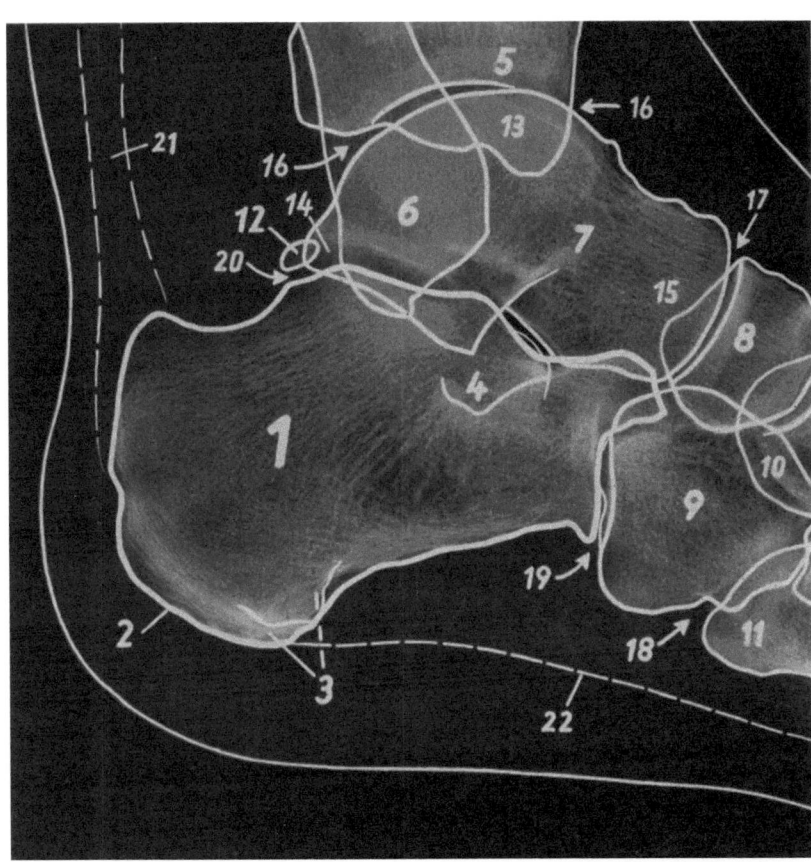

	7 Talus	17 Articulatio talonaviculariis
1 Calcaneus	8 Os naviculare	
2 Tuber calcanei	9 Os cuboideum	18 Articulatio tarsometatarsea V
3 Processus medialis (——) et lateralis (– – –) tuberis calcanei (übereinander projiziert)	10 Teil der Ossa cuneiformia	19 Articulatio calcaneocuboidea
	11 Os metatarsale V	20 Articulatio subtalaris (hinterer Abschnitt)
	12 Os trigonum	
	13 Malleolus medialis	
4 Sustentaculum talare	14 Processus posterior tali	21 Achillessehne (Tendo M. tricipitis surae)
5 Tibia	15 Caput tali	
6 Malleolus lateralis	16 Articulatio talocruralis	22 Aponeurosis plantaris

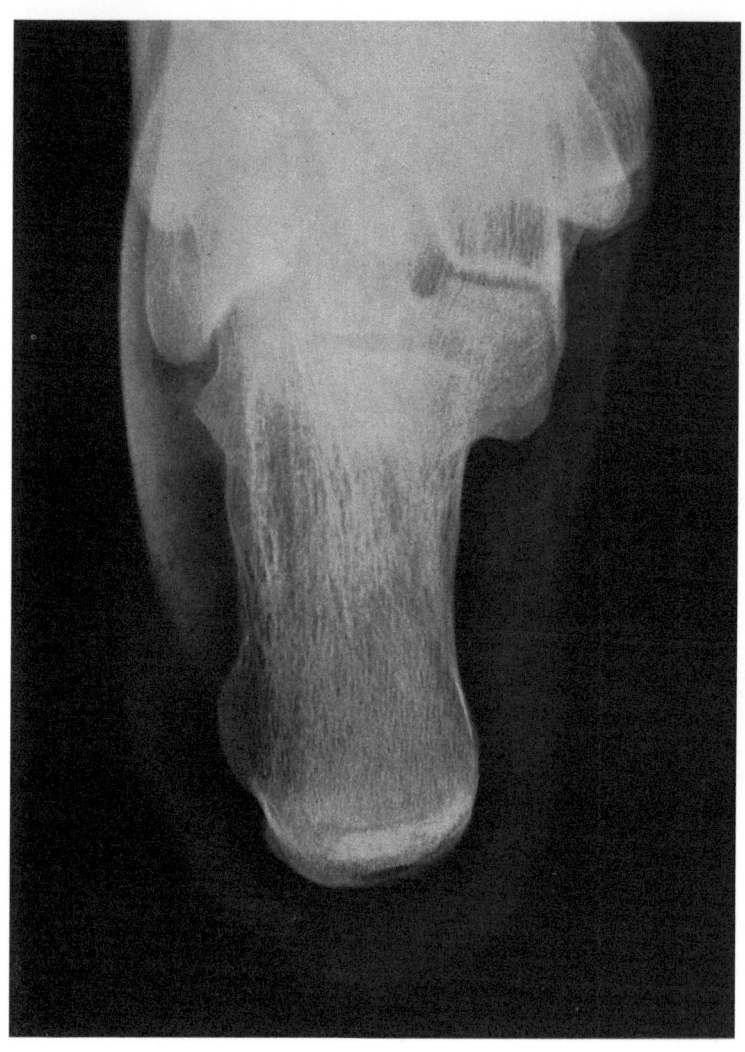

Aufnahme 94a
FERSENBEIN AXIAL (im Stehen)

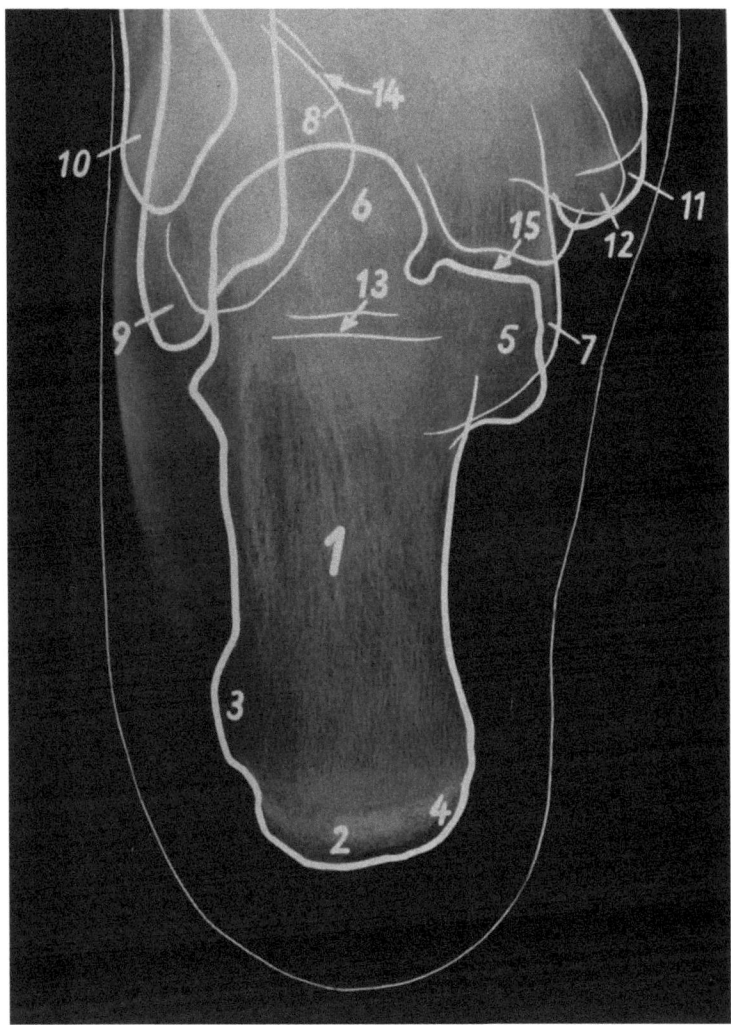

1 Calcaneus
2 Tuber calcanei
3 Processus lateralis tuberis calcanei
4 Processus medialis tuberis calcanei
5 Sustentaculum talare
6 Vorderer Abschnitt des Calcaneus
7 Teil des Talus
8 Os cuboideum
9 Malleolus lateralis
10 Os metatarsale V
11 Malleolus medialis
12 Os naviculare
13 Articulatio subtalaris (hinteres Sprunggelenk)
14 Articulatio cuneocuboidea
15 Articulatio talo-calcaneonavicularis (vorderes Sprunggelenk = Teil des Chopart'schen Gelenks)

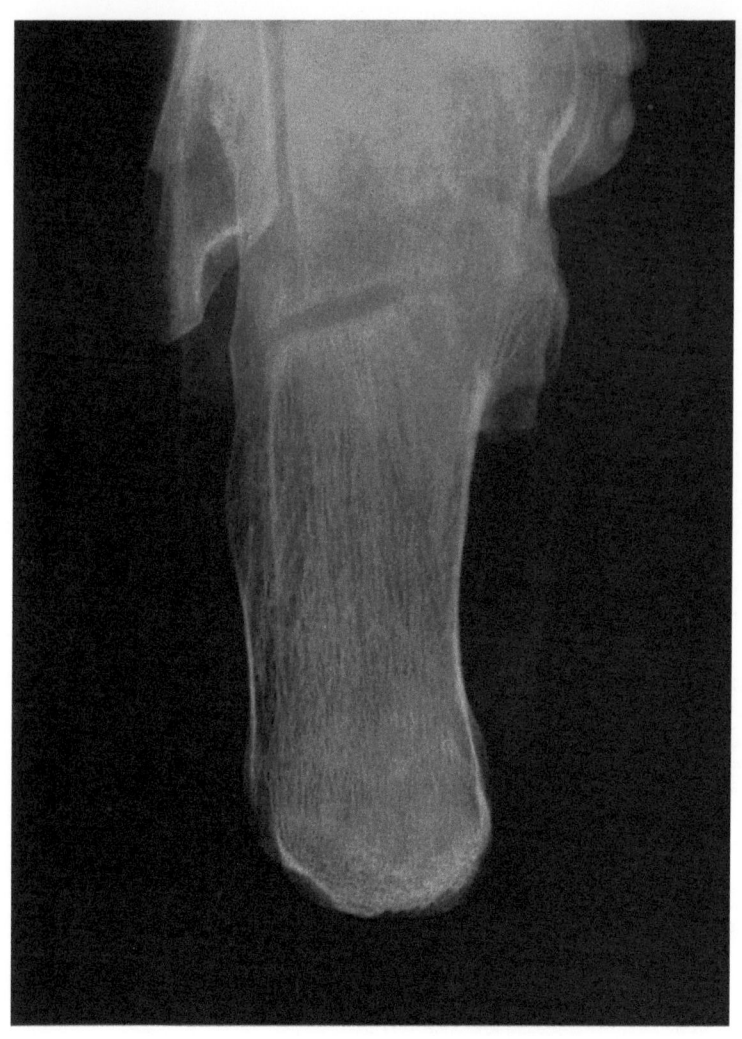

Aufnahme 94 b
FERSENBEIN AXIAL (im Liegen)

1 Calcaneus
2 Processus medialis tuberis calcanei
3 Tuber calcanei
4 Processus lateralis tuberis calcanei
5 Sustentaculum talare
6 Gegend der Facies articularis cuboidea calcanei
7 Teil des Talus, der größtenteils vom Calcaneus verdeckt ist
8 Malleolus medialis
9 Os subtibiale (akzessorisches Knöchelchen)
10 Malleolus lateralis
11 Basis des Os metatarsale V
12 Teil der Articulatio subtalaris

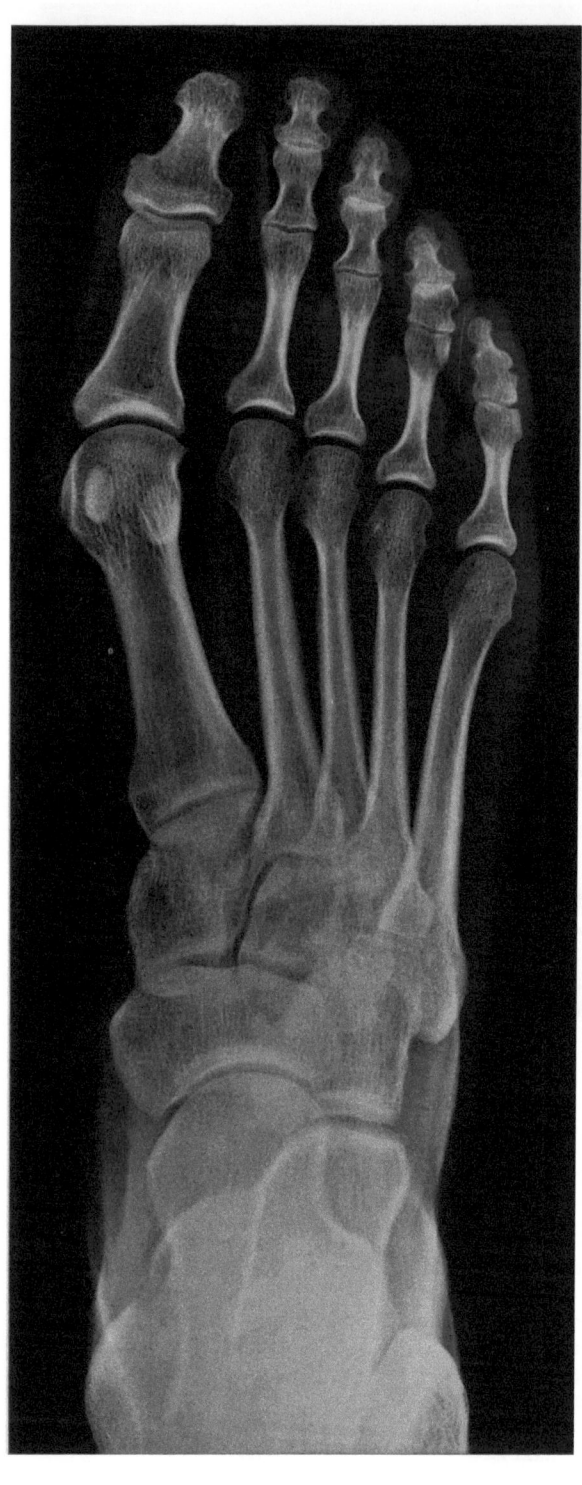

Aufnahme 95
FUSS VON OBEN NACH UNTEN

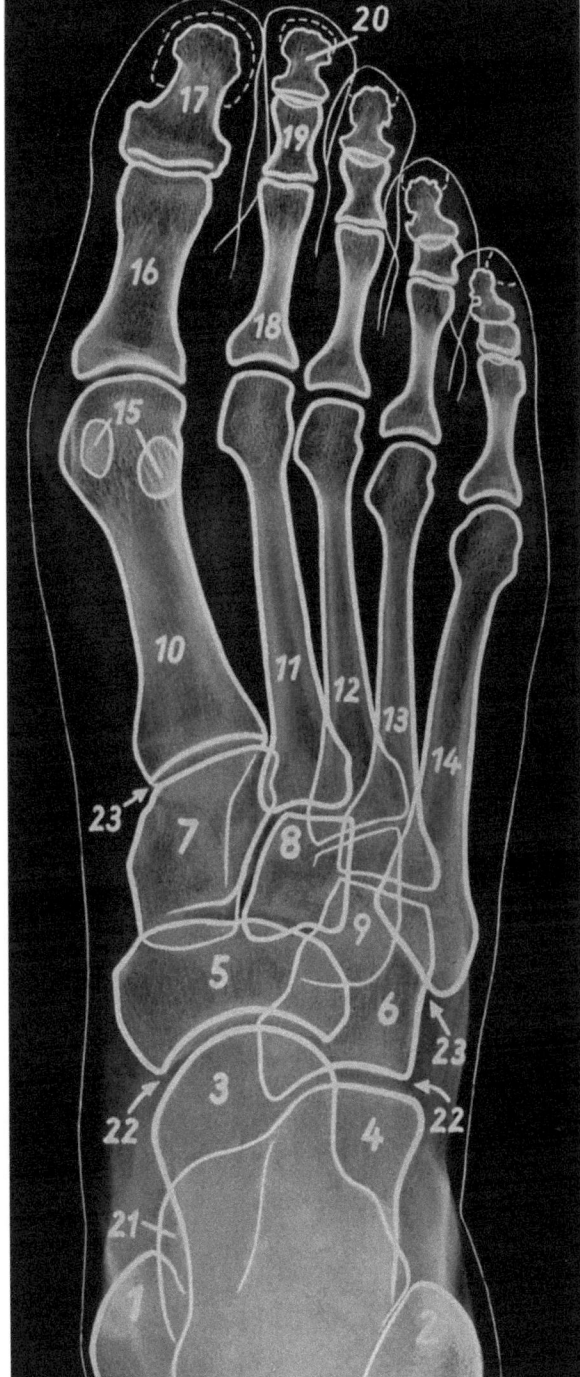

1 Malleolus medialis
2 Malleolus lateralis
3 Talus
4 Distaler Abschnitt des Calcaneus (Talus und Calcaneus zum größten Teil übereinanderprojiziert)
5 Os naviculare
6 Os cuboideum
7, 8, 9 Os cuneiforme mediale, intermedium et laterale
10–14 Ossa metatarsalia I bis V
15 Ossa sesamoidea
16 Phalanx proximalis digiti I
17 Phalanx distalis digiti I
18 Phalanx proximalis digiti II
19 Phalanx media digiti II
20 Phalanx distalis digiti II
21 Sustentaculum talare
22 Articulatio talo-calcaneonavicularis und Articulatio calcaneocuboidea (Chopart'sches Gelenk)
23 Articulationes tarsometatarseae (Lisfranc'sches Gelenk)

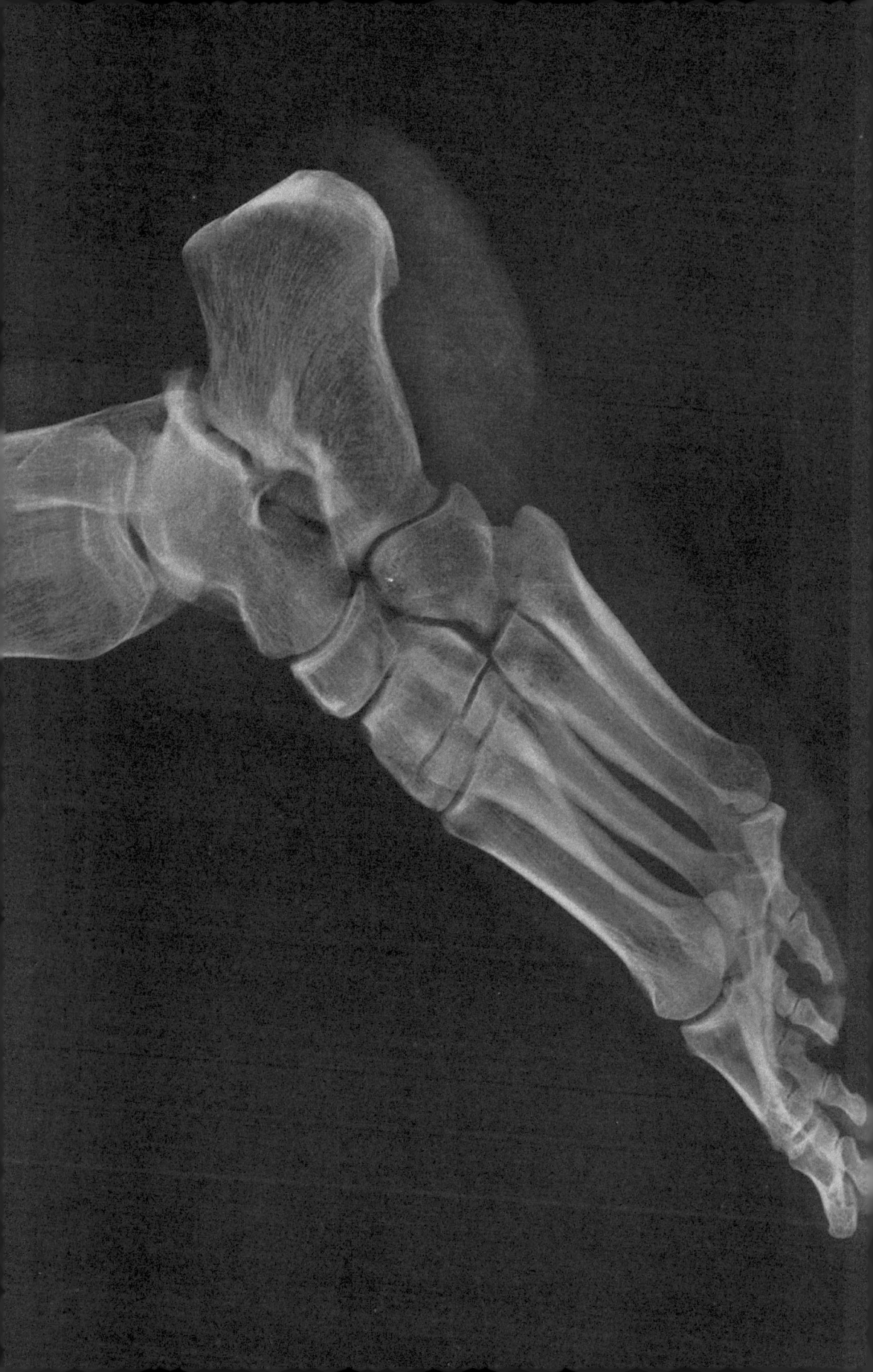

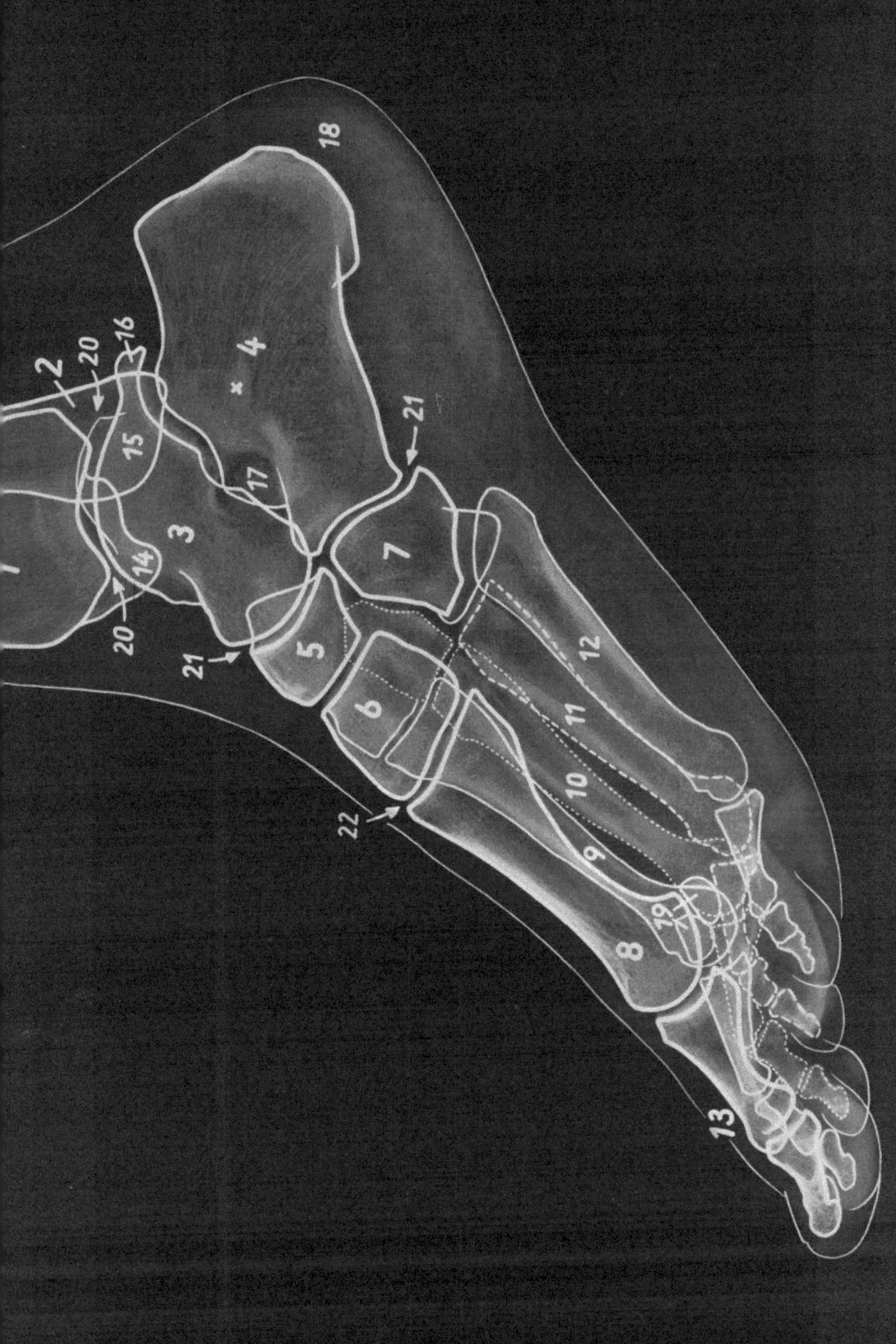

◀ Aufnahme 96
FUSS SEITLICH

1 Tibia
2 Fibula, zum Teil mit der Tibia übereinanderprojiziert
3 Talus
4 Calcaneus
5 Os naviculare
6 Ossa cuneiformia ineinanderprojiziert
7 Os cuboideum
8–12 Ossa metatarsalia I bis V
13 Digiti pedis, zum Teil übereinanderprojiziert
14 Malleolus medialis
15 Malleolus lateralis
16 Processus posterior tali (manchmal als Os trigonum isoliert vorhanden)
17 Sustentaculum talare
18 Tuber calcanei
19 Ossa sesamoidea
20 Articulatio talocruralis (oberes Sprunggelenk)
21 Articulatio talo-calcaneonavicularis und Articulatio calcaneocuboidea (Chopart'sches Gelenk)
22 Articulationes tarsometatarseae (Lisfranc'sches Gelenk)
× Compactainsel

Aufnahme 97 ▶
FUSS SCHRÄG VON UNTEN NACH OBEN

1 Tibia
2 Fibula
3 Talus
4 Calcaneus
5 Os naviculare
6 Os cuboideum
7, 8, 9 Ossa cuneiformia, zum Teil übereinander projiziert
10 Os metatarsale I
11 Phalanx proximalis digiti I
12 Phalanx distalis digiti I
13 Phalanx proximalis digiti II
14 Phalanx media digiti II
15 Phalanx distalis digiti II
16 Tuber calcanei
17 Sustentaculum talare
18 Calcaneus, distaler Abschnitt
19 Sulcus tendinis musculi peronaei longi
20 Tuberositas ossis metatarsalis V
21 Ossa sesamoidea
22 Epiphysenlinie
23 Zehennägel

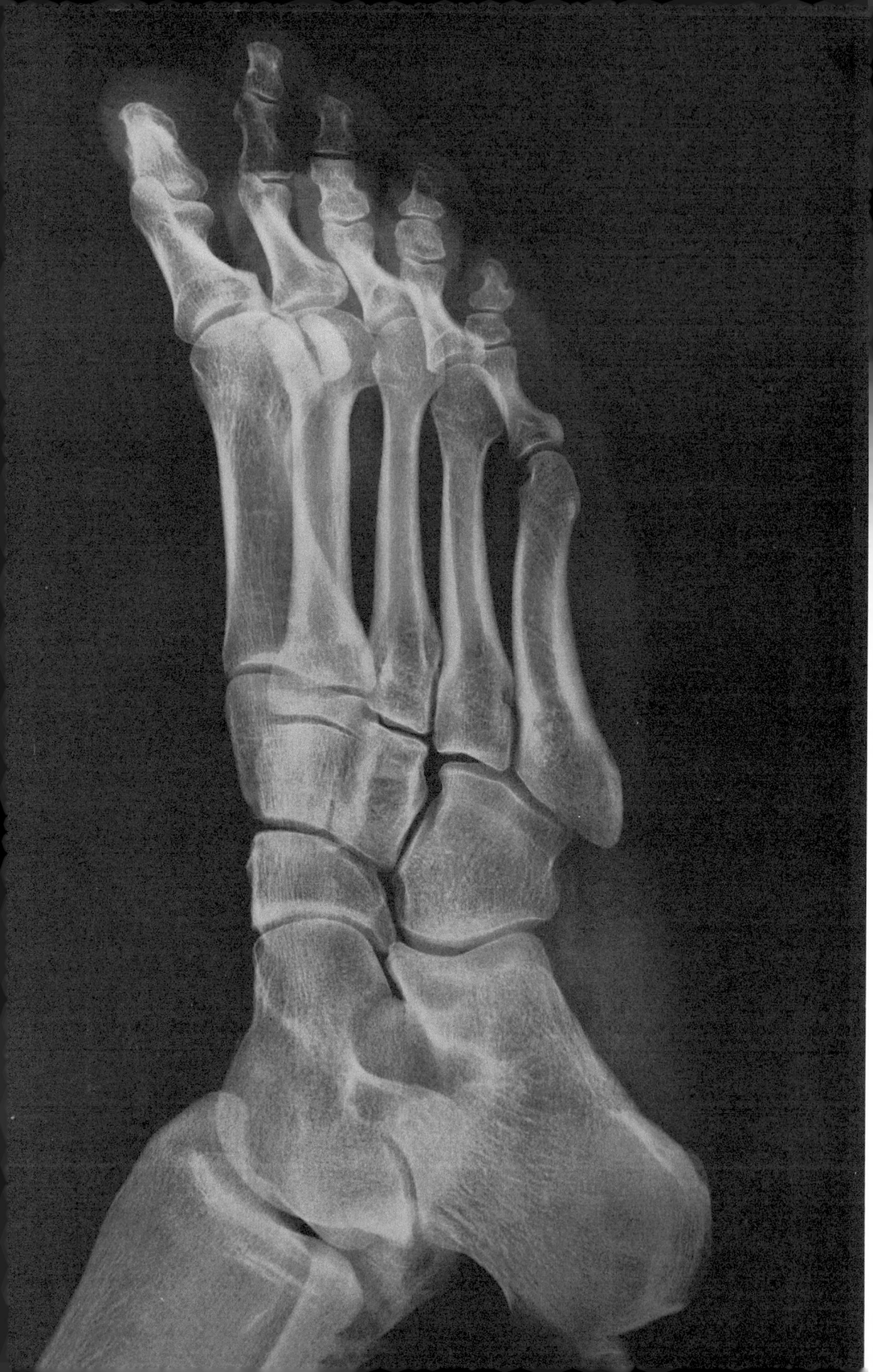

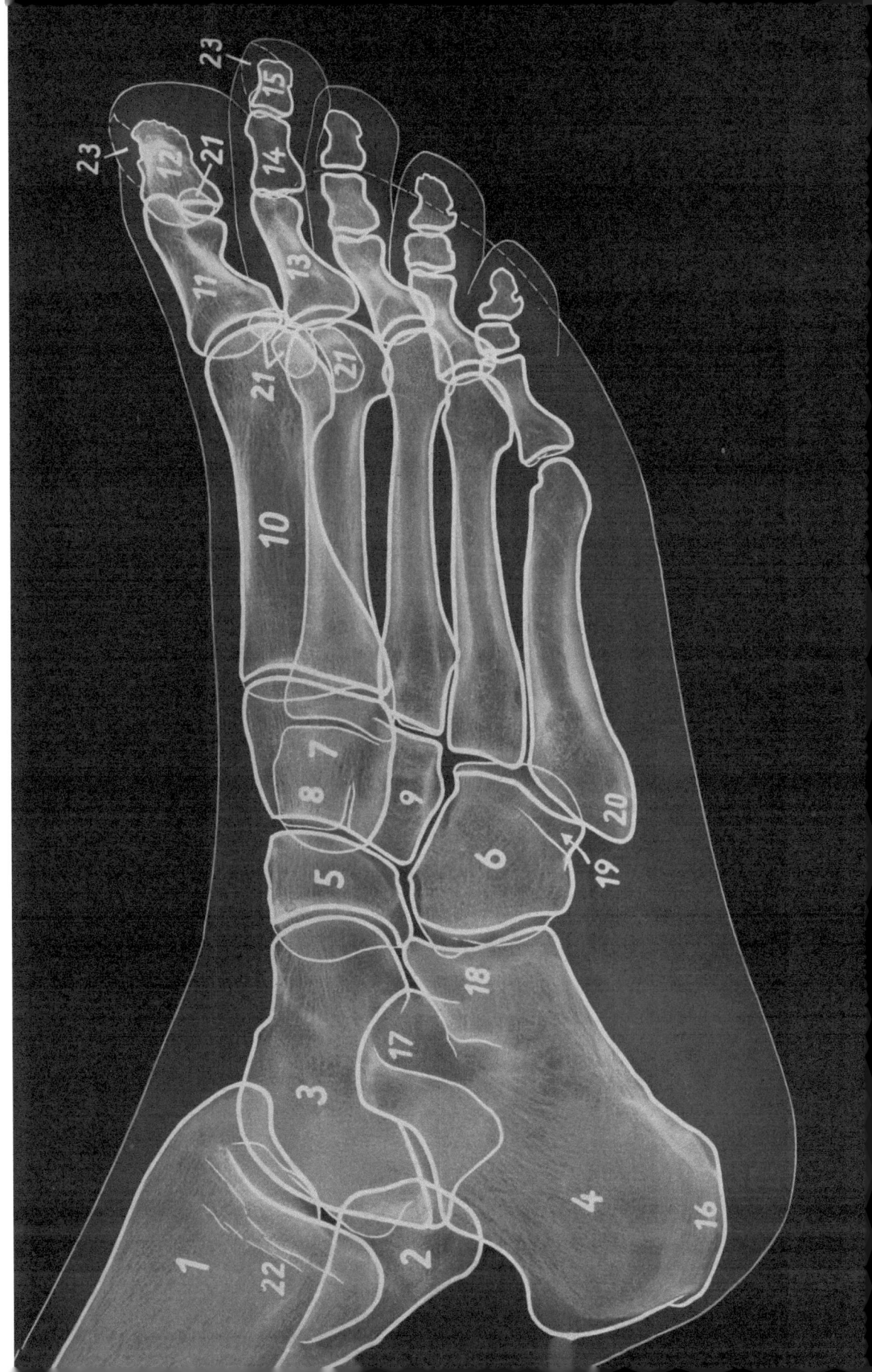

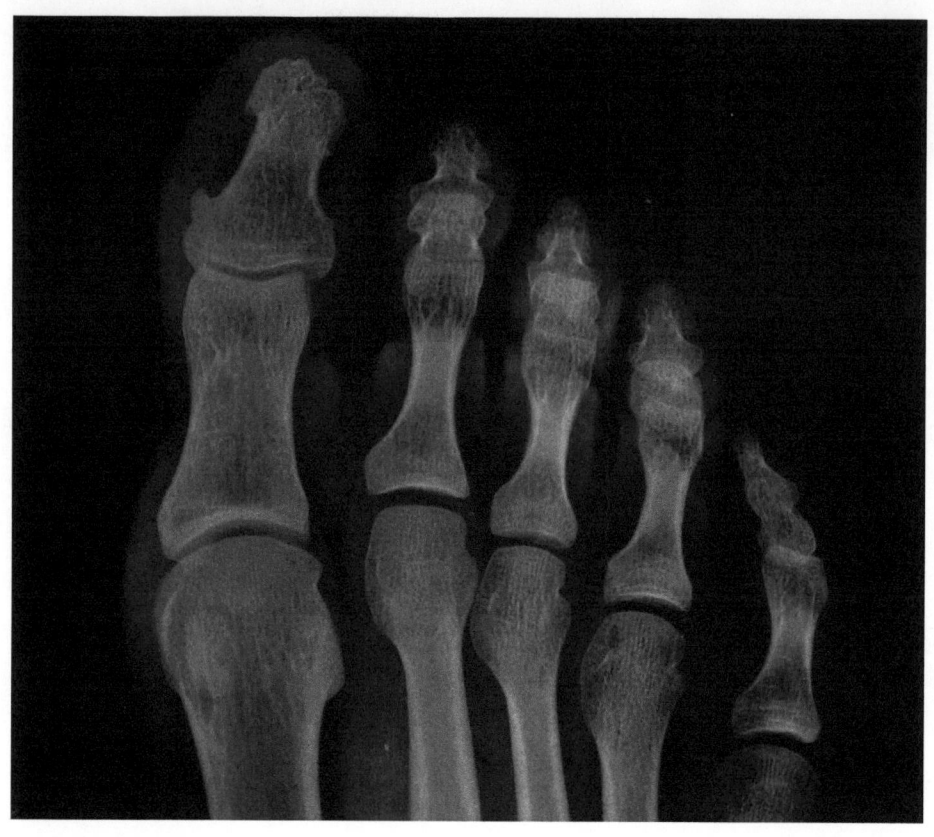

Aufnahme 98
ZEHEN VON OBEN NACH UNTEN

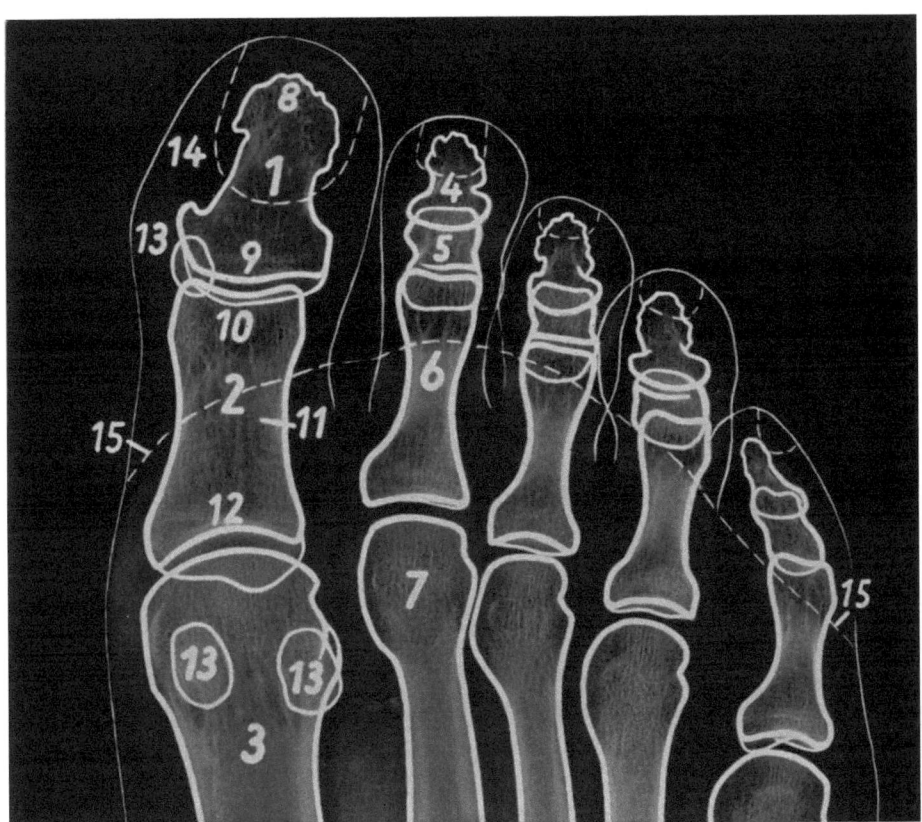

1 Phalanx distalis digiti I
2 Phalanx proximalis digiti I
3 Os metatarsale I
4 Phalanx distalis digiti II
5 Phalanx media digiti II
6 Phalanx proximalis digiti II
7 Os metatarsale II (Caput etwas entrundet)
8 Tuberositas phalangis distalis digiti I
9 Basis phalangis distalis digiti I
10 Caput phalangis proximalis digiti I
11 Corpus phalangis proximalis digiti I
12 Basis phalangis proximalis digiti I
13 Ossa sesamoidea
14 Rand des Nagelbettes
15 Vorderer Rand des Fußballens

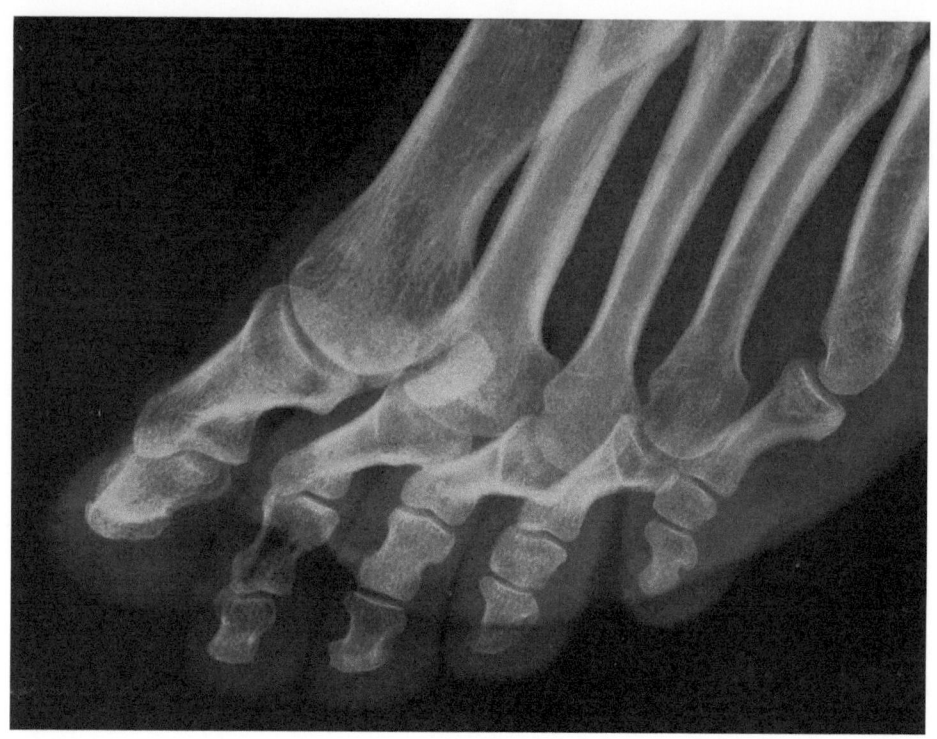

Aufnahme 99
ZEHEN SCHRÄG

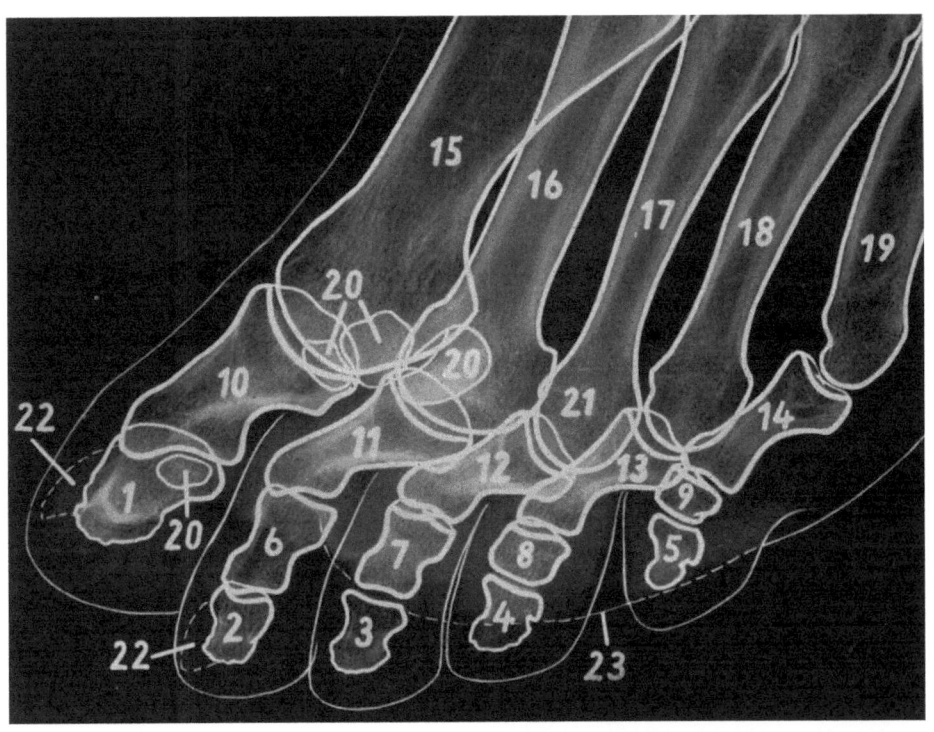

1– 5 Phalanges distales digitorum I–V
6– 9 Phalanges mediae digitorum II–V (teilweise verkürzt und plump)
10–14 Phalanges proximales digitorum I–V
15–19 Ossa metatarsalia I–V
20 Ossa sesamoidea
21 Caput ossis metatarsalis III
22 Zehennägel
23 Distale Begrenzung des Fußballens

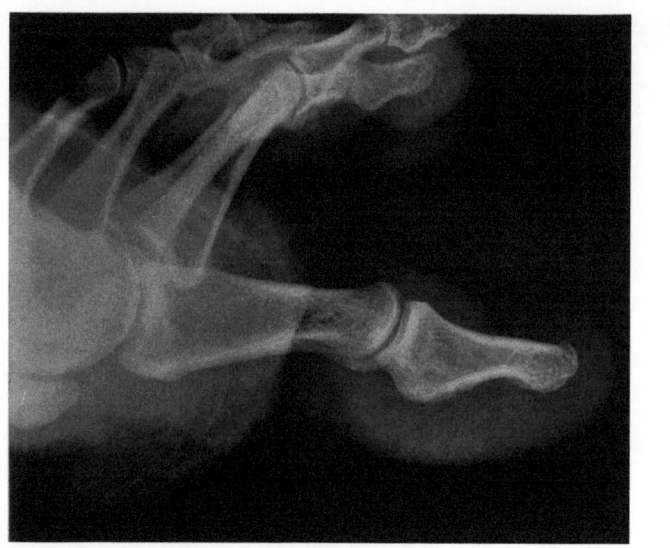

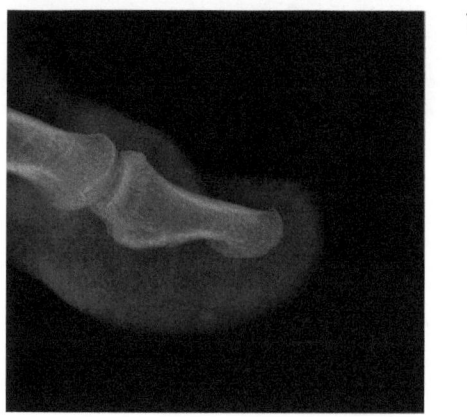

Aufnahme 100
GROSSZEHE SEITLICH (a von außen nach innen, b von innen nach außen)

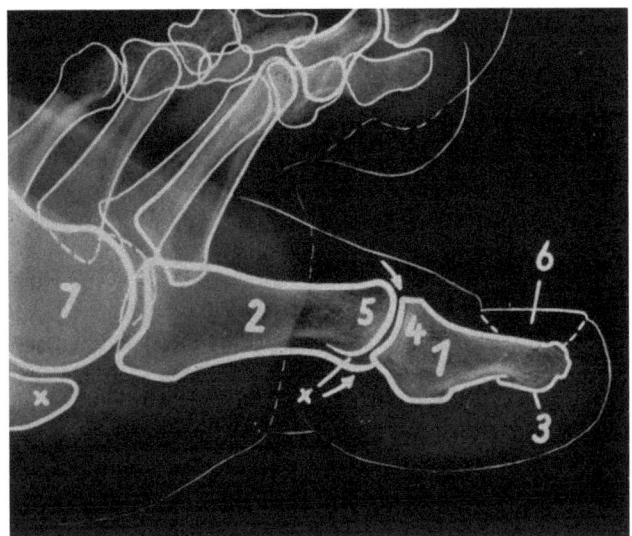

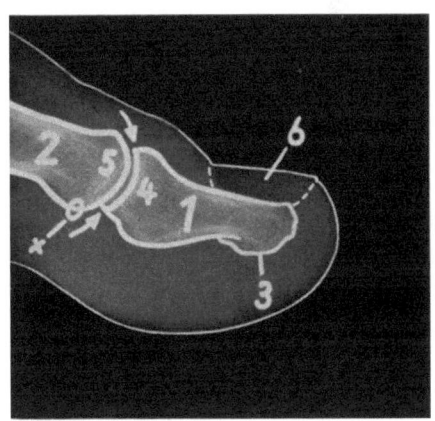

1 Phalanx distalis digiti I	6 Großzehennagel
2 Phalanx proximalis digiti I	7 Caput ossis metatarsalis I
3 Tuberositas phalangis distalis digiti I	→ ← Articulatio interphalangea distalis digiti I
4 Basis phalangis distalis digiti I	× Ossa sesamoidea (auf der Abb. 100a im Original eben erkennbar)
5 Caput phalangis proximalis digiti I	

SACHREGISTER

Die Zahl vor dem Schrägstrich gibt die jeweilige Aufnahme-Nummer an; die Ziffer hinter dem Schrägstrich bezieht sich auf die entsprechende Ziffer in der anatomischen Skizze.
Ein kurzgefaßtes Sachregister der wichtigsten lateinisch-deutschen Übersetzungen findet sich auf Seite 236. Es soll den Gebrauch des Buches erleichtern.

A

Acetabulum 57/10, 57/11, 58/24, 58/25, 78/14, 78/15, 78/16, 78/17, 79 u. 80/6, 81/6–9, 82/10, 82/11
Achillessehne 90/18, 92/20, 92/×, 93/21
Acromion 33/10, 34/4, 35/4, 61/12, 62/8, 63a/11
Aditus ad antrum mastoideum 9/12
Ala
– major ossis sphenoidalis 1/18, 2/24, 3/8, 4/12, 5/22, 6/24, 12/12, 13/10, 17/11
– minor ossis sphenoidalis 1/17, 2/16, 3/8, 4/12, 8/26, 12/11, 13/9, 13/15
– nasi 25/12
– ossis ilii 57/1, 58/1, 58/2, 60/1
– vomeris 6/17, 7/16
Angulus
– inferior scapulae 28/13, 34/10, 35/11, 36/33, 63a/20
– mandibulae 1/48, 2/41, 5/34, 16/6, 17/3, 18/4
– sterni (Ludovici) 30a/7, 30b/15, 30c/8, 31/6, 32 a+b/2, 37/24
– subpubicus 57/26
– superior scapulae 28/11, 33/9, 34/12, 35/12, 36/32, 63a/21
– ventriculi 43a/13, 43b/10
Antrum
– mastoideum 9/12, 10/18
– pyloricum 43a/5, 43b/5
Aorta
– ascendens 36/9, 37/6
– descendens 37/8
Aortenimpression 38/3
Aortenknopf 36/7
Apertura piriformis 1/39, 2/36, 12/24, 13/26, 15/6, 15/7, 47/22
Apex
– capitis fibulae 85/15, 89/4

– cordis 36/4
– patellae 85/5, 87/5
– partis petrosae 6/32, 7/4, 8/6, 9/4, 10/5
– radicis dentis 19–24/12
Aponeurosis plantaris 93/22
Appendix vermiformis 44b/9
Arcus
– aortae 36/8, 37/7
– alveolaris 19–24/15
– atlantis 6/35
– anterior atlantis 3/I, 5/41, 6/36, 14/31, 16/13, 17/26, 46/5, 47/14, 48/14, 49/4
– posterior atlantis 2/45, 5/42, 6/39, 7/8, 46/6, 46/8, 47/15, 48/15, 49/3
– axis 46/12, 46/13, 49/12
– pulmonalis 36/6
– vertebralis cervicalis 49/27, 49/28
– vertebralis lumbalis 53/1
– vertebralis sacralis (unvollständig) 52/13
– zygomaticus 2/39, 5/21, 6/19, 7/13, 8/32, 9/22, 10/15, 11/27, 14/5, 16/14, 17/18, 18/14
Articulatio(-nes)
– acromioclavicularis 33/19, 34/22, 35/18, 61/20, 62/14
– atlanto-axialis lateralis 1/54, 2/51, 46/9, 47/12, 49/8
– atlanto-occipitalis 2/50, 10/27, 48/20
– calcaneocuboidea 93/19, 95/22, 96/21
– carpometacarpea 69/18
– carpometacarpea pollicis 70/16, 71/20, 72/34, 73/34
– costotransversaria 29/9, 30a/21
– coxae 57/23, 60/23, 60/24, 78/21, 79 u. 80/8, 82/16
– cubiti 63b/14, 68/14
– cuneocuboidea 94a/14
– genu 84/19, 85/16, 86/14

225

Articulatio(-nes)
- humeri 34/21, 35/17, 61/19, 62/13, 63a/23
- humeroradialis 65/20, 66/19, 67/22
- humero-ulnaris 65/19, 66/20, 67/23
- intercarpea 69/17
- interphalangea distalis digiti medii 74 u. 75/12
- interphalangea distalis pollicis 76/8, 77/6
- interphalangeae distales 72/37, 73/37
- interphalangea proximalis digiti medii 74 u. 75/13
- interphalangea proximalis indicis 72/36, 73/36
- intervertebralis (vert. cerv.) 48/11, 49/20
- intervertebralis (vert. lumb.) 52/6, 53/6, 54/12, 54/13, 55/6, 56/6, 60/14
- intervertebralis (vert. thor.) 51/14
- metacarpophalangea digiti medii 74 u. 75/14
- metacarpophalangea pollicis 76/9, 77/7
- metacarpophalangeae 72/35, 73/35
- radiocarpea 67/21, 68/13, 69/7, 70/15, 71/19, 72/33, 73/33
- radio-ulnaris proximalis 67/24
- sacro-iliaca 39a/8, 52/9, 54/21, 54/22, 57/24, 59/20, 60/26, 78/22
- sternoclavicularis 30a/6, 30b/14, 30c/14, 32a+b/10, 33/18
- subtalaris 93/20, 94a/13, 94b/12
- talo-calcaneonavicularis 94a/15, 95/22, 96/21
- talocruralis 91/14, 92/21, 93/16, 96/20
- talonavicularis 93/17
- tarsometatarsea 93/18, 95/23, 96/22
- temporomandibularis 3/55, 5/30, 8/29, 9/20, 10/20, 11/33, 14/29, 17/6, 18/2
- tibiofibularis 85/17
Asterion 8/21
Atlas 4/I, 10/I, 18/20
Atrium
- dextrum 36/2
- sinistrum 36/5, 37/4
Axis 18/21

B

Basis
- cranii 10/9, 17/27
- cranii externa 1/42, 2/38, 13/32, 46/25, 47/21
- der Ossa metacarpalia 69/24–28, 71/10–13, 71/15
- patellae 85/6, 87/4
- phalangis distalis digiti I 98/9, 100/4
- phalangis proximalis digiti I 98/12
- phalangis proximalis digiti medii 74 u. 75/7
- phalangis proximalis pollicis 76/5
Bauchdeckenmuskulatur (innere Begrenzung) 41/13, 42/3
Bauchhöhle (innere Begrenzung) 39b/20
Beckenwand 45/5, 57/9, 59/18
Bifurcatio tracheae 36/13, 37/12
Bogengänge 7/3
Bronchus 36/18
- principalis dexter 36/15
- principalis sinister 36/14
Bulbus duodeni 43a/7, 43b/7, 43b/15

C

Caecum 39b/14, 44a/1, 44b/1
Calcaneus 90/4, 91/4, 92/4, 93/1, 94a/1, 94a/6, 94b/1, 95/4, 96/4, 97/4, 97/18
Calyces renales 39b/6, 40/4
Canalis
- caroticus 6/30, 9/7
- condylaris 7/8
- diploici 2/9, 3/27
- facialis 10/13
- hypoglossi 8/26, 10/22
- infra-orbitalis 11/13
- mandibulae 1/49, 2/42, 16/10, 18/6, 24/30, 46/32, 48/25, 49/10
- nutricius alae ossis ilii 57/22
- nutricius femoris 83/5
- nutricius humeri 64/10
- nutricius ossis metacarpalis 74 u. 75/11 76/11, 77/13, 77/14
- nutricius radii 65/18, 66/17
- nutricius scapulae 34/14
- nutricius tibiae 89/12
- nutricius ulnae 65/18, 66/18
- opticus 10/38, 13/1
- radicis dentis 19–24/13
- sacralis 54/17, 60/16
- semicircularis anterior 10/14
- semicircularis lateralis 10/15
- vertebralis 48/10
Capitulum humeri 63b/10, 65/6, 66/6, 67/19

Caput
- costae 28/3, 29/1, 47/27, 50/11, 51/16
- femoris 45/7, 57/13, 58/26, 58/27, 78/6, 79 u. 80/1, 81/10, 82/2
- fibulae 84/17, 85/14, 88/4, 89/3, 90/8
- humeri 33/13, 34/15, 61/4, 62/4, 63a/4
- mandibulae 1/45, 3/59, 3/60, 4/28, 5/29, 6/22, 7/18, 8/28, 9/19, 10/21, 11/32, 14/28, 17/5, 18/1
- ossis metacarpalis 69/29–33, 74 u. 75/4, 76/7, 77/8
- ossis metatarsalis 99/21, 100/7
- phalangis proximalis digiti I 98/10, 100/5
- phalangis proximalis digiti medii 74/6, 75/6
- phalangis proximalis pollicis 76/6
- radii 63b/3, 64/9, 65/15, 66/14, 67/15, 68/11
- tali 92/15, 93/15
- ulnae 69/5

Cartilago
- costalis (Verkalkung) 30a/17, 30c/4–5, 31/8, 32a u. b/9 u. 11, 36/28, 41/14, 43a/17
- thyreoidea 47/10, 48/34, 49/29

Cavitas glenoidalis (scapulae) 33/12, 34/7, 35/6, 61/11, 62/10, 63a/14

Cavum
- dentis 19–24/14
- medullare humeri 61/10, 63b/13
- medullare phalangis proximalis digiti medii 74 u. 75/9
- medullare radii 68/16
- medullare ulnae 68/15
- nasi 5/13, 6/15 7/15, 11/16, 12/23, 14/18, 19/21, 26/10
- pharyngis 3/53, 48/26
- tympani 8/13, 9/13, 10/19

Cellulae
- ethmoidales 13/6
- mastoideae 1/11, 3/18, 4/20, 6/34, 7/5, 8/13, 10/32, 12/20

Chopart'sches Gelenk 94a/15, 95/22, 96/21
Choanae 7/24
Citelli-Winkel 8/3
Clavicula 28/9, 33/1, 34/3, 35/3, 36/29, 38/13, 61/3, 62/2, 63a/3
Clavicula (Begleitschatten) 36/30
Clivus 3/17, 4/5, 7/9, 8/8 10/7
Cochlea 10/17
Collum
- anatomicum 61/8, 63a/8
- chirurgicum 61/9, 63a/9
- costae 28/4, 29/3, 50/13
- dentis 19–24/10
- femoris 57/14, 78/8, 79 u. 80/2, 81/11, 82/4
- mandibulae 18/3
- radii 65/16, 66/15, 67/14
- tali 92/14
- vesicae felleae 41/3

Colon
- ascendens 39b/15, 41/10, 44a/2, 44b/2
- descendens 44a/6, 44b/6
- sigmoideum 44a/7, 44b/7
- transversum 39b/17, 43b/22, 44a/4, 44b/4

Compacta
- obere Extremitäten 61/21, 62/15, 63a/24, 63b/12, 64/11, 65/21, 66/21, 67/25, 68/17, 72/38, 73/38, 74/10, 75/10, 76/12, 77/11
- untere Extremitäten 78/23, 79 u. 80/9, 82/17, 83/6, 84/20, 85/18, 86/15, 89/14, 90/13, 91/15, 92/22
- Insel 39a/9, 59/22, 89/11, 90/12

Concha nasalis inferior 1/34, 2/37

Condylus
- lateralis femoris 83/3, 84/5, 85/7, 86/5, 87/7, 88/5
- lateralis tibiae 84/10, 85/10, 86/8
- medialis femoris 83/4, 84/6, 84/9, 85/8, 86/6, 87/6, 88/6
- medialis tibiae 84/11, 85/ 11, 86/9
- occipitalis 3/48, 6/40, 10/26, 48/19

Cor 28/18, 29/10, 30a/19, 30b/17, 36/1, 37/1, 51/21

Cornu
- coccygeum 59/14, 60/19
- majus ossis hyoidei 16/25, 16/26, 48/33, 49/15, 49/16
- sacrale 59/12, 60/18

Corona dentis 19–24/9

Corpus
- axis 2/47, 5/45, 46/14
- mandibulae 1/50, 5/33, 6/12, 14/27, 16/2, 17/1, 47/25
- ossis hyoidei 16/24, 48/32
- ossis metacarpalis 77/9
- ossis pubis 81/19
- ossis sphenoidalis 5/36
- phalangis proximalis digiti I 98/11
- pineale (Zirbeldrüse) 2/10, 3/36, 7/22, 9/24
- sterni 30a/2, 30b/2, 30c/2, 31/2, 31/7, 32a + b/3, 37/21, 38/12

Corpus
- tali 92/12, 92/13
- ventriculi 43a/4, 43b/4
- vertebrae cervicalis 46/23, 46/34, 47/1, 47/2, 47/3, 48/1, 48/2
- vertebrae lumbalis 54/1, 54/2, 55/4, 55/5, 56/4, 56/5, 59/16
- vertebrae sacralis 55/5, 56/5, 59/1
- vertebrae thoracicae 50/1 u. 2, 51/1–8

Costa(-ae)
28/I–XI, 28/I.–VII., 29/VII–XII, 29/V.–X., 30a/16, 30a/III–IX, 31/II–V, 32a+b/IV, V, 33/I, II, III–V, 34/II–IV, 34/II.–IV., 35/I–VI, 36/I, 36/II.–VI., 36/II..–XI.., 37/II.–VIII., 39b/XI, XII, 41/XI, XII, 42/VIII–XII, 43a/X–XII, 43b/XI–XII, 47/I, 49/I. II., 50/9, 10, 51/VI–VIII, 5!/VI.–VIII., 52/XII, 53/X.–XII., 54/24–26, 61/II–V
- Knorpel-Knochengrenze 28/8, 29/7
- lumbalis (Lendenrippe) 52/11

Crista
- colli costae 50/14
- frontalis 13/17
- iliaca 39a/7, 41/12, 52/8, 53/12, 53/13, 54/23, 57/6, 58/6, 58/7, 60/6, 60/7
- intertrochanterica 57/16, 78/10, 81/15, 82/7
- galli 1/31, 2/11, 13/14
- lacrimalis anterior 3/44
- nasalis 1/38
- occipitalis interna 8/24, 10/30
- sacralis intermedia 59/5
- sacralis lateralis 59/6
- sacralis mediana 59/4, 60/15

Curvatura
- ventriculi major 43a/11, 43a/13, 43b/8, 43b/14
- ventriculi minor 43a/10, 43b/9

D

Daumenballen 69/35, 72/39, 73/39
Dens (Dentes)
- axis 1/51, 2/48, 3/68, 5/44, 6/41, 7/23, 10/40, 14/33, 18/22, 46/10, 47/16, 48/12, 49/11
- caninus 19–24/3, 25/3, 26/3, 27/3
- incisivi 25/1, 25/2, 26/1, 26/2, 27/1, 27/2
- incisivi mandibulae 5/26, 17/7, 22/1, 22/2
- incisivi maxillae 6/11, 11/30, 19/1, 19/2, 46/29

- mandibulae 14/26
- maxillae 14/25, 46/28, 47/20
- mandibulae et maxillae 5/25, 6/10, 17/8
- molares mandibulae 16/22, 16/23, 23 u. 24/6, 23 u. 24/7, 23 u. 24/8, 27/6, 27/7, 27/8
- molares maxillae 11/21, 16/18, 18/8, 20 u. 21/6, 20 u. 21/7, 20 u. 21/8, 25/6, 25/7, 25/8, 26/6, 26/7, 26/8
- molaris III (Weisheitszahn) 48/29
- praemolares mandibulae 16/20, 16/21, 23 u. 24/4, 23 u. 24/5, 27/4, 27/5
- praemolares maxillae 16/19, 20 u. 21/4, 20 u. 21/5, 25/4, 25/5, 26/4, 26/5

Diaphragma 28/19, 29/11, 30a/20, 36/22, 37/14, 37/15, 38/7, 38/8, 39a/4, 40/6, 40/7, 43a/18, 43b/12, 50/15, 51/23, 51/24, 52/14, 63a/25

Digitus(-i)
- anularis 74/16, 75/16
- minimus 74/17, 75/17
- pedis 96/13

Diploë
- ossis frontalis 3/28
- ossis parietalis 1/3, 2/3

Discus
- articularis 69/6
- intervertebralis 48/23, 50/8, 51/17, 52/7, 53/7, 54/14, 60/25

Dorsum sellae 3/2, 4/3, 7/12, 8/33

Ductus
- choledochus 41/6
- cysticus 41/4
- hepaticus communis 41/5

E

Eminentia
- arcuata 8/4, 10/2
- intercondylaris 84/15, 86/12

Epicondylus
- lateralis femoris 84/7
- lateralis humeri 63b/7, 65/5, 66/5
- medialis femoris 84/8
- medialis humeri 63b/6, 64/5, 65/4, 66/4

Epiglottis 48/31
Epiphysenlinien (obere Extremitäten) 34/18, 35/16, 63a/22, 67/26
Epiphysenlinien (untere Extremitäten) 84/21, 86/13, 87/11, 89/13, 90/14, 91/16, 97/22

Extremitas
- acromialis (claviculae) 33/8, 34/19, 35/15, 61/18, 62/12
- inferior renis 39b/3
- sternalis (claviculae) 30a/15, 30b/4, 30c/3, 31/4, 32a+b/8, 33/5
- superior renis 39b/2

F

Facies
- articulares (vert. cerv.) 47/7
- articularis capitis humeri 35/14
- articularis cuboidea calcanei 94b/6
- articularis lateralis (axis) 46/11
- articularis patellae 88/7, 88/8, 88/9
- articularis superior tibiae 84/12
- auricularis ossis sacri 58/32, 59/8
- infraorbitalis maxillae 14/9
- pelvina ossis sacri 54/20, 58/5, 60/22
- temporalis ossis zygomatici 15/16, 15/17

Femur 57/5, 58/30, 58/31, 78/1, 81/4, 82/1, 83/1, 84/1, 85/1, 86/1, 87/2, 88/2

Ferse 91/17

Fett, subkutanes 63a/26, 63b/×, 64/×

Fibula 84/3, 85/3, 86/3, 89/1, 90/2, 91/2, 92/2, 96/2, 97/2

Fissura(-ae)
- interlobares (pulm.) 36/21, 37/9, 37/10
- orbitalis inferior 14/21
- orbitalis superior 1/20, 2/15, 12/10, 13/8
- petrooccipitalis 8/10, 9/6, 10/8

Flexura
- coli dextra 29/12, 44a/3, 44b/3
- coli sinistra 39b/18, 44a/5, 44b/5
- duodenojejunalis 43b/19

Fontanelle, Gegend der 3/×

Foramen
- arcuale atlantis 48/17
- infra-orbitale 5/16, 11/12, 12/26, 14/13
- intervertebrale 49/19, 53/8
- jugulare 5/38, 8/25, 9/16, 10/29
- lacerum 6/31, 17/25
- magnum 5/49, 6/35, 7/7, 9/25
- mandibulae 16/9
- mentale 16/11, 23/27, 46/33
- obturatum 57/20, 58/19, 81/21, 82/15
- ovale 6/28, 7/5, 17/23
- rotundum 1/21, 2/21, 11/14, 12/25, 13/11
- sacrale 54/18, 59/9

- sphenopalatinum 4/17, 8/40
- spinosum 6/29, 17/24
- transversarium atlantis 5/40, 6/38, 46/4, 48/16
- transversarium axis 46/18, 47/17, 48/13
- transversarium (vert. cerv.) 49/14

Fossa
- acetabuli 81/5, 82/9
- coronoidea humeri 63b/8, 66/8
- cranii anterior 1/30, 2/30, 3/9, 3/10, 15/13, 17/11
- cranii media 3/15, 3/16, 3/58, 4/13, 8/37, 9/23, 10/10, 10/35, 13/25, 17/11
- cranii posterior 2/37, 2/21, 10/23, 46/24, 48/22
- hypophyseos 4/1
- intercondylaris femoris 86/7, 87/8
- intertrochanterica 81/14
- olecrani 63b/8, 64/6, 65/9, 66/9
- pterygopalatina 3/52, 4/23, 8/40
- subarcuata 10/3
- supraspinata 63a/16
- temporalis 14/22

Fovea
- articularis inferior atlantis 46/2
- articularis superior atlantis 48/18
- capitis femoris 78/7, 82/3

Foveola granularis 1/10, 2/5, 3/26

Fundus
- ventriculi 37/18, 38/9, 42/2, 43a/3, 43b/3
- vesicae felleae 41/2

Fußballen 98/15, 99/23

G

Glandula suprarenalis 39a/2

H

Hahn'scher Spalt 51/20

Hamulus
- ossis hamati 69/16, 70/12, 71/9, 72/11, 73/11
- pterygoideus 16/16

Haustra coli 44a/11, 44b/13

Hiatus
- oesophageus 38/5
- sacralis 59/11, 60/17

Hilus
- pulmonis 36/16, 36/19 (verkalkter Lymphknoten), 37/27

Hilus renalis 39b/4
Holzknecht'scher Raum 37/19, 38/6
Humerus 28/15, 33/4, 34/2, 35/2, 61/1, 62/1, 63a/1, 63b/1, 63b/4, 64/1, 65/1, 66/1, 68/4

I

Ileum 44a/9
Impressio
– ligamenti costoclavicularis 33/6
– trigemini 10/4
Incisura(-ae)
– angularis 43a/12, 43b/10
– clavicularis sterni 30a/5, 30b/6, 30c/7, 32a/5, 32b/5
– costales sterni 30a/8–14, 30b/7–13, 30c/9–13, 32a/6, 32a/7, 32b/6, 32b/7
– sive foramen frontale 12/6
– ischiadica major 58/10, 58/11, 60/8, 60/9
– ischiadica minor 58/14, 58/15
– jugularis sterni 30a/4, 30b/5, 30c/6, 32a/4, 32b/4
– mandibulae* 8/39, 13/28, 16/5
– radialis ulnae 65/14
– scapulae 34/13, 61/14, 63a/15
– trochlearis 66/11
– vertebralis inferior 48/5, 51/15, 53/9
– vertebralis superior 53/10
Index 74/15, 75/15
Ischiopubische Grenze 57/××

J

Jahresringe (Wachstumsschübe) 90/15
Jejunum 41/9, 43b/21
Juga cerebralia 12/14
Juncturae sacrococcygeae 59/19, 60/21

K

Köhler'sche Tränenfigur 57/21, 78/18
Knochenzyste 82/5

L

Labyrinthkern 8/15
Labyrinthus ethmoidalis 1/34, 2/34, 3/13, 3/14, 4/15, 5/12, 6/14, 11/15, 15/12
Lamina
– cribrosa (ossis ethmoidalis) 3/12, 4/11
– externa ossis frontalis 3/29
– externa ossis parietalis 1/2, 2/2
– interna ossis frontalis 3/30
– interna ossis parietalis 1/4, 2/4
– medialis et lateralis processus pterygoidei 18/11
– orbitalis (ossis ethmoidalis) 1/28, 2/22, 12/7
Lappenspalt (Lungen) 36/21, 37/9, 37/10
Leberrand 44b/17
Ligamentum patellae 85/20
Limbus sphenoideus* 3/5, 4/9
Linea(ae)
– innominata 1/19, 2/17, 11/23, 12/13
– intertrochanterica 79 u. 80/5, 81/13
– obliqua 16/12
– transversae ossis sacri 54/19, 59/10
Lingua 11/31, 18/24
Lingula mandibulae 16/8
Lisfranc'sches Gelenk 95/23, 96/22
Ludloff'scher Fleck 85/9
Lungengefäße 36/17, 36/20

M

Mach'scher Effekt 68/7
Magen 39b/16, 43b/13, 44b/19, 52/16
Magenfalten s. Plicae ventriculares
Mandibula 16/17, 27/11, 27/12, 49/9
Malleolus
– lateralis 89/6, 90/9, 91/10, 92/11, 93/6, 94a/9, 94b/10, 95/2, 96/15
– medialis 89/9, 90/7, 91/8, 92/10, 93/13, 94a/11, 94b/8, 95/1, 96/14
Manubrium sterni 28/16, 30a/1, 30b/1, 30c/1, 31/1, 31/5, 32a/1, 32b/1, 33/2, 36/27, 37/23, 38/11
Margo
– aditus orbitae 17/9
– inferior hepatis 39b/13, 41/7
– infra-orbitalis 1/27, 5/8, 5/9, 6/20, 11/11, 12/5, 13/4, 14/12
– interossea fibulae 89/5, 90/10
– interossea radii 67/11
– interossea tibiae 84/18
– interossea ulnae 67/12, 68/7
– lacrimalis 15/9
– lateralis humeri 65/11
– lateralis scapulae 28/14, 34/9, 35/9, 63a/19
– medialis humeri 65/10
– medialis scapulae 28/12, 34/11, 35/10, 63a/18
– superior scapulae 63a/17
– supraorbitalis 1/22, 2/19, 5/7, 6/7, 11/10, 12/2, 13/2

Massa lateralis (atlantis) 1/53, 2/44, 5/43, 6/40, 46/1, 47/11, 49/6, 49/7
Maxilla 1/44, 2/43, 3/45, 6/20, 17/16, 18/7, 47/19
Meatus
- acusticus externus 8/11, 9/9,
- acusticus internus 1/15, 8/12, 9/8, 10/11, 18/18
Milzrand 39b/19
Musculus
- flexor pollicis longus (Ansatz) 77/5
- gastrocnemius 90/17
- hyoglossus 18/25
- lumbricalis (Ansatz) 74/8
- psoas major 39a/5, 39b/12, 41/11, 44a/13, 57/28
- quadriceps femoris 85/19
- sternocleidomastoideus 36/31
- triceps brachii 66/13

N

Nacken
- (Weichteilbegrenzung) 6/44
Nagelbett
- (Finger) 72/31, 73/31, 76/13, 77/20
- (Zehen) 97/23, 98/14, 99/22, 100/6
Nase
- (Weichteilbegrenzung) 5/10, 6/5, 11/8, 14/33, 15/22, 17/15
Nierenbeckenkelchsystem 40/5
Nierenschatten 44b/18
Nierenkelchstiel 39b/7, 40/3

O

Oberlippe
- (Weichteilbegrenzung) 5/24
Oesophagus 38/1, 43a/1, 43b/1
Ohrmuschel 4/21
Olecranon 63b/11, 64/7, 65/12, 66/10, 67/18, 68/10
Orbita 1/23, 1/28, 1/29, 2/18, 2/22, 3/11, 4/17, 5/6, 5/22, 6/6, 10/37, 11/5, 11/22, 12/1, 12/2, 12/6, 12/9, 13/3, 13/18, 14/11, 14/21, 14/22, 15/14, 15/15, 17/9, 17/10
Os (Ossa)
- acetabuli 78/13
- capitatum 67/8, 69/14, 70/10, 71/7, 72/9, 73/9
- cuboideum 91/7, 92/7, 93/9, 94a/8, 95/6, 96/7, 97/6
- cuneiforme intermedium 92/6, 95/8
- cuneiforme laterale 95/9
- cuneiforme mediale 91/6, 95/7
- cuneiformia ineinanderprojiziert 92/6, 93/10, 96/6, 97/7, 97/8, 97/9
- frontale 1/9, 3/8, 3/31, 4/12, 6/1, 11/35, 13/20, 14/9, 15/12
- hamatum 67/7, 69/15, 70/11, 71/8, 72/10, 73/10
- hyoideum 17/22
- ilium 59/7, 78/2, 81/1
- ischii 57/3, 78/4, 79 u. 80/7, 81/3, 82/12
- lacrimale 1/29, 12/8
- lunatum 67/4, 68/3, 69/9, 70/6, 71/2, 72/4, 73/4
- metacarpalia 69/19-23, 70/13, 70/14, 71/10-13, 71/14, 72/12-16, 73/12-16, 76/3, 77/3, 77/15, 77/16, 77/17
- metatarsalia 92/8, 92/9, 93/11, 94a/10, 94b/11, 95/10-14, 96/8-12, 97/10, 98/3, 98/7, 99/15-19
- multangulum majus s. Os trapezium
- multangulum minus s. Os trapezoideum
- nasale 3/39, 5/11, 11/9, 12/19, 13/27, 14/14, 15/1
- naviculare 91/5, 92/5, 93/8, 94a/12, 95/5, 96/5, 97/5
- naviculare manus, siehe Os scaphoideum
- occipitale 5/3, 6/3, 49/1
- parasternale 32b/×, 33/17
- parietale 1/1, 2/1, 3/8, 3/25, 4/12, 5/1, 6/2, 12/33
- pisiforme 67/6, 69/11, 70/8, 71/4, 72/6, 73/6
- pubis 57/2, 58/17, 78/3, 81/2
- sacrum 45/4, 52/10, 57/4, 78/5, 81/23
- scaphoideum 67/3, 69/8, 70/5, 71/1, 72/3, 73/3
- sesamoidea (manus) 69/34, 72/32, 73/32, 76/10, 77/12
- sesamoidea (pedis) 95/15, 96/19, 97/21, 98/13, 99/20
- subtibiale 91/9, 94b/9
- temporale 6/2, 13/21
- trapezium 69/12, 70/9, 71/5, 72/7, 73/7
- trapezoideum 69/13, 70/×, 71/6, 72/8, 73/8
- trigonum 93/12, 96/16
- triquetrum 67/5, 69/10, 70/7, 71/3, 72/5, 73/5
- zygomaticum 3/45, 3/53, 3/54, 5/20, 6/18, 11/26, 12/27, 13/22, 14/1, 17/17, 18/13
Ossicula auditus 10/19

Ostium
- appendicis 44b/10
- cardiacum 43a/2, 43b/2

P

Palatum
- molle 48/28
- osseum 15/21, 18/9

Papillae duodeni major et minor 43a/16

Pars
- abdominalis des Ureters 39b/8
- ascendens duodeni 43a/9, 43b/18
- basilaris (ossis occipitalis) 3/38, 5/37, 6/33, 8/9, 9/5, 10/7, 17/21
- descendens duodeni 29/13, 43a/8, 43b/16
- horizontalis duodeni 43b/17
- lateralis ossis sacri 59/3
- pelvina des Ureters 39b/9, 39b/10, 45/2
- petrosa (ossis temporalis) 1/13, 2/23, 3/18, 4/19, 7/1, 8/1, 8/5, 8/7, 9/1, 9/2, 9/3, 10/1, 10/6, 11/29, 12/28, 13/23, 13/24
- sacralis des Ureters 39b/9
- superior duodeni 43a/7, 43b/7
- tympanica (ossis temporalis) 8/14

Patella 83/2, 84/4, 85/4, 86/4, 87/1, 88/1

Pecten ossis pubis 57/18

Pediculus
- arcus axis 46/16
- arcus vertebrae lumbalis 52/1, 54/6, 54/10
- arcus vertebrae thoracicae 50/7, 51/13

Pelvis renalis 39b/5, 40/1

Periodontium 19–24/16

Phalanx (-langes)
- distales digitorum (manus) 72/26–30, 73/26–30
- distales digitorum (pedis) 99/1–5
- distalis digiti I (pedis) 95/17, 97/12, 98/1, 100/1
- distalis digiti II (pedis) 95/20, 97/15, 98/4
- distalis digiti medii 74/1, 75/1
- distalis pollicis 76/1, 77/1
- media digiti II (pedis) 95/19, 97/14, 98/5
- media digiti medii 74/2, 75/2
- mediae digitorum (manus) 72/22–25, 73/22–25
- mediae digitorum (pedis) 99/6–9
- proximales digitorum (manus) 72/17–21, 73/17–21
- proximales digitorum (pedis) 99/10–14
- proximalis digiti I (pedis) 95/16, 97/11, 98/2, 100/2
- proximalis digiti II (pedis) 95/18, 97/13, 98/6
- proximalis digiti medii 74/3, 75/3, 77/19
- proximalis indicis 77/18
- proximalis pollicis 76/2, 77/2

Pharynx 16/27, 18/26

Phlebolith 39b/21, 59/21, 78/X

Planum sphenoideum* 1/16, 2/14, 3/6. 4/10, 12/12, 13/7

Plica (-ae)
- oesophagi 38/2
- ventricularis 43a/13–15, 43b/14
- semilunares coli 44a/12, 44b/12, 44b/14, 44b/15

Porus acusticus internus 10/11

Processus
- alveolaris 14/20, 15/20, 25/9, 24/14
- articularis inferior axis 46/19, 49/25, 49/26
- articularis inferior (vert. cerv.) 46/22, 47/6, 48/7
- articularis inferior (vert. lumb.) 52/3, 53/3, 54/4, 59/17, 60/12
- articularis inferior (vert. thor.) 50/4, 51/10, 54/8
- articularis superior ossis sacri 54/15, 54/16, 59/2, 60/13
- articularis superior (vert. cerv.) 46/20, 47/5, 48/6, 49/23, 49/24
- articularis superior (vert. lumb.) 52/2, 53/2, 54/3
- articularis superior (vert. thor.) 50/3, 51/9, 54/7
- clinoidei anteriores (ossis sphenoidalis) 2/13, 3/3, 4/6, 8/35
- clinoidei posteriores 3/2, 4/3, 7/12, 8/12
- condylaris (mandibulae) 3/59, 3/60, 16/4
- coracoideus 33/11, 34/6, 35/7, 61/13, 62/11, 63a/12
- coronoideus (mandibulae) 1/46, 2/40, 3/61, 4/29, 5/31, 10/24, 14/30, 16/3, 17/4, 18/5
- coronoideus ulnae 64/8, 65/13, 66/12, 67/17, 68/9
- costarius vertebrae lumbalis 29/I–III, 43b/20, 52/5, 53/5, 54/5, 54/9
- frontalis maxillae 3/44, 4/27, 5/15, 13/19, 14/15, 15/2
- frontalis ossis zygomatici 1/25, 3/42, 3/43, 5/19, 7/14, 11/24, 12/4, 13/12, 14/2
- lateralis tali 92/13
- lateralis tuberis calcanei 93/3, 94a/3, 94b/4

Processus
- mastoideus (ossis temporalis) 1/12, 2/31, 3/19, 5/35, 6/34, 7/6, 8/22, 8/23, 9/14, 10/32, 18/19, 46/27, 47/23, 48/21, 49/2
- medialis tuberis calcanei 92/19, 93/3, 94a/4, 94b/2
- posterior tali 92/16, 93/14, 96/16
- pterygoideus ossis sphenoidalis 17/19
- retroarticularis (ossis temporalis)* 8/30, 18/17
- spinosus axis 2/49, 46/15, 49/13
- spinosus vertebrae cervicalis 47/9, 48/8, 48/9, 49/17, 49/18
- spinosus vertebrae lumbalis 52/4, 53/4, 54/11, 59/15, 60/11
- spinosus vertebrae thoracicae 50/6, 51/12
- styloideus (vert. lumb.) 52/12
- styloideus (ossis temporalis) 4/18, 8/27, 9/15, 10/28, 18/23, 46/26
- styloideus radii 67/9, 68/6, 69/3, 70/3
- styloideus ulnae 67/10, 68/5, 69/4, 70/4, 71/17
- temporalis ossis zygomatici 14/3
- transversus axis 5/46, 46/17, 47/18
- transversus atlantis 1/52, 2/46, 5/39, 6/37, 46/3, 47/13
- transversus vertebrae cervicalis 46/21, 47/4, 48/3, 48/4, 49/21, 49/22
- transversus vertebrae thoracicae 28/2, 28/6, 29/4, 29/5, 47/26, 50/5, 51/11
- xiphoideus 30a/3, 30b/3, 31/3, 37/22
- zygomaticus maxillae 3/49, 3/50, 4/26, 15/16, 15/17
- zygomaticus ossis frontalis 1/24, 2/20, 3/40, 5/17, 6/34, 7/14, 12/15, 14/8, 19/8
- zygomaticus ossis temporalis 9/21, 14/4
Promonturium 58/4, 60/2
Protuberantia
- occipitalis externa 3/23
- occipitalis interna 5/47, 6/42
Pulpa 19–24/14
Pylorus 43a/6, 43b/6
Psoas 52/15
Pyramide 7/2

R

Radices dentes 5/26, 6/11
Radius 64/2, 65/3, 66/3, 67/1, 68/2, 69/1, 70/1, 71/18, 72/1, 73/1
Radix
- buccalis 21/24
- dentis 19–24/11

- dentis canini 27/9
- dentis molaris 27/10
- distalis 24/29
- linguae 48/30
- mesialis 24/28
- palatinalis 21/23
Ramus
- inferior ossis pubis 57/×, 81/20
- mandibulae 1/47, 3/62, 3/63, 5/32, 7/19, 11/34, 16/1, 46/31, 47/24, 48/24
- superior ossis pubis 57/×, 81/18, 82/13
Recessus
- costodiaphragmaticus 36/23, 37/16, 37/17
- costomediastinalis 28/20, 36/24
Rectum 44a/8, 44b/8, 45/3
Ren 39a/1, 39b/1, 41/8
Retrokardialraum 37/19, 38/6
Rima ani 57/27
Rippenknorpel s. Cartilago costalis

S

Scapula 28/10, 30a/18, 33/3, 34/1, 35/1, 37/25, 37/26, 38/10, 51/18, 51/19, 61/2, 62/3, 63a/2
Schädelbasis s. Basis cranii
Schädelnaht s. Sutura
Schleimhautfalten s. Plicae
Sella turcica 1/35, 3/1, 4/2, 8/34
Septum
- interalveolarium 19–24/17
- interradicularium 19–24/26
- nasi (cartilagineum) 25/11
- nasi osseum 1/37, 2/33, 5/14, 6/13, 7/17, 11/17, 12/21, 14/16, 15/8, 17/4, 25/13
- sinuum frontalium 1/33, 2/26, 5/5, 11/6, 12/17
Sinus
- frontalis 1/32, 2/25, 3/27, 5/4, 6/4, 11/3, 11/7, 12/16, 13/16, 14/10, 15/10, 17/13
- maxillaris 1/41, 1/42, 2/32, 3/51, 4/16, 5/23, 6/6, 6/15, 10/39, 11/1, 11/2, 11/16, 11/18, 11/19, 11/20, 12/9, 12/29, 13/27, 14/19, 14/23, 15/18, 17/12, 18/12, 19–24/22, 25/10, 26/9
- sphenoidalis 1/36, 2/28, 3/7, 4/14, 5/28 6/27, 7/10, 8/38, 11/4, 13/5, 13/6, 14/24, 17/20, 25/15
Sinus-Dura-Winkel 8/3
Spatium
- intercostale 29/8
- retrosternale 37/20

Spina
- iliaca anterior inferior 57/8, 58/20, 58/21, 78/20
- iliaca anterior superior 57/7, 58/22, 58/23
- iliaca posterior inferior 58/8, 58/9
- ischiadica 45/6, 57/12, 58/12, 58/13, 60/10, 78/19, 81/17
- mentalis 17/2, 27/13
- nasalis anterior 3/47, 15/19
- scapulae 34/5, 35/5, 61/15, 61/16, 61/17, 62/9, 63a/13

Spongiosaverdichtungen 78/12
Squama occipitalis 3/22
Sulci arteriosi der Arteria meningea media 3/34
Sulcus
- costae 28/7, 29/6, 36/26
- ethmoidalis 15/4
- intertubercularis humeri 33/16, 61/7, 62/7, 63a/7
- nervi spinalis 47/8
- sinus petrosi superioris 10/12
- sinus sigmoidei 3/20, 8/1, 8/16, 9/18, 10/31
- sinus transversi 8/17, 10/34
- tendinis m. peronaei longi 97/19
- venosus des Sinus sphenoparietalis 3/33

Sustentaculum talare 91/13, 92/17, 93/4, 94a/5, 94b/5, 95/21, 96/17, 97/17
Sutura
- coronalis 1/5, 2/6, 3/32, 4/24, 6/25
- frontonasalis 12/18, 15/5
- frontozygomatica 1/26, 3/41, 5/18, 11/25, 12/30, 13/13, 14/7, 16/15
- lambdoides 1/7, 2/7, 3/24, 7/21, 8/20
- occipitomastoidea 8/11, 9/17
- palatina mediana 14/17, 26/11
- sagittalis 1/6, 2/8, 6/26, 12/31
- sphenosquamosa 6/23
- squamosa 1/8, 2/29, 3/35, 4/25, 7/20, 10/36

Symphysis pubica 45/8, 57/19, 58/18, 81/22
Synchondrose im Corpus sterni 30b/16
Synchondrosis sternalis 30a/7, 30b/15, 30c/5, 31/6, 32a+b/2

T

Talus 89/10, 90/3, 91/3, 92/3, 93/7, 94a/7, 94b/7, 95/3, 96/3, 97/3
Tegmen tympani 8/2
- Tentoriumansatz 4/4

Tibia 84/2, 85/2, 86/2, 87/3, 88/3, 89/2, 89/7, 90/1, 90/5, 91/1, 91/11, 91/12, 92/1, 93/5, 96/1, 97/1
Trachea 32a+b/12, 36/12, 37/11, 38/14, 47/28, 48/36, 49/30
Trochanter
- major 57/15, 58/28, 58/29, 78/9, 79 u. 80/3, 81/12, 82/6
- minor 57/17, 78/11, 79 u. 80/4, 81/16, 82/8

Trochlea
- humeri 63b/9, 64/4, 65/7, 65/8, 66/7, 67/20, 68/×
- tali 92/12

Truncus pulmonalis 37/5
Tuberculum
- anterius atlantis 49/5
- articulare 3/56, 3/57, 4/22, 8/31, 18/16
- conoideum 33/7, 34/20, 35/8
- costae 28/1, 28/5, 29/2, 50/12
- infraglenoidale 34/8
- intercondylare laterale eminentiae intercondylaris 84/13, 86/10, 87/10
- intercondylare mediale eminentiae intercondylaris 84/14, 86/11, 87/9
- jugularer 7/11
- laterale tali 92/16
- majus 33/14, 34/17, 35/13, 61/5, 62/6, 63a/5
- mediale tali 92/16
- mentale 16/7
- minus 33/15, 34/16, 61/6, 62/5, 63a/6
- posterius atlantis 46/7
- sellae 2/12, 3/4, 4/7

Tuber
- calcanei 92/18, 93/2, 94a/2, 94b/3, 96/18, 97/16
- ischiadicum 58/16, 82/14

Tuberositas
- deltoidea 63a/10, 63b/5
- ossis metatarsalis V 97/20
- phalangis distalis digiti I 98/8, 100/3
- phalangis distalis digiti medii 74/5, 75/5
- phalangis distalis pollicis 76/4, 77/4
- radii 65/17, 66/16, 67/13, 68/12
- tibiae 84/16, 85/13, 89/8, 90/6
- ulnae 67/16, 68/8

U

Ulna 63b/2, 64/3, 65/2, 66/2, 67/2, 68/1, 69/2, 70/2, 71/16, 72/2, 73/2
Ureter 40/2
Uvula 48/27

V

Valva ileocaecalis (Valvula Bauhini) 44b/11
Velum palatinum 18/10
Vena
- cava inferior 36/11, 37/13
- cava superior 36/10
Vene 90/16
Venenstein s. Phlebolith
Ventriculus
- dexter (cordis) 37/2
- laryngis 48/35
- sinister (cordis) 36/3, 37/3
Vertebra(-ae)
- cervicales 16/I–III, 33/CVI, CVII, 46/I–III, 47/II–VII, 48/I–VII, 49/II–VII
- coccygeae 57/4, 58/3, 59/13, 60/3
- lumbales 39a/I–V, 39b/I–V, 40/I–III, 41/I–V, 42/I–IV, 43a/I–II, 43b/I–III, 44a/I–V, 44b/II–V, 52/I–V, 53/I–V, 54/I–V, 57/V, 58/IV.–V., 60/4, 60/5
- prominens 48/9
- sacrales 53/11, 58/I–V, 60/I–V, 60/20
- thoracicae 30a/III–IX, 33/Th I, Th II, 36/II–IV, 37/II–XII, 39a/XII, 40/XI–XII, 41/XI–XII, 42/XII, 43a/X–XII, 43b/XI–XII, 44a/XII, 47/I, 48/I., 49/I., 50/IV–XII, 51/III–XI, 52/XII, 53/XII
Vesica
- fellea 41/1, 42/1
- urinaria 39a/3, 39b/11, 45/1, 57/25
Vestibulum
- labyrinthi ossei 10/16
- laryngis 16/28
Vomer 5/27, 6/16, 6/17, 7/16, 14/17, 25/13

Z

Zähne s. Dens (dentes)
Zunge s. Lingua

KURZGEFASSTES LATEINISCH–DEUTSCHES REGISTER

Acromion (Gen.*: acromii)	Schulterhöhe
Angulus	Winkel
Apex	Spitze
Arcus zygomaticus	Jochbogen
Articulatio coxae	Hüftgelenk
Articulatio cubiti	Ellenbogengelenk
Articulatio genu	Kniegelenk
Articulatio humeri	Schultergelenk
Articulatio sternoclavicularis	Schlüsselbeingelenk
Articulatio(nes) manus	Handgelenk(e)
Articulatio(nes) pedis	Fußgelenk(e)
Calcaneus	Fersenbein
Caput mandibulae	Kieferköpfchen
Cartilago	Knorpel
Cavum	Höhle
Clavicula (Gen.: claviculae)	Schlüsselbein
Collum femoris	Schenkelhals
Colon (Gen.: coli)	Dickdarm
Columna vertebralis	Wirbelsäule
Condylus	Gelenkknorren
Cor (Gen.: cordis)	Herz
Costae (Sing.**: costa)	Rippen
Cranium (Gen.: cranii)	Schädel
Crista	Leiste
Crus (Gen.: cruris)	Unterschenkel
Dentes (Sing.: dens)	Zähne
Diaphragma	Zwerchfell
Digiti manus (Gen.: digitorum manus; Sing.: digitus)	Finger
Digiti pedis	Zehen
Diploë	Spongiosa der Schädeldachknochen
Discus	Zwischenscheibe
Ductus	Gang
Duodenum (Gen.: duodeni)	Zwölffingerdarm
Eminentia	Erhebung
Epicondylus	Gelenkhöcker
Epiphyse	Knochenwachstumsplatte
Extremitas	Endstück
Facies	Fläche
Femur (Gen.: femoris)	Oberschenkelknochen

* Gen. = Genitiv
** Sing. = Singular

Fibula (Gen.: fibulae)	Wadenbein
Fissura	Spalt
Flexura	Biegung
Foramen	Loch
Fossa	Grube
Fovea	kleine Grube
Foveola	Grübchen
Fundus	Grund
Glandula suprarenalis	Nebenniere
Hallux (Gen.: hallucis)	Großzehe
Humerus (Gen.: humeri)	Oberarmknochen
Hamulus	Häkchen
Ileum (Gen.: ilei)	Krummdarm, Teil des Dünndarms
Incisura	Einschnitt
Index (Gen.: indicis)	Zeigefinger
Jejunum (Gen.: jejuni)	Leerdarm, Teil des Dünndarms
Lamina	Platte
Ligamentum	Band
Malleolus	Distales Ende der Fibula bzw. Tibia
Mandibula (Gen.: mandibulae)	Unterkiefer
Manus (Gen.: manus)	Hand
Margo	Rand
Maxilla	Oberkiefer
Meatus	Gang
Oesophagus (Gen.: oesophagi)	Speiseröhre
Olecranon	Hakenfortsatz der Elle
Orbita (Gen.: orbitae)	Augenhöhle
Os (Gen.: ossis)	Knochen
Os coccygis	Steißbein
Os nasale	Nasenbein
Os sacrum (Gen.: ossis sacri)	Kreuzbein
Os temporale	Schläfenbein
Ossa carpi (ossa = Plural von os)	Handwurzelknochen
Ossa tarsi	Fußwurzelknochen
Palatum	Rahmen
Pars petrosa ossis temporalis	Felsenbein
Patella (Gen.: patellae)	Kniescheibe
Pelvis (Gen.: pelvis)	Becken
Pes (Gen.: pedis)	Fuß
Pollex (Gen.: pollicis)	Daumen
Plica	Falte
Processus coracoideus	Rabenschnabelfortsatz
Protuberantia	Höcker
Pulmo (Gen.: pulmonis)	Lunge
Radius (Gen.: radii)	Speiche

Radix	Wurzel
Ramus	Ast, Zweig
Recessus	Nebenkammer
Rectum	Enddarm
Ren (Gen.: renis)	Niere
Scapula (Gen.: scapulae)	Schulterblatt
Sella turcica	Türkensattel
Septum	Scheidewand
Sinus frontalis(es)	Nebenhöhle(n) der Stirn
Sinus maxillaris(es)	Nebenhöhle(n) des Oberkiefers
Spina	Dorn, Stachel
Spongiosa	Schwammschicht des Knochens
Sternum (Gen.: sterni)	Brustbein
Sulcus	Furche
Sutura	Knochennaht
Talus	Sprungbein
Tibia (Gen.: tibiae)	Schienbein
Tuberculum	Höcker
Tuberositas	Rauhigkeit
Ulna (Gen.: ulnae)	Elle
Ureter (Gen.: ureteris)	Harnleiter
Ventriculus (Gen.: ventriculi)	Magen
Vertebrae cervicales (Sing.: vertebra cervicalis)	Halswirbel
Vertebrae coccygeae (Sing.: vertebra coccygea)	Steißbein
Vertebrae lumbales (Sing.: vertebra lumbalis)	Lendenwirbel
Vertebrae sacrales (Sing.: vertebra sacralis)	Kreuzbeinwirbel
Vertebrae thoracicae (Sing.: vertebra thoracica)	Brustwirbel
Vesica fellea (Gen.: vesicae felleae)	Gallenblase
Vesica urinaria	Harnblase

R. Janker
Röntgen-Aufnahmetechnik
1. Teil: Allgemeine Grundlagen und Einstellungen
Bearbeitet von A. Stangen
9. unveränderte Auflage. 292 Abbildungen, zahlreiche Tabellen. 444 Seiten. 1976
Gebunden DM 48,—; US-$ 19.70
ISBN 3-540-07604-2

O. Hug
Medizinische Strahlenkunde
Biophysikalische Einführung für Studierende und Ärzte
103 Abbildungen. XII, 156 Seiten. 1974
DM 39,80; US-$ 16.40
ISBN 3-540-06799-X

K. Zum Winkel
Nuklearmedizin
Mit einem Beitrag von J. Ammon
155 Abbildungen, 83 Tabellen. XVIII, 425 Seiten. 1975 (Heidelberger Taschenbücher, 167. Band)
DM 24,80; US-$ 10.20
ISBN 3-540-07233-0

E. A. Zimmer, M. Brossy
Lehrbuch der röntgendiagnostischen Technik
für Röntgenassistentinnen und Ärzte
2. neubearbeitete Auflage. 680 Einzelabbildungen. XVI, 474 Seiten. 1974
Gebunden DM 118,—; US-$ 48.40
ISBN 3-540-06427-3

E. A. Zimmer, M. Brossy
Röntgen-Fehleinstellungen
erkennen und vermeiden
Etwa 165 Abbildungen. Etwa 185 Seiten. 1975
DM 58,—; US-$ 23.80
ISBN 3-540-07266-7

Kursus: Radiologie und Strahlenschutz
Redaktion: J. Becker, H. M. Kuhn, W. Wenz, E. Willich
Mit Beiträgen zahlreicher Fachwissenschaftler
91 Abbildungen, 17 Tabellen. X, 293 Seiten. 1972 (Heidelberger Taschenbücher, 112. Band. Basistext Medizin).
DM 16,80; US-$ 6.90
ISBN 3-540-05945-8

W. Wenz
Abdominale Angiographie
Unter Mitarbeit von G. van Kaick, D. Beduhn, F.-J. Roth
183 z. T. farbige Abbildungen in 351 Einzeldarstellungen und 34 Zeichnungen. XX, 225 Seiten. 1972
Gebunden DM 116,—; US-$ 47.60
ISBN 3-540-05788-9
Vertriebsrechte für Japan: Igaku Shoin Ltd., Tokyo

W. Wenz, D. Beduhn
Extremitätenarteriographie
Mit phlebo- und lymphographischen Untersuchungen
162 Abbildungen in 277 Einzeldarstellungen. VIII, 158 Seiten. 1976
Gebunden DM 148,—; US-$ 60.70
ISBN 3-540-07329—9

Preisänderungen vorbehalten

Springer-Verlag
Berlin Heidelberg New York

Klinische Röntgendiagnostik innerer Krankheiten
Herausgeber: R. Haubrich
In drei Bänden
Bei Verpflichtung zur Abnahme aller drei Bände gelten die Subskriptionspreise

1. Band: **Thorax**
Bearbeitet von H. Anacker et al.
746 Abbildungen in 1365 Einzeldarstellungen. X, 708 Seiten. 1963
Gebunden DM 260,—; US-$ 106.60
Subskriptionspreis gebunden DM 208,—; US-$ 85.30
ISBN 3-540-03012-3

2. Band: **Abdomen**
Bearbeitet von Anacker et al.
721 Abbildungen in 1209 Einzeldarstellungen. XII, 731 Seiten. 1966
Gebunden DM 260,—; US-$ 106.60
Subskriptionspreis gebunden DM 208,—; US-$ 85.30
ISBN 3-540-03580-X

3. Band: **Skelet**
1. Teil: Allgemeiner Teil
2. Teil: Spezieller Teil. Weichteile — Gefäße
Bearbeitet von F. Heuck
830 Abbildungen in 1298 Einzeldarstellungen. XXII, 1247 Seiten. 1972
Gebunden DM 495,—; US-$ 203.00
Subskriptionspreis gebunden DM 396,—; US-$ 162.40
ISBN 3-540-05169-4

P. Jacobs
Röntgenatlas der Hand
Aus dem Englischen übersetzt von G. Kaiser, M. Kaiser
300 Abbildungen. IX, 223 Seiten. 1975
Gebunden DM 68,—; US-$ 27.90
ISBN 3-540-06792-2

F. Schmid
Pädiatrische Radiologie
Lehrbuch in 2 Bänden
Unter Mitarbeit zahlreicher Fachwissenschaftler

1. Band: Stützgewebe — Zentralnervensystem — Syndrome
491 Abbildungen. XIX, 504 Seiten. 1973
Gebunden DM 275,—; US-$ 112.80
Subskriptionspreis bei Abnahme beider Bände gebunden DM 220,—; US-$ 90.20
ISBN 3-540-05833-8

2. Band: Thoraxorgane — Verdauungstrakt — Urogenitaltrakt
625 Abbildungen. XVI, 525 Seiten. 1973
Gebunden DM 275,—; US-$ 112.80
Subskriptionspreis bei Abnahme beider Bände gebunden DM 220,—; US-$ 90.20
ISBN 3-540-06071-5

J. Gershon-Cohen
Atlas of Mammography
300 figures. VI, 264 pages. 1970
Cloth DM 120,—; US-$ 49.20
ISBN 3-540-05106-6

Der Radiologe
Herausgeber: E. Boijsen, L. Diethelm, W. A. Fuchs, F. Heuck, E. Löhr, W. Wenz

Abonnementsbedingungen, Information über antiquarische Bände und Microform-Ausgaben sowie ein Probeheft erhalten Sie auf Anfrage. Bitte schreiben Sie an Springer-Verlag, Abteilung 4021
Heidelberger Platz 3
1000 Berlin 33

Preisänderungen vorbehalten

Springer-Verlag
Berlin Heidelberg New York

If you have any concerns about our products,
you can contact us on
ProductSafety@springernature.com

In case Publisher is established outside the EU,
the EU authorized representative is:
**Springer Nature Customer Service Center GmbH
Europaplatz 3, 69115 Heidelberg, Germany**

Printed by Libri Plureos GmbH
in Hamburg, Germany